Springer-Lehrbuch

Rupert Lasser · Frank Hofmaier

Analysis 1 + 2

Ein Wegweiser zum Studienbeginn

 Springer Spektrum

Rupert Lasser
Technische Universität München,
Deutschland

Frank Hofmaier
Technische Universität München,
Deutschland

ISBN 978-3-642-28643-8
DOI 10.1007/978-3-642-28644-5

ISBN 978-3-642-28644-5 (eBook)

Mathematics Subject Classification (2010): 97I10, 97I30, 97I40

Die Deutsche Nationalbibliothek verzeichnet diese Publikation in der Deutschen Nationalbibliografie; detaillierte bibliografische Daten sind im Internet über http://dnb.d-nb.de abrufbar.

Springer Spektrum
© Springer-Verlag Berlin Heidelberg 2012

Gedruckt auf säurefreiem und chlorfrei gebleichtem Papier

Springer Spektrum ist eine Marke von Springer DE.
Springer DE ist Teil der Fachverlagsgruppe Springer Science+Business Media
www.springer-spektrum.de

Vorwort

Das vorliegende Buch beruht auf den Vorlesungen *Analysis 1* und *Analysis 2* im Bachelor-Studium der Mathematik an der Technischen Universität München.

Die Analysis ist sicherlich eine der ältesten und anwendungsreichsten Theorien und somit ein klassisches Fach der Mathematik. Insofern kann dieses Buch nur Ergebnisse enthalten, die wohlbekannt und auch in zahlreichen weiteren Büchern zur Analysis zu finden sind. Unsere Referenzliste enthält nur einen kleinen Teil der Gesamtheit von Lehrbüchern zu diesem Thema.

Über das gesamte Lehrbuch hinweg legen wir Wert auf die mathematische Präzision. Durch zahlreiche motivierende Beispiele werden die mathematischen Sachverhalte beleuchtet, der Idee folgend Abstraktes mit Konkretem zu verknüpfen.

Das Buch ist in 16 Kapitel unterteilt. Die ersten beiden Abschnitte geben die notwendigen Grundlagen zu reellen und komplexen Zahlen. Der zentrale Begriff der Konvergenz steht im Mittelpunkt der drei folgenden Kapitel. Konvergenz wird nicht nur im Bereich der reellen oder komplexen Zahlen sondern allgemein in metrischen Räumen studiert. Es folgen Abschnitte über Stetigkeit, Differentiation und Integration. Die Kapitel 9 bis 11 befassen sich mit Konvergenz von Funktionsfolgen, insbesondere Taylorreihen und Fourierreihen. Die wichtige Eigenschaft der Kompaktheit bildet den Inhalt von Kapitel 12. Als vorbereitender Teil werden dann Grundlagen zu normierten Vektorräumen präsentiert. Differenzierbarkeit im Mehrdimensionalen, Umkehrsatz und implizite Funktionen bilden die Basis der mehrdimensionalen Analysis und sind Inhalt der Kapitel 14 und 15. Im letzten Kapitel werden elementare Lösungsmethoden von gewöhnlichen Differentialgleichungen vorgestellt.

Das vorliegende Buch umfasst somit die Analysis der ersten beiden Semester des Bachelor-Studiums Mathematik und gibt an vielen Stellen Einblick in darüberhinaus gehende mathematische Sachverhalte. Eine Reihe von Übungsaufgaben am Ende jedes Kapitels runden das Werk ab.

Garching b. München,
Februar 2012

Rupert Lasser
Frank Hofmaier

Inhaltsverzeichnis

Einleitende Anmerkungen

Wesen

Der Gegenstand der Mathematik ist schwer zu umgrenzen, jedenfalls schwieriger als der von Physik, Chemie oder Brauwissenschaft etc. Für Mathematik ist nicht ihr Gegenstand charakterisierend als vielmehr die Art des Schließens. Von Alexander Markowitsch Ostrowski (1893-1986, Basel) [16] stammt folgendes Zitat:

> „Jedesmal, wenn man aus einem endlichen, übersichtlich dargestellten System von scharf formulierten Prämissen logisch einwandfreie Schlüsse zieht, treibt man Mathematik."

Insofern ließe sich als Gegenstand der Mathematik

> „alles beschreiben, was sich auf endlich viele scharf formulierte Grundtatsachen (Axiome) zurückführen lässt."

Auf diesem Hintergrund erklären sich zumindest die Wesenszüge, die die Mathematik auszeichnen,

- die Schärfe der Begriffsbildung,
- die pedantische Sorgfalt im Umgang mit Definitionen,
- die Strenge der Beweise,
- die abstrakte Natur der mathematischen Objekte.

Mathematische Symbole

Um der lückenlosen Exaktheit und Klarheit zu genügen, hat sich eine Darstellung mathematischer Überlegungen entwickelt (math. Symbolik), die für Nichtspezialisten (bzw. nicht präzise und klar formulierende Personenkreise) schwer zugänglich ist. Hermann Weyl (1885-1955, Princeton) sagt:

> „Ein auffälliger Zug aller Mathematik, der den Zugang zu ihr dem Laien so sehr erschwert, ist der reichliche Gebrauch von Symbolen."

Der mathematische Formalismus ist kein überflüssiges „Glasperlenspiel". Die komplexen Zusammenhänge, die höchsten Grad präziser Beschreibung bedürfen, lassen sich verbal und romanhaft nicht mehr darstellen. (Ein schönes Beispiel findet man in der Einleitung im Buch von H.Heuser: Lehrbuch der Analysis [9]).

Wir werden uns weitgehend an übliche Notation und Konventionen halten. Symbole wie z.B. $\forall$ („für alle") oder $\exists$ („es existiert...") und Begriffe wie etwa *Menge* oder *Abbildung*, die nicht nur in der Analysis sondern in allen Zweigen der Mathematik von grundlegender Bedeutung sind, wollen wir als bekannt voraussetzen. Wir verweisen hierzu auch auf die Bücher von O. Deiser [3] und H. Koch [12].

Historische Entwicklung

Betrachtet man die Erfolge der großen Mathematiker der Vergangenheit und die heutigen Anforderungen an die Mathematik, so lassen sich orientiert um die eigentliche mathematische Methodik folgende weitere Aufgaben erkennen:

- präzise Abstraktion naturwissenschaftlicher, ingenieurwissenschaftlicher, lebenswissenschaftlicher oder ökonomischer Abläufe in klar definierte mathematische Begriffe (mathematische Modellbildung),
- begleitende höchst-rechnerintensive Untersuchungen (numerische Simulation).

Letzteres ist eine Entwicklung der letzten Jahre, ermöglicht durch die Verfügbarkeit leistungsfähiger Computer. In diesem Zusammenhang sollten die numerischen Künste der großen Mathematiker (insbesondere Carl Friedrich Gauß, 1777-1855) der Vergangenheit besonders erwähnt werden. Da wir uns hier mit Analysis, d.h. im wesentlichen mit Infinitesimalrechnung befassen, wollen wir noch einen sehr kurzen Blick in deren Historie wagen. Die zentralen ersten Entwicklungspunkte werden Newton (Isaac Newton, 1643-1727, London) und Leibniz (Gottfried Wilhelm Leibniz, 1646-1716, Hannover, Berlin) zugeschrieben. Natürlich findet man bereits bei Archimedes, Kepler, Cavalieri, Fermat, Pascal, Wallis, Huygens, Toricelli, Descartes Vorläufer analytischer Methodik. Folgendes scheint klar zu sein: Die beiden Symbole „d" und „$\int$" wurden am 29. Oktober 1675 von Leibniz zum erstenmal verwendet. Der Blick von Leibniz galt grob gesprochen dem Tangentenproblem und der Quadratur (Berechnung von Flächeninhalten), symbolisch

$$\mathrm{d}v = v'\mathrm{d}x \,.$$

Newton hingegen entwickelte die Differential- und Integralrechnung innerhalb der so genannten Fluxionsrechnung. Dabei sind alle Größen zeitabhängig,

$$x = x(t) \,.$$

Die „Fluxion" bezeichnet dann $\dot{x}$, die Ableitung nach t.

Im Jahr 1699 entstand der Prioritätsstreit zwischen Newton und Leibniz. Dabei wurde Leibniz vorgeworfen, die Differentialrechnung nicht selbständig erfunden, sondern von Newton entlehnt zu haben. Bis 1710 wurden Argumente ausgetauscht, schließlich sprach sich eine eigens eingesetzte Kommission dahingehend aus, dass Newton der erste Erfinder der Infinitesimalrechnung ist. Leibniz und Newton blieben auch aus politischen Gründen zerstritten. Erst im 19. Jahrhundert setzte sich durch, dass Leibniz und Newton unabhängig voneinander den Grundstock zur Analysis gelegt haben.

Seither haben sich Generationen von Mathematikern mit der Analysis beschäftigt, die wir unmöglich alle hier erwähnen können. Zu den bekanntesten Lehrbüchern zählen etwa die Werke von J. Dieudonné [4] oder W. Rudin [19]. Als deutschsprachige Bücher auf diesem Gebiet seien unter anderen K. Königsberger [13], [14] und H. Heuser [9] sowie O. Forster [7], [8] genannt.

Kapitel 1
Die reellen Zahlen

Die Menge $\mathbb{N} := \{1,2,\ldots\}$ der natürlichen Zahlen wollen wir hier als bekannt voraussetzen, ebenso wie die Menge $\mathbb{Z} := \{0,\pm 1,\pm 2,\ldots\}$ der ganzen Zahlen. Weiter schreiben wir $\mathbb{N}_0 := \mathbb{N} \cup \{0\} = \{0,1,2,\ldots\}$. Diese Mengen sind allesamt *diskret*, d.h. zwischen zwei aufeinander folgenden natürlichen (oder ganzen) Zahlen liegt keine weitere natürliche (oder ganze) Zahl.

Eine wichtige Beweismethode, die auf den Grundeigenschaften von $\mathbb{N}$ beruht, ist das **Induktionsprinzip**: Ist M eine Menge mit den Eigenschaften

(i) $1 \in M$ (Die Zahl 1 ist ein Element von M),
(ii) $n \in M \Rightarrow n+1 \in M$ (Ist $n \in M$, dann folgt $n+1 \in M$),

so gilt $\mathbb{N} \subseteq M$.

Aus dem Induktionsprinzip leitet sich die Beweismethode der **vollständigen Induktion** ab: Jeder natürlichen Zahl $n \in \mathbb{N}$ sei eine Aussage $A(n)$ zugeordnet (die richtig oder falsch sein kann). Gelten

(i) „$A(1)$ ist richtig"   (Induktionsanfang),
(ii) „$A(n)$ ist richtig" $\Rightarrow$ „$A(n+1)$ ist richtig"   (Induktionsschritt),

so gilt „$A(n)$ ist richtig" für alle $n \in \mathbb{N}$.

Wir wollen dies hier nicht weiter vertiefen, sondern verweisen auf Lehrbücher zur diskreten Mathematik, wie etwa Matoušek/Nešetřil [15] oder Taraz [20].

1.1 Archimedisch angeordnete Körper

Die Rechenoperationen (Addition, Multiplikation) führen uns von den natürlichen und ganzen Zahlen zunächst zur Menge $\mathbb{Q}$ der rationalen Zahlen,

$$\mathbb{Q} := \left\{ \frac{m}{n} : m \in \mathbb{Z}, n \in \mathbb{N} \right\}.$$

R. Lasser, F. Hofmaier, *Analysis 1 + 2*, Springer-Lehrbuch,
DOI 10.1007/978-3-642-28644-5_1, © Springer-Verlag Berlin Heidelberg 2012

Die Menge $\mathbb{Q}$ genügt der folgenden Definition.

Definition 1.1. Sei K eine Menge (mit mindestens 2 Elementen), auf der zwei Ver-knüpfungen $+$ („Addition") und $\bullet$ („Multiplikation") gegeben sind, sodass gilt:

(K1)   **Assoziativität der Addition:** $a + (b + c) = (a + b) + c$ $\forall a, b, c \in K$.

(K2)   **Neutrales Element der Addition:**   Es gibt $0 \in K$ mit der Eigenschaft $0 + a = a + 0 = a$ $\forall a \in K$.

(K3)   **Inverses bezüglich Addition:**   Zu jedem $a \in K$ gibt es $-a \in K$, sodass $a + (-a) = 0$.

(K4)   **Kommutativität der Addition:** $a + b = b + a$ $\forall a, b \in K$.

(K5)   **Assoziativität der Multiplikation:** $a \bullet (b \bullet c) = (a \bullet b) \bullet c$ $\forall a, b, c \in K$.

(K6)   **Neutrales Element der Multiplikation:**   Es gibt $1 \in K$ mit der Eigen-schaft $1 \bullet a = a \bullet 1 = a$ $\forall a \in K$.

(K7)   **Inverses bezüglich Multiplikation:**   Zu jedem $a \in K$, $a \neq 0$, gibt es $a^{-1} \in K$, sodass $a \bullet a^{-1} = 1$.

(K8)   **Kommutativität der Multiplikation:** $a \bullet b = b \bullet a$ $\forall a, b \in K$.

(K9)   **Distributivität:** $a \bullet (b + c) = a \bullet b + a \bullet c$ $\forall a, b, c \in K$.

Dann heißt K ein **kommutativer Körper**.
An Stelle von $a \bullet b$ schreibt man auch kurz ab, statt a^{-1} gelegentlich auch $\frac{1}{a}$. Weiter schreibt man $a - b$ für $a + (-b)$ und $a^n := \underbrace{a \bullet a \bullet \ldots \bullet a}_{n-\text{mal}}$.

Folgerungen: Sei K ein kommutativer Körper. Für $a, b \in K$ gilt dann

(i) $-(-a) = a$, $(a^{-1})^{-1} = a$,

(ii) $a \bullet 0 = 0$,

(iii) $ab = 0 \Longrightarrow a = 0$ oder $b = 0$,

(iv) $a(-b) = -(ab)$, insbesondere $a(-1) = -a$,

(v) $(-a)(-b) = ab$.

Diese Eigenschaften kann man leicht aus den Axiomen (K1)-(K9) folgern. Man fordert sie also nicht in der Definition, dennoch gelten sie in jedem kommutativen Körper.

Wenn in obiger Definition alles außer (K8) erfüllt ist, spricht man von einem (nicht-kommutativen) Körper; in der *Algebra* werden Körper genauer untersucht. Wir wollen hier nur festhalten, dass $\mathbb{Q}$ mit der gewöhnlichen Addition und Multi-plikation ein kommutativer Körper ist, $\mathbb{N}$ und $\mathbb{Z}$ hingegen nicht. Wir werden bald noch weitere Beispiele für kommutative Körper kennen lernen: die Menge $\mathbb{R}$ der reellen Zahlen sowie die Menge $\mathbb{C}$ der komplexen Zahlen.
Eine weitere Eigenschaft, die $\mathbb{Q}$ (und auch $\mathbb{R}$ aber nicht $\mathbb{C}$, wie wir noch sehen werden) zu eigen ist, ist die Möglichkeit einer Anordnung.

Definition 1.2. Ein kommutativer Körper K heißt **angeordneter Körper**, falls in K eine Teilmenge der **positiven Elemente** (Schreibweise: $a > 0$ steht für „a ist positiv") ausgezeichnet ist, die die folgenden Eigenschaften besitzt:

(A1)   Für jedes $a \in K$ gilt genau eine der drei Bedingungen
       $a > 0$ oder $a = 0$ oder $-a > 0$.

(A2)   Aus $a > 0$ und $b > 0$ folgen $a + b > 0$ sowie $ab > 0$.

Ein angeordneter Körper heißt **archimedisch angeordneter Körper**, wenn er zusätzlich die folgende Eigenschaft hat:

(A3)   Zu $a > 0, b > 0$ existiert ein $n \in \mathbb{N}$, sodass
       $$na := \underbrace{a + a + \ldots + a}_{n-\text{mal}} > b \text{ gilt.} \qquad \textbf{(Archimedisches Axiom)}$$

Schreibweisen: Ist $-a > 0$, so heißt a negativ und man schreibt $a < 0$.
Ist $a - b > 0$, so heißt a größer als b und man schreibt $a > b$.
$a \geq b$ bezeichnet $a > b$ oder $a = b$.
$a < b$ bezeichnet $b > a$.
$a \leq b$ bezeichnet $a < b$ oder $a = b$.

Einfache Folgerungen aus (A1) **und** (A2):

(i) $a < b, b < c \Longrightarrow a < c$ **(Transitivität)**

(ii) $a < b \Longleftrightarrow a + c < b + c$ für alle $c \in K$

(iii) $a < b, c > 0 \Longrightarrow ca < cb$

(iv) $a > b > 0 \Longrightarrow \frac{1}{a} < \frac{1}{b}$

(v) $0 \leq a < b \Longrightarrow a^2 < b^2$

(vi)   Für $a \neq 0$ gilt $a^2 > 0$.   (insbesondere $1 = 1^2 > 0$)

In jedem angeordneten Körper gilt die folgende Ungleichung, die nach Jakob Bernoulli I (1654-1705, Basel) benannt ist. (Es gab noch einige weitere bekannte Mathematiker namens Bernoulli.)

Satz 1.3 (Bernoulli-Ungleichung). *Sei K ein angeordneter Körper. Für jedes $x \in K$ mit $x \geq -1$ und alle $n \in \mathbb{N}$ gilt*

$$(1 + x)^n \geq 1 + nx. \qquad (1.1)$$

Beweis. Wir beweisen die Ungleichung mittels vollständiger Induktion.
Für $n = 1$ hat man sogar Gleichheit. Gelte nun (1.1) für ein $n \in \mathbb{N}$. Dann folgt

$$(1+x)^{n+1} = (1+x)^n(1+x) \overset{(iii)}{\geq} (1+nx)(1+x) = 1 + (n+1)x + nx^2 \overset{(vi)}{\geq} 1 + (n+1)x$$

und die Ungleichung ist auch für $n + 1$ erfüllt. □

Mit dem archimedischen Axiom folgt:

Satz 1.4. *Sei K ein archimedisch angeordneter Körper. Dann gelten:*

(a)   Ist $b > 1$, so gibt es zu jedem $M > 0$ ein $n \in \mathbb{N}$ derart, dass $b^n > M$.
(b)   Ist $0 < q < 1$, so gibt es zu jedem $\varepsilon > 0$ ein $n \in \mathbb{N}$ derart, dass $q^n < \varepsilon$.

Beweis. *(a)* Setze $x := b - 1 > 0$. Mit Satz 1.3 gilt $b^n = (x+1)^n \geq 1 + nx$. Mit (A3) gibt es zu $M > 0$ ein $n \in \mathbb{N}$, sodass $nx > M$. Zusammengefasst gilt

$$b^n \geq 1 + nx > 1 + M > M.$$

Die Aussage *(b)* folgt aus *(a)*, indem man $b := q^{-1}$ und $M := \varepsilon^{-1}$ setzt.   □

In jedem angeordneten Körper K kann man einen **Absolutbetrag** einführen. Für $a \in K$ definiert man

$$|a| := \begin{cases} a & \text{falls } a \geq 0, \\ -a & \text{falls } a < 0. \end{cases}$$

Es gelten folgende Regeln:

(1) $|ab| = |a|\,|b|$

(2) $|a+b| \leq |a| + |b|$ und $\big||a| - |b|\big| \leq |a-b|$ **(Dreiecksungleichung)**

Beweis. Regel (1) erhält man mit den Folgerungen (iv) und (v) von Definition 1.1. Wir kommen zum Nachweis von (2). Es gelten $\pm a \leq |a|$, $\pm b \leq |b|$, und damit $a + b \leq |a| + |b|$ sowie $-(a+b) \leq |a| + |b|$. Daraus folgt $|a+b| \leq |a| + |b|$. Die zweite Ungleichung erhält man aus $|a| = |a - b + b| \leq |a-b| + |b|$ und aus $|b| = |b - a + a| \leq |b-a| + |a| = |a-b| + |a|$; damit gilt $\pm(|a| - |b|) \leq |a-b|$.   □

Schreibweisen:

(1)   Sind K ein kommutativer Körper und $a_1, a_2, \ldots, a_n \in K$, so schreiben wir abkürzend
$$\sum_{k=1}^{n} a_k := a_1 + a_2 + \ldots + a_n.$$

(2)   Wir setzen $0! := 1$ sowie $(n+1)! := (n+1)(n!)$ für $n \in \mathbb{N}_0$, also $1! = 1$, $2! = 2$, $3! = 6$, $4! = 24$ usw. ($n!$ spricht man als „n **Fakultät**").

(3)   Für $n, k \in \mathbb{N}_0$, $n \geq k$, erklären wir die **Binomialkoeffizienten**
$$\binom{n}{k} := \frac{n!}{k!\,(n-k)!}.$$

Seien K ein kommutativer Körper, $a, b \in K$ und $n \in \mathbb{N}$. Wenn wir $(a+b)^n$ ausrechnen und dann zusammenfassen (vgl. Kapitel 1.4, Aufgabe 5), erhalten wir die so genannte **Binomialformel**,
$$(a+b)^n = \sum_{k=0}^{n} \binom{n}{k} a^k b^{n-k}.$$

1.2 Intervallschachtelung und Vollständigkeit

Die Menge $\mathbb{Q}$ der rationalen Zahlen ist uns noch nicht umfassend genug; beispielsweise gibt es keine rationale Zahl x derart, dass $x^2 = 2$ gilt. Angenommen, es wäre $x \in \mathbb{Q}$, $x^2 = 2$, so schreibe $x = \frac{p}{q}$ als gekürzten Bruch mit $p, q \in \mathbb{Z}$. Dann gilt $2q^2 = p^2$. Dann enthält auch p die Zahl 2 als Faktor, d.h. $p = 2r$ mit $r \in \mathbb{Z}$. Folglich ist $2q^2 = p^2 = 4r^2$ und dann $q^2 = 2r^2$. Somit enthält q auch 2 als Faktor – im Widerspruch dazu, dass $\frac{p}{q}$ gekürzt ist.

Mehr dazu findet man u.a. in [3, Kap. 1.1]. Wir wollen nun diese „Lücken auffüllen".

Beispiel 1.5. Für $n \in \mathbb{N}$ seien $a_n := \left(\frac{n+1}{n}\right)^n$ und $b_n := \left(\frac{n+1}{n}\right)^{n+1}$.

Für alle $n \in \mathbb{N}$ gilt $\frac{n+1}{n} > 1$, also auch $0 < a_n < b_n$. Weiter gilt

$$\frac{a_{n+1}}{a_n} = \frac{(n+2)^{n+1} n^n}{(n+1)^{2n+1}} = \frac{n+1}{n} \frac{(n^2+2n)^{n+1}}{(n+1)^{2n+2}} = \frac{n+1}{n} \left(\frac{n^2+2n}{n^2+2n+1}\right)^{n+1}$$

$$= \frac{n+1}{n}\left(1 - \frac{1}{(n+1)^2}\right)^{n+1} \geq \frac{n+1}{n}\left(1 - \frac{1}{n+1}\right) = 1 \,,$$

wobei wir im vorletzten Schritt die Bernoulli-Ungleichung verwendet haben. Ebenso erhalten wir

$$\frac{b_n}{b_{n+1}} = \frac{(n+1)^{2n+3}}{(n+2)^{n+2} n^{n+1}} = \frac{n}{n+1}\left(\frac{n^2+2n+1}{n^2+2n}\right)^{n+2} = \frac{n}{n+1}\left(1 + \frac{1}{n^2+2n}\right)^{n+2}$$

$$\geq \frac{n}{n+1}\left(1 + \frac{n+2}{n^2+2n}\right) = \frac{n}{n+1}\frac{n+1}{n} = 1 \,.$$

Damit gilt $0 < a_n \leq a_{n+1} < b_{n+1} \leq b_n$ für alle $n \in \mathbb{N}$ und es folgt schließlich $a_n < b_k$ für alle $n, k \in \mathbb{N}$.

Aus $b_5 = \left(\frac{6}{5}\right)^6 = \frac{46656}{15625} < 3$ erhalten wir $a_n < 3$ und damit

$$b_n - a_n = a_n\left(1 + \frac{1}{n}\right) - a_n = \frac{a_n}{n} < \frac{3}{n} \qquad \text{für alle } n \in \mathbb{N} \,.$$

Hier stellt sich nun die Frage, ob es eine Zahl c gibt, sodass $a_n \leq c \leq b_n$ für alle $n \in \mathbb{N}$ gilt. In Kapitel 5.7, Aufgabe 8 werden wir zeigen, dass $c \notin \mathbb{Q}$ ist. Dies war bereits ein erstes Beispiel für eine *Intervallschachtelung*; wir werden diesen Begriff im Folgenden noch allgemein definieren.

In einem angeordneten kommutativen Körper K bezeichnen wir ($a, b \in K$, $a \leq b$) die Mengen

$$[a,b] := \{x \in K : a \leq x \leq b\} \qquad [a,b[:= \{x \in K : a \leq x < b\}$$
$$]a,b] := \{x \in K : a < x \leq b\} \qquad]a,b[:= \{x \in K : a < x < b\}$$

als **Intervalle**. Erstere heißen **abgeschlossen**, letztere **offen**, die anderen bezeichnen wir als **halboffen**. Ist I eines dieser Intervalle, so bezeichnet $|I| := b - a$ die **Länge** von I.

Definition 1.6. Sei K ein archimedisch angeordneter kommutativer Körper. Eine **Intervallschachtelung** ist eine Folge $(I_n)_{n \in \mathbb{N}}$ von abgeschlossenen Intervallen $I_n = [a_n, b_n]$ mit

(i) $I_{n+1} \subseteq I_n$ für alle $n \in \mathbb{N}$
       (d.h. $a_1 \leq \ldots \leq a_n \leq a_{n+1} \leq \ldots \leq b_{n+1} \leq b_n \leq \ldots \leq b_1$).
(ii)   Zu jedem $\varepsilon > 0$ existiert ein $n \in \mathbb{N}$ mit $|I_n| = b_n - a_n < \varepsilon$.

Der Körper K heißt **vollständig**, falls zu jeder Intervallschachtelung $(I_n)_{n \in \mathbb{N}}$ genau ein $x \in K$ existiert mit $x \in I_n$ für alle $n \in \mathbb{N}$.

Es gibt weitere äquivalente Charakterisierungen der Vollständigkeit, siehe Kapitel 4.2 und auch [3]. Obige geht auf Karl Weierstraß (1815-1897, Berlin) zurück.

Die Menge $\mathbb{R}$ der **reellen Zahlen** ist ein vollständiger archimedisch angeordneter Körper. Wir werden uns künftig, wenn Aussagen über $\mathbb{R}$ hergeleitet werden, letztendlich nur auf die genannten Gesetze (Axiome) stützen. Diese Eigenschaften, d.h. (K1),...,(K9), (A1), (A2), (A3) und die Vollständigkeit legen $\mathbb{R}$ fest.
    Der Körper $\mathbb{Q}$ ist nicht vollständig. Wir werden gleich feststellen, daß in $\mathbb{R}$ stets Wurzeln existieren, in $\mathbb{Q}$ nicht. Auch die im folgenden Beispiel konstruierte Zahl e ist nicht rational (siehe auch Kapitel 5.7, Aufgabe 8).

Beispiel 1.7 (Eulersche Zahl). Seien $a_n := \left(\frac{n+1}{n}\right)^n$, $b_n := \left(\frac{n+1}{n}\right)^{n+1}$, $I_n := [a_n, b_n]$, so ist $(I_n)_{n \in \mathbb{N}}$ eine Intervallschachtelung, siehe Beispiel 1.5. Man bezeichnet

$$\bigcap_{n \in \mathbb{N}} I_n = \{e\} .$$

Eine Näherung (im Dezimalsystem) für e ist

$$e \approx 2.71828182845904523536\ldots$$

Satz 1.8 (Existenz von Wurzeln). *Zu jedem $x \in \mathbb{R}$, $x > 0$, und $k \in \mathbb{N}$ existiert genau eine reelle Zahl $y > 0$ mit $y^k = x$. Man schreibt $y = \sqrt[k]{x}$ oder $y = x^{1/k}$.*

Beweis. Sei zunächst $x \geq 1$. Wir konstruieren eine Intervallschachtelung $I_n = [a_n, b_n]$ mit

$$a_n^k \leq x \leq b_n^k \quad \text{und} \quad |I_n| = \left(\tfrac{1}{2}\right)^{n-1} |I_1| \quad \text{für } n \in \mathbb{N} . \qquad (1.2)$$

Dazu starten wir mit $a_1 := 1$, $b_1 := x + 1$, also

$$I_1 = [a_1, b_1] = [1, x + 1] .$$

Wegen $x \geq 1$ gilt $b_1^k = (x+1)^k \geq x^k \geq x \geq 1^k = a_1^k$, also ist (1.2) für $n = 1$ erfüllt.

Ist $I_n = [a_n, b_n]$ mit (1.2) gegeben, so sei $m := \frac{1}{2}(a_n + b_n) = a_n + \frac{1}{2}(b_n - a_n)$. Wir setzen

$$I_{n+1} = [a_{n+1}, b_{n+1}] := \begin{cases} [a_n, m] \,, & \text{falls } m^k \geq x \,, \\ [m, b_n] \,, & \text{falls } m^k < x \,. \end{cases}$$

Mit dieser Konstruktion ist (1.2) auch für I_{n+1} erfüllt. Es ist $I_{n+1} \subseteq I_n$; ferner gibt es mit Satz 1.4 zu jedem $\varepsilon > 0$ ein $n \in \mathbb{N}$ mit $\left(\frac{1}{2}\right)^{n-1} < \frac{\varepsilon}{x}$, also $|I_n| < \varepsilon$.

Da $\mathbb{R}$ vollständig ist, existiert $y \in \mathbb{R}$ mit $\bigcap\limits_{n \in \mathbb{N}} I_n = \{y\}$.

Wir zeigen nun $y^k = x$. Dazu beachte man, dass $I_n^k := [a_n^k, b_n^k]$ ebenfalls eine Intervallschachtelung ist. Es gilt $I_{n+1}^k \subseteq I_n^k$, da $I_{n+1} \subseteq I_n$, und

$$|I_n^k| = b_n^k - a_n^k = (b_n - a_n)(b_n^{k-1} + b_n^{k-2}a_n + \ldots + a_n^{k-1}) \leq |I_n| \, k \, b_1^{k-1} \,.$$

Ist nun $\varepsilon > 0$, so existiert ein $n \in \mathbb{N}$ mit $|I_n| < \dfrac{\varepsilon}{kb_1^{k-1}}$, also $|I_n^k| < \varepsilon$.

Für alle $n \in \mathbb{N}$ folgt $x \in I_n^k$ mit (1.2) und wegen $y \in I_n$ gilt $y^k \in I_n^k$. Es gibt genau ein Element in $\bigcap\limits_{n \in \mathbb{N}} I_n^k$ und damit ist $y^k = x$.

Zum Beweis der Eindeutigkeit nehmen wir an, es sei $x = y^k = z^k$ mit $y, z > 0$. Aus $y < z$ folgt $x = y^k < z^k = x$, ein Widerspruch (ebenso bei $y > z$). Also gilt hier $y = z$.

Schließlich bleibt der Fall $0 < x < 1$.

Für $\frac{1}{x}$ gibt es wie eben gezeigt ein $y > 0$ mit $y^k = \frac{1}{x}$, also $x = \frac{1}{y^k} = \left(\frac{1}{y}\right)^k$. $\square$

In $\mathbb{Q}$ kann man nicht Wurzeln jeder Zahl ziehen. Wie schon erwähnt ist $\sqrt{2}$ nicht rational. Zur Bestimmung von Quadratwurzeln mittels Intervallschachtelung siehe auch Kapitel 1.4, Aufgabe 8.

Zum Schluss dieses Abschnitts zeigen wir ein einfaches Lemma, das uns später noch von Nutzen sein wird.

Lemma 1.9. *Für $0 \leq b < c$ und $k \in \mathbb{N}$ gilt $0 < \sqrt[k]{c} - \sqrt[k]{b} \leq \sqrt[k]{c - b}$.*

Beweis. Aus $\sqrt[k]{c} \leq \sqrt[k]{b}$ folgt $c \leq b$ unmittelbar aus den Anordnungsaxiomen, im Widerspruch zur Voraussetzung. Also muss $0 < \sqrt[k]{c} - \sqrt[k]{b}$ sein.

Angenommen, es gilt $\sqrt[k]{c} - \sqrt[k]{b} > \sqrt[k]{c - b}$, so folgt

$$c = (\sqrt[k]{c})^k > (\sqrt[k]{b} + \sqrt[k]{c-b})^k = (\sqrt[k]{b})^k + k \cdot (\sqrt[k]{b})^{k-1} \cdot \sqrt[k]{c-b} + \cdots + (\sqrt[k]{c-b})^k$$
$$\geq b + (c - b) = c$$

(alle Summanden sind nicht-negativ). Dies ist ein Widerspruch; damit ist die rechte Ungleichung ebenfalls bewiesen. $\square$

1.3 Supremumseigenschaft

Ist $A \subseteq \mathbb{R}$ eine beliebige Menge reeller Zahlen, so heißt $b \in \mathbb{R}$ eine **obere Schranke** (bzw. **untere Schranke**) von A, falls $a \leq b$ (bzw. $a \geq b$) für alle $a \in A$ gilt. Besitzt A eine obere Schranke, so heißt A **nach oben beschränkt**. Entsprechend definiert man **nach unten beschränkt**. Gilt beides, so nennt man A **beschränkt**.

Liegt eine obere (bzw. untere) Schranke b von A sogar in A selbst, so heißt diese **Maximum** (bzw. **Minimum**) von A; wir schreiben dann $b = \max A$ (bzw. $b = \min A$). Beachte, dass $\max A$ und $\min A$ wegen (A1) eindeutig bestimmt sind, wenn sie existieren.

Definition 1.10. Eine Zahl $s \in \mathbb{R}$ heißt **Supremum** einer Menge $A \subseteq \mathbb{R}$, falls gilt:

(i) s ist obere Schranke von A und
(ii)   für jede obere Schranke t von A ist $t \geq s$.

Das heißt, s ist *die kleinste obere Schranke* von A. Man schreibt $s = \sup A$.

Entsprechend definiert man s als das **Infimum** von $A \subseteq \mathbb{R}$, falls gilt:

(i) s ist untere Schranke von A und
(ii)   für jede untere Schranke t von A ist $t \leq s$.

Das heißt, s ist die *größte untere Schranke* von A. Man schreibt $s = \inf A$.

Bemerkung: Sei etwa $A = [a,b]$ mit $a,b \in \mathbb{R}$, $a < b$, so ist $b = \max A = \sup A$. Das Intervall $\tilde{A} = [a,b[$ hingegen besitzt ein Supremum $b = \sup \tilde{A}$, aber kein Maximum.

Auch Supremum und Infimum brauchen nicht immer zu existieren. Beispielsweise besitzen die nach oben unbeschränkten Intervalle $[a,\infty[= \{x \in \mathbb{R} : x \geq a\}$ kein Supremum. Zur Frage der Existenz sei auf den nachfolgenden Satz verwiesen. Existiert $\sup A$ (oder $\inf A$), so ist es eindeutig bestimmt: Sind s und $\tilde{s}$ zwei Suprema von A, so muss $s \leq \tilde{s}$ und $\tilde{s} \leq s$ gelten, also $s = \tilde{s}$.

Satz 1.11 (Supremumseigenschaft). *Jede nach oben (bzw. nach unten) beschränkte nicht-leere Menge $A \subseteq \mathbb{R}$ besitzt ein Supremum (bzw. Infimum).*

Beweis. Wir studieren hier nur den Fall, dass A nach oben beschränkt ist. Dazu konstruieren wir eine Intervallschachtelung $(I_n)_{n \in \mathbb{N}}$, $I_n = [a_n, b_n]$, mit den Eigenschaften

(i) $b_{n+1} - a_{n+1} = \frac{1}{2}(b_n - a_n)$ (daraus folgt $|I_n| = \left(\frac{1}{2}\right)^{n-1} |I_1|$ für alle n),
(ii) b_n ist obere Schranke von A,
(iii) a_n ist keine obere Schranke von A.

Wir beginnen mit $I_1 = [a_1, b_1]$, wobei b_1 eine beliebige obere Schranke von A und $a_1 \in \mathbb{R}$ keine obere Schranke von A ist. Sind $I_1, \ldots, I_n$ bereits gefunden, sodass (i), (ii) und (iii) gelten, dann sei $m_n := \frac{1}{2}(a_n + b_n)$. Offensichtlich ist $a_n \leq m_n \leq b_n$. Nun setze

$$I_{n+1} = [a_{n+1}, b_{n+1}] := \begin{cases} [a_n, m_n], & \text{falls } m_n \text{ obere Schranke von } A \text{ ist,} \\ [m_n, b_n], & \text{falls } m_n \text{ keine obere Schranke von } A \text{ ist.} \end{cases}$$

Damit gilt $I_{n+1} \subseteq I_n$ und $b_{n+1} - a_{n+1} = \frac{1}{2}(b_n - a_n)$. Ferner ist b_{n+1} eine obere Schranke von A und a_{n+1} ist keine obere Schranke von A.

Ist nun $\varepsilon > 0$, so existiert laut Satz 1.4 ein $n \in \mathbb{N}$ mit $\left(\frac{1}{2}\right)^{n-1} < \frac{\varepsilon}{b_1 - a_1}$. Folglich gilt $|I_n| < \varepsilon$; damit ist $(I_n)_{n\in\mathbb{N}}$ eine Intervallschachtelung.

Wegen der Vollständigkeit gibt es eine Zahl $s \in \mathbb{R}$ mit

$$\{s\} = \bigcap_{n\in\mathbb{N}} I_n .$$

Wir zeigen $s = \sup A$. Dazu ist nachzuweisen:

(a) s ist eine obere Schranke von A und
(b) s ist kleinste obere Schranke von A.

Zu (a): Angenommen, es gibt $x \in A$ mit $s < x$. Dann existiert zu $\varepsilon := x - s$ ein $n \in \mathbb{N}$ mit $b_n - a_n < \varepsilon = x - s$. Wegen $s \in [a_n, b_n]$ gilt $b_n - s \leq b_n - a_n < x - s$ und damit $b_n < x$ im Widerspruch dazu, dass b_n obere Schranke von A ist.

Zu (b): Angenommen, es gibt eine obere Schranke $\tilde{s}$ von A mit $\tilde{s} < s$. Dann existiert zu $\varepsilon := s - \tilde{s}$ ein $n \in \mathbb{N}$ mit $b_n - a_n < \varepsilon = s - \tilde{s}$. Weiter folgt wegen $s \in [a_n, b_n]$ nun $s - a_n \leq b_n - a_n < s - \tilde{s}$, also $a_n > \tilde{s}$. Damit gilt aber $a_n > \tilde{s} \geq x$ für alle $x \in A$, d.h. a_n ist obere Schranke von A, ein Widerspruch.

Damit ist $s = \sup A$ gezeigt.   □

Man kann zeigen, dass ein archimedisch angeordneter Körper, der die Supremumseigenschaft erfüllt, stets vollständig ist. Daher kann man die Vollständigkeit auch mittels Supremumseigenschaft definieren (das wird auch gelegentlich so gemacht). Eine weitere Charakterisierung der Vollständigkeit erfolgt über so genannte Cauchyfolgen, siehe Kapitel 4.2.

Lemma 1.12. *Seien A, B nicht-leere nach oben beschränkte Teilmengen von $\mathbb{R}$.*

(a)   Ist $A \subseteq B$, so gilt $\sup A \leq \sup B$.

(b)   Bezeichnen $A + B := \{a + b : a \in A, b \in B\}$, $rA := \{ra : a \in A\}$ für $r \in \mathbb{R}$ und $A \cdot B := \{ab : a \in A, b \in B\}$, so hat man

$$\sup(A + B) = \sup A + \sup B ,$$
$$\sup(rA) = r \sup A , \qquad \text{falls } r \geq 0 ,$$
$$\sup(A \cdot B) = \sup A \sup B , \qquad \text{falls } A, B \subseteq [0, \infty[.$$

Entsprechende Aussagen gelten für das Infimum, falls A und B nach unten beschränkt sind.

Beweis. Seien $\alpha := \sup A$, $\beta := \sup B$.
(a) Es ist β eine obere Schranke von A, denn aus $\beta \geq x \ \forall x \in B$ folgt $\beta \geq x \ \forall x \in A$. Da α die kleinste obere Schranke von A und β eine obere Schranke von A ist, folgt $\alpha \leq \beta$.

(b) Aus $a \leq \alpha\ \forall a \in A$ und $b \leq \beta\ \forall b \in B$ folgt $a + b \leq \alpha + \beta\ \forall a \in A, b \in B$, also $\sup(A + B) \leq \alpha + \beta$. Mit der Definition des Supremums als kleinste obere Schranke existieren zu jedem $\varepsilon > 0$ ein $a_0 \in A$ und ein $b_0 \in B$ mit $a_0 > \alpha - \frac{\varepsilon}{2}$ und $b_0 > \beta - \frac{\varepsilon}{2}$. Damit ist $a_0 + b_0 > (\alpha + \beta) - \varepsilon$. Da $\varepsilon > 0$ beliebig klein gewählt werden darf, ist $\alpha + \beta$ die kleinste obere Schranke von $A + B$.

Aus $\alpha \geq x\ \forall x \in A$ folgt $r\alpha \geq rx\ \forall x \in A$ und weiter $r\alpha \geq y\ \forall y \in rA$. Also ist $r\alpha$ eine obere Schranke von rA. Sei nun $a < r\alpha$. Dann ist $\frac{a}{r} < \alpha$, d.h. $\frac{a}{r}$ ist keine obere Schranke von A; folglich gibt es ein $x \in A$ mit $\frac{a}{r} < x$. Damit ist $rx \in rA$ und $a < rx$; also ist a keine obere Schranke von rA. Damit folgt: $r\alpha$ ist kleinste obere Schranke von rA.

Im Fall $A, B \subseteq [0, \infty[$ gilt $\alpha, \beta \geq 0$. Für $\alpha = 0$ oder $\beta = 0$ gilt $A \cdot B = \{0\}$ und die Behauptung ist offensichtlich wahr. Wir können also $\alpha, \beta > 0$ annehmen. Aus $x \leq \alpha\ \forall x \in A$ und $y \leq \beta\ \forall y \in B$ folgt dann $xy \leq \alpha\beta\ \forall x \in A, y \in B$. Also ist $\alpha\beta$ eine obere Schranke von $A \cdot B$. Wir nehmen nun an, dass $\alpha\beta$ nicht die kleinste obere Schranke von $A \cdot B$ ist. Dann gibt es ein $c \in \mathbb{R}$ mit $c < \alpha\beta$ und $c \geq x\ \forall x \in A \cdot B$. Wir setzen $\varepsilon := \frac{\alpha\beta - c}{\alpha + \beta}$. Es gilt $\varepsilon > 0$ und nach Definition des Supremums gibt es $a \in A$ mit $a > \alpha - \varepsilon$ sowie $b \in B$ mit $b > \beta - \varepsilon$. Daraus folgt

$$ab > (\alpha - \varepsilon)(\beta - \varepsilon) = \alpha\beta - \varepsilon(\alpha + \beta) + \varepsilon^2 \geq \alpha\beta - \varepsilon(\alpha + \beta) = c$$

im Widerspruch dazu, dass c obere Schranke von $A \cdot B$ ist. Damit ist $\alpha\beta$ tatsächlich die kleinste obere Schranke von $A \cdot B$.

Die entsprechenden Aussagen für das Infimum zeigt man ganz analog.   □

Wir schließen diesen Abschnitt mit einigen Resultaten zur Lage von $\mathbb{N}$, $\mathbb{Z}$ und $\mathbb{Q}$ innerhalb $\mathbb{R}$. Vorweg zeigen wir ein Resultat über $\mathbb{N}$, das auf den ersten Blick selbstverständlich erscheint. Man bedenke aber, dass wir $\mathbb{R}$ abstrakt nur als einen vollständigen archimedisch angeordneten Körper erklärt haben; Begriffe wie Supremum oder Maximum haben wir definiert völlig unabhängig davon, ob oder wie wir $\mathbb{N}$ in $\mathbb{R}$ wiederfinden.

Satz 1.13. *Sei $A \subseteq \mathbb{N} \subseteq \mathbb{R}$ eine nicht-leere Menge natürlicher Zahlen. Es gilt:*

(a)   A besitzt ein Minimum.

(b)   Ist A beschränkt, so hat A ein Maximum.

Beweis. (a) Sei $U := \{n \in \mathbb{N} : n$ ist untere Schranke von $A\}$. Dann gilt offensichtlich $1 \in U$. Außerdem ist U eine echte Teilmenge von $\mathbb{N}$, denn ist $k \in A$, so ist $k + 1 \notin U$. Mit dem Induktionsprinzip finden wir ein $n_0 \in U$ mit $n_0 + 1 \notin U$, sonst wäre $U = \mathbb{N}$.

Wir zeigen $n_0 = \min A$. Es gilt $n_0 \leq n\ \forall n \in A$. Zu zeigen bleibt $n_0 \in A$. Wäre $n_0 \notin A$, so wäre $n_0 < m\ \forall m \in A$ und damit $m - n_0 \geq 1$. Das heißt $m \geq n_0 + 1\ \forall m \in A$, woraus $n_0 + 1 \in U$ folgt – im Widerspruch zu oben.

(b) Sei $s := \sup A$. Nach (A3) existiert ein $n_1 \in \mathbb{N}$ mit $s < n_1$. Damit gilt $k \leq s < n_1$ für alle $k \in A$, also $n_1 - k \in \mathbb{N}\ \forall k \in A$. Laut *(a)* existiert $m := \min\{n_1 - k : k \in A\}$. Dann ist $n_1 - m = \max A$.   □

Satz 1.14. *(a) Zu jedem $x \in \mathbb{R}$ existiert genau ein $k \in \mathbb{Z}$ mit $k \leq x < k+1$.*
(b) Zu je zwei reellen Zahlen a,b mit $a < b$ gibt es eine Zahl $r \in \mathbb{Q}$ mit $a < r < b$.

Die Zahl k gemäß Aussage *(a)* wird mit $[x]$ bezeichnet. Demnach ist $[x]$ die größte ganze Zahl, die kleiner oder gleich x ist. Man nennt $[\ ]$ auch **Gaußklammer**.

Beweis. (a) Nach (A3) existiert ein $n \in \mathbb{N}$ mit $1 - x < n$, also $1 < n + x$. Laut Satz 1.13 existiert eine größte Zahl $m \in \mathbb{N}$ mit $m \leq n + x$. Damit ist $k := m - n$ die größte ganze Zahl, die kleiner oder gleich x ist.

(b) Wähle $n \in \mathbb{N}$ mit $\frac{1}{n} < b - a$ und setze $k := [na]$. Für $r := \frac{k+1}{n} \in \mathbb{Q}$ gilt dann $r > \frac{na}{n} = a$ und $b > \frac{1}{n} + a = \frac{1+an}{n} \geq \frac{1+k}{n} = r$. $\square$

1.4 Aufgaben

1. Beweisen Sie die im Anschluss an Definition 1.1 angegebenen Folgerungen. Geben Sie in jedem Schritt an, welches Axiom Sie dabei benützen.

2. a. Seien a,b,c,d positive reelle Zahlen mit $\frac{a}{b} < \frac{c}{d}$.
    Folgern Sie aus den Axiomen: Es gilt stets $\frac{a}{b} < \frac{a+c}{b+d} < \frac{c}{d}$.
    b. Gibt es positive reelle Zahlen a,b,c,d derart, dass $\frac{a}{b} + \frac{c}{d} = \frac{a+c}{b+d}$ gilt?

3. Beweisen Sie die nach Definition 1.2 genannten Folgerungen.

4. Zeigen Sie, dass $\mathbb{F}_2 := \{\bot, \top\}$ mit den durch

$$\bot + \bot := \bot, \quad \bot + \top := \top, \quad \top + \bot := \top, \quad \top + \top := \bot,$$
$$\bot \bullet \bot := \bot, \quad \bot \bullet \top := \bot, \quad \top \bullet \bot := \bot, \quad \top \bullet \top := \top,$$

erklärten Operationen ein kommutativer Körper ist.

5. Seien K ein kommutativer Körper, $a,b \in K$ und $n \in \mathbb{N}$. Weisen Sie die **Binomialformel**

$$(a+b)^n = \sum_{k=0}^{n} \binom{n}{k} a^k b^{n-k}$$

mittels vollständiger Induktion nach.

6. Zeigen Sie: Zu jedem $\varepsilon > 0$ gibt es ein $N \in \mathbb{N}$ mit

$$\frac{1}{\sqrt{n}} < \varepsilon \qquad \text{für alle } n \geq N .$$

7. Besitzen die folgenden Mengen ein Minimum, Maximum, Infimum, Supremum?

$$M_1 := \{x \in \mathbb{R} : x^2 > 7\}$$

$$M_2 := \left\{(-1)^n \left(1 - \frac{1}{n}\right) : n \in \mathbb{N}\right\} \qquad M_3 := \left\{\frac{1}{n} + \frac{1}{m} : m, n \in \mathbb{N}\right\}$$

Bestimmen Sie diese gegebenenfalls.

8. *Arithmetisches, Geometrisches und Harmonisches Mittel;*
   eine Intervallschachtelung für die Quadratwurzel.

   Seien a, b positive reelle Zahlen. Wir setzen

$$A(a,b) := \frac{a+b}{2}, \qquad G(a,b) := \sqrt{ab}, \qquad H(a,b) := \frac{1}{A(\frac{1}{a}, \frac{1}{b})} = \frac{2ab}{a+b}.$$

   a. Zeigen Sie: Es gilt $\min\{a,b\} \leq H(a,b) \leq G(a,b) \leq A(a,b) \leq \max\{a,b\}$, wobei Gleichheit nur im Fall $a = b$ auftritt.

   Nun sei $0 < a < b$. Wir setzen $a_1 := a$, $b_1 := b$ und

$$a_{n+1} := H(a_n, b_n), \quad b_{n+1} := A(a_n, b_n) \qquad \text{für } n \in \mathbb{N}.$$

   b. Zeigen Sie: Für alle $n \in \mathbb{N}$ gilt $a_n < b_n$.

   c. Zeigen Sie: Die Intervalle $I_n := [a_n, b_n]$ bilden eine Intervallschachtelung; es gilt $\sqrt{ab} \in I_n \; \forall n \in \mathbb{N}$.

   d. Zeigen Sie: Für alle $n \in \mathbb{N}$ gilt $b_{n+1} - a_{n+1} \leq \frac{1}{4a}(b_n - a_n)^2$.

   e. Berechnen Sie eine Näherung c für $\sqrt{2}$ mit $\left|c - \sqrt{2}\right| \leq \frac{1}{10000}$.

9. Seien $x \in \mathbb{R} \setminus \mathbb{Q}$ und $r \in \mathbb{Q}$. Zeigen Sie:

   a. Es gilt $x + r \in \mathbb{R} \setminus \mathbb{Q}$.

   b. Im Fall $r \neq 0$ gilt auch $rx \in \mathbb{R} \setminus \mathbb{Q}$.

Kapitel 2
Die komplexen Zahlen

In $\mathbb{R}$ können wir zwar aus jeder positiven Zahl die Wurzel ziehen, aber es gibt z.B. keine reelle Zahl x mit $x^2 = -1$. Wir wollen nun einen kommutativen Körper $\mathbb{C}$, die Menge der komplexen Zahlen, konstruieren, in dem es eine Zahl i gibt mit $i^2 = -1$ und der die reellen Zahlen enthält. Dabei müssen wir allerdings auf die archimedische Anordnung verzichten.

2.1 Konstruktion der komplexen Zahlen

Wir definieren die Menge der **komplexen Zahlen** als Menge von Paaren reeller Zahlen, $\mathbb{C} := \mathbb{R} \times \mathbb{R} = \{(x,y) : x,y \in \mathbb{R}\}$. Eine komplexe Zahl $z = (x,y)$ schreiben wir auch in der Form
$$z = x + iy.$$
Dabei entspricht $i = 0 + 1\,i = (0,1)$. Ferner heißen $\operatorname{Re} z := x$ der **Realteil** von z und $\operatorname{Im} z := y$ der **Imaginärteil** von z. Wir fassen $\mathbb{R}$ künftig als Teilmenge von $\mathbb{C}$ auf: $\mathbb{R} = \{x + 0i : x \in \mathbb{R}\} = \{z \in \mathbb{C} : \operatorname{Im} z = 0\} \subset \mathbb{C}$. Die Menge $\mathbb{C}$ ist mit

$$(x+iy) + (u+iv) := (x+u) + i(y+v) \qquad \text{als Addition}$$
$$\text{und} \qquad (x+iy)(u+iv) := (xu - yv) + i(xv + yu) \qquad \text{als Multiplikation}$$

ein kommutativer Körper; man kann leicht nachprüfen, dass (K1),...,(K9) hier erfüllt sind. Die **imaginäre Einheit** i ist dabei besonders ausgezeichnet. Es gilt $i^2 = -1$. Insbesondere gibt es keine Anordnung auf $\mathbb{C}$, die (A1) und (A2) erfüllt, denn dann müsste $i^2 > 0$ gelten!

Für $z \in \mathbb{C} \setminus \mathbb{R}$ sind daher Aussagen wie „$z > 0$" nicht sinnvoll. Man kann aber einen **Absolutbetrag** in $\mathbb{C}$ einführen. Für $z = x + iy \in \mathbb{C}$ setzt man

$$|z| := \sqrt{x^2 + y^2}.$$

Dies ist im Fall $x^2 + y^2 > 0$ laut Satz 1.8 wohldefiniert; sonst setze $\sqrt{0} := 0$.

R. Lasser, F. Hofmaier, *Analysis 1 + 2*, Springer-Lehrbuch, DOI 10.1007/978-3-642-28644-5_2, © Springer-Verlag Berlin Heidelberg 2012

Grafisch stellt man $\mathbb{C}$ üblicherweise als Ebene dar. Im kartesischen (x,y)-Koordinatensystem ist $|z|$ dann der Abstand des Punktes z vom Nullpunkt.

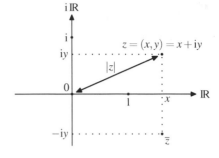

Für $z = x + \mathrm{i}y$ nennt man $\bar{z} := x - \mathrm{i}y$ die zu z **konjugiert komplexe** Zahl.

Es gelten die folgenden Rechenregeln, die man leicht herleiten kann.

Satz 2.1. *Seien* $z, w \in \mathbb{C}$. *Dann gelten:*

(1) $\overline{z+w} = \bar{z} + \bar{w}$, $\overline{zw} = \bar{z}\,\bar{w}$

(2) $\bar{\bar{z}} = z$

(3) $\operatorname{Re} z = \frac{1}{2}(z + \bar{z})$, $\operatorname{Im} z = \frac{1}{2\mathrm{i}}(z - \bar{z})$

(4) $|\operatorname{Re} z| \le |z|$, $|\operatorname{Im} z| \le |z|$

(5) $|z| \le |\operatorname{Re} z| + |\operatorname{Im} z|$

(6) $|z| = \sqrt{z\bar{z}}$

(7) $|z| = |\bar{z}| = |-z|$

(8) $|zw| = |z|\,|w|$

(9)   *Stets ist* $|z| \ge 0$; $|z| = 0$ *ist äquivalent zu* $z = 0$.

Gesondert wollen wir die **Dreiecksungleichung** aufführen.

Satz 2.2. *Seien* $z, w \in \mathbb{C}$. *Es gelten*

(a) $|z + w| \le |z| + |w|$,

(b) $\big||z| - |w|\big| \le |z - w|$.

Beweis. Es ist

$$
\begin{aligned}
|z+w|^2 &= (z+w)(\bar{z}+\bar{w}) = z\bar{z} + z\bar{w} + \overline{z}\,\overline{w} + w\bar{w} \\
&= |z|^2 + 2\operatorname{Re}(z\bar{w}) + |w|^2 \le |z|^2 + 2\,|\operatorname{Re}(z\bar{w})| + |w|^2 \\
&\le |z|^2 + 2\,|z\bar{w}| + |w|^2 = (|z| + |w|)^2 \,.
\end{aligned}
$$

Daraus folgt *(a)*. Die Aussage *(b)* zeigt man nun wie im Reellen.   □

Zur Veranschaulichung sei erwähnt, dass für $a \in \mathbb{C}$ und $r > 0$ durch

$$
U_r(a) := \{z \in \mathbb{C} : |z - a| < r\} \qquad \text{und}
$$
$$
K_r(a) := \{z \in \mathbb{C} : |z - a| \le r\}
$$

eine offene (bzw. abgeschlossene) Kreisscheibe um a mit Radius r bestimmt ist. (Die Begriffe *offen* und *abgeschlossen* werden wir in Kapitel 12 noch allgemein definieren.)

Beispiel: Für festes $w \in \mathbb{C}$ umfasst die Menge $\{z \in \mathbb{C} : |z - w| = 2\}$ genau diejenigen komplexen Zahlen, die von w den Abstand 2 haben. Es handelt sich also um einen Kreis mit Mittelpunkt w und Radius 2.

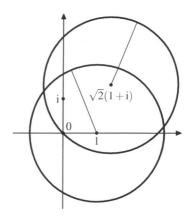

Die Abbildung rechts zeigt diese für $w = 1$ und $w = \sqrt{2}(1 + i)$. Im Fall $w = \sqrt{2}(1 + i)$ liegt der Nullpunkt auf diesem Kreis, denn für $z = 0$ gilt hier

$$|z - w| = |w| = \sqrt{\sqrt{2}^2 + \sqrt{2}^2} = 2 \, .$$

Wir nennen eine Teilmenge $A \subseteq \mathbb{C}$ **beschränkt**, falls es ein $M \geq 0$ gibt, sodass $|z| \leq M$ für alle $z \in A$ gilt. Beachte aber, dass man Begriffe wie *Supremum* und *Maximum* für Teilmengen von $\mathbb{C}$ nicht einführen kann.

Die folgende wichtige algebraische Eigenschaft des Körpers $\mathbb{C}$ sollte nicht unerwähnt bleiben.

Satz 2.3 (Fundamentalsatz der Algebra). *Seien* $a_0, \ldots, a_{n-1} \in \mathbb{C}$. *Die Gleichung*

$$z^n + a_{n-1} z^{n-1} + \ldots + a_1 z + a_0 = 0$$

hat in $\mathbb{C}$ mindestens eine Lösung.

Bemerkung: Im Reellen stimmt diese Aussage nicht, z.B. gibt es keine reelle Zahl x, die die Gleichung $x^2 + 1 = 0$ erfüllt.

Der Fundamentalsatz der Algebra wurde erstmals von Carl Friedrich Gauß bewiesen, inzwischen ist eine Vielzahl ganz unterschiedlicher Beweise bekannt. Mit den uns bis hier zur Verfügung stehenden Mitteln können wir diesen Satz allerdings noch nicht beweisen; wir werden dieses Resultat für unsere Zwecke auch nicht weiter benötigen. Mit Mitteln der Funktionentheorie kann man den Fundamentalsatz der Algebra recht leicht zeigen, bei Remmert/Schumacher [17] etwa findet man vier verschiedene Beweise. Für weitere Beweise dieses Satzes, die nur auf Resultaten der Analysis basieren, sei u.a. auf Königsberger [13] oder Beals [2] verwiesen. Für einen rein algebraischen Beweis siehe z.B. Karpfinger/Meyberg [11].

Beispiel: Die dritten Einheitswurzeln.

Wir wollen alle komplexen Zahlen bestimmen, die die Gleichung

$$z^3 = 1$$

erfüllen. Wie üblich schreiben wir $z = x + iy$. Dann ist

$$(x + iy)^3 = x^3 + 3x^2 iy + 3x(iy)^2 + (iy)^3 = x^3 - 3xy^2 + i(3x^2 y - y^3) \, .$$

Es gilt also $z^3 = 1 + 0\mathrm{i}$ genau dann, wenn

$$x^3 - 3xy^2 = 1 \quad \text{und} \quad 3x^2 y - y^3 = 0 \qquad (2.1)$$

erfüllt ist.

Für $y \neq 0$ lautet die zweite Gleichung $3x^2 = y^2$; es folgt $y = \pm\sqrt{3}\,x$. Setzen wir dies in die erste Gleichung ein, ergibt sich $-8x^3 = 1$, also $x = -\frac{1}{2}$ und $y = \pm\frac{1}{2}\sqrt{3}$.

Für $y = 0$ ist die zweite Gleichung in (2.1) erfüllt und die erste Gleichung liefert $x^3 = 1$, also $x = 1$.

Die Gleichungen (2.1) sind daher genau dann erfüllt, wenn x und y einer der Bedingungen

$$\begin{aligned}
(1) \quad & x = -\frac{1}{2}, \quad y = \frac{1}{2}\sqrt{3}, \\
(2) \quad & x = -\frac{1}{2}, \quad y = -\frac{1}{2}\sqrt{3}, \\
(3) \quad & x = 1, \quad y = 0,
\end{aligned}$$

genügen.

Insgesamt haben wir also drei Lösungen von $z^3 = 1$ gefunden. Es gilt $|z_1| = |z_2| = |z_3| = 1$ und $z_1 + z_2 + z_3 = 0$. Diese Punkte bilden die Ecken eines gleichseitigen Dreiecks, siehe auch Aufgabe 5.

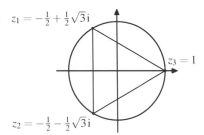

2.2 Aufgaben

1. Stellen Sie die folgenden komplexen Zahlen in der Form $x + \mathrm{i}y$ dar:

   a. $2\mathrm{i} + \frac{1}{2\mathrm{i}}$

   b. $\frac{1+3\mathrm{i}}{1-2\mathrm{i}}$

   c. $(1+\mathrm{i})^{43}$

2. Skizzieren Sie die folgenden Punktmengen in $\mathbb{C}$:

   a. $\{z \in \mathbb{C} : |z| = c\}$ für $c = \frac{1}{2}$, $c = 1$ und $c = 2$

   b. $\{z \in \mathbb{C} : \operatorname{Re} z > 0\}$

   c. $\{z \in \mathbb{C} : \bar{z} = \frac{1}{z}\}$

3. Geben Sie für

   a. $z = i$,

   b. $z = 1 + i$,

   c. $z = 2 - 3i$,

   d. $z = -\frac{1}{\sqrt{2}} - \frac{1}{\sqrt{2}} i$,

   jeweils z^2, iz und $\frac{1}{z}$ in der Form $x + iy$ an und skizzieren Sie alle diese Punkte in der komplexen Ebene.

4. Gegeben Sei eine komplexe Zahl w. Bestimmen Sie alle $z \in \mathbb{C}$ mit $z^2 = w$.

5. Es seien $z_1, z_2, z_3 \in \mathbb{C}$ mit $z_1 + z_2 + z_3 = 0$ und $|z_1| = |z_2| = |z_3| = c > 0$. Zeigen Sie: z_1, z_2, z_3 sind die Eckpunkte eines gleichseitigen Dreiecks.

   Tipp: Schreiben Sie die Ausdrücke $|z_1 - z_2|^2 + |z_2 - z_3|^2$, $|z_2 - z_3|^2 + |z_3 - z_1|^2$ und $|z_3 - z_1|^2 + |z_1 - z_2|^2$ mit Hilfe von $|z|^2 = z\bar{z}$ als Summe und benutzen Sie die Voraussetzungen um zu folgern, dass $|z_1 - z_2| = |z_2 - z_3| = |z_3 - z_1|$ gilt.

6. Zeigen Sie: Für alle $z, w \in \mathbb{C}$ gilt

$$|z + w|^2 + |z - w|^2 = 2 \left(|z|^2 + |w|^2 \right).$$

   Interpretieren Sie diese Gleichung geometrisch.

7. Für $z, w \in \mathbb{C}$ sei

$$z \prec w : \iff \operatorname{Re} z < \operatorname{Re} w \qquad \text{oder}$$
$$\operatorname{Re} z = \operatorname{Re} w \text{ und } \operatorname{Im} z < \operatorname{Im} w.$$

   Zeigen Sie: $\prec$ erfüllt (A1). Insbesondere gilt für beliebige $z, w \in \mathbb{C}$ genau eine der drei Bedingungen $z \prec w$, $z = w$ oder $w \prec z$.

   Zeigen Sie weiter, dass (A2) hier nicht gilt.

Kapitel 3
Folgen reller und komplexer Zahlen

Wir haben in Kapitel 1 gesehen, dass man mit Folgen von Intervallen reelle Zahlen definiert. Dort haben wir schon beobachten können, dass $a_n = \left(1 + \frac{1}{n}\right)^n$ der Euler-Zahl e mit wachsendem n immer näher kommt.

Auf Fourier (Jean-Baptiste Joseph Fourier, 1768-1830, Paris) geht etwa die näherungsweise Bestimmung von $\frac{\pi}{4}$ durch Folgen s_n, die sich als Summen schreiben, zurück:

$$s_n = 1 - \frac{1}{3} + \frac{1}{5} - \frac{1}{7} + \ldots \pm (-1)^n \frac{1}{2n+1} \, ,$$

siehe auch Kapitel 11.2, Beispiel (1).

Was passiert, wenn man Summen

$$r_n = 1 + \frac{1}{2} + \frac{1}{3} + \ldots + \frac{1}{n}$$

betrachtet, nähern sie sich einer Zahl an (und was genau ist darunter überhaupt zu verstehen?); wenn ja, welcher? Darüber hinaus stellen sich Fragen nach möglichst schneller Näherung an bestimmte Zahlen, z.B. e oder π.

Obige Annäherung an $\frac{\pi}{4}$ ist sehr langsam. Beispielsweise wird heutzutage

$$s_n = \frac{\sqrt{8}}{9801} \sum_{k=0}^{n} \frac{(4k)!}{(k!)^4} \frac{1103 + 26390k}{396^{4k}} \longrightarrow \frac{1}{\pi}$$

zur Berechnung von etwa 2 Milliarden Stellen von π benutzt. Letzteres stammt von Srinivasa Ramanujan (1887-1920, Madras, Cambridge).

3.1 Folgen und Grenzwerte

Eine **Folge** $(a_n)_{n \in \mathbb{N}}$ reeller Zahlen $a_n \in \mathbb{R}$ (oder komplexer Zahlen $a_n \in \mathbb{C}$) ist eine Abbildung von der Menge der natürlichen Zahlen in die Menge der reellen (oder komplexen) Zahlen, d.h. jedem $n \in \mathbb{N}$ wird eine Zahl a_n zugeordnet. Zunächst sei

R. Lasser, F. Hofmaier, *Analysis 1 + 2*, Springer-Lehrbuch,
DOI 10.1007/978-3-642-28644-5_3, © Springer-Verlag Berlin Heidelberg 2012

erwähnt, dass eine Folge $(a_n)_{n\in\mathbb{N}}$ etwas anderes ist als die Menge $\{a_n : n \in \mathbb{N}\}$. Bei der Folge kommt es auf die Reihenfolge an. So sind etwa $((-1)^n)_{n\in\mathbb{N}}$ und $((-1)^{n+1})_{n\in\mathbb{N}}$ zwei verschiedene Folgen, während die Menge der Folgenglieder in beiden Fällen $\{-1,1\}$ ist.

Analog kann man auch Folgen der Form $(a_n)_{n\in\mathbb{N}_0}$ oder gar $(a_n)_{n\in\mathbb{Z}}$ erklären.

Definition 3.1. Sei $(a_n)_{n\in\mathbb{N}}$ eine Folge reeller (oder komplexer) Zahlen. Man sagt, die Folge **konvergiert** gegen $a \in \mathbb{R}$ (bzw. $a \in \mathbb{C}$), falls gilt:

Zu jedem $\varepsilon > 0$ existiert ein $N \in \mathbb{N}$ mit

$$|a_n - a| < \varepsilon \qquad \text{für alle } n \geq N\,.$$

Die Zahl a heißt dann **Grenzwert** (auch: **Limes**) der Folge.

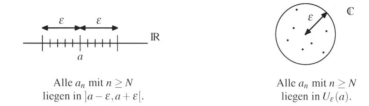

Alle a_n mit $n \geq N$ Alle a_n mit $n \geq N$
liegen in $]a - \varepsilon, a + \varepsilon[$.   liegen in $U_\varepsilon(a)$.

Bemerkung: Grenzwerte sind eindeutig bestimmt.

Beweis. Seien a,b Grenzwerte der Folge $(a_n)_{n\in\mathbb{N}}$. Dann gibt es zu jedem $\varepsilon > 0$ natürliche Zahlen N, M mit

$$|a_n - a| < \varepsilon \quad \text{für alle } n \geq N \qquad \text{und} \qquad |a_n - b| < \varepsilon \quad \text{für alle } n \geq M\,.$$

Daraus folgt $|b - a| = |(a_k - a) - (a_k - b)| \leq |a_k - a| + |a_k - b| < 2\varepsilon$, wobei etwa $k := \max\{N,M\}$ sei.

Für jedes $\varepsilon > 0$ gilt also $|b - a| < 2\varepsilon$; es bleibt nur $|b - a| = 0$. $\square$

Schreibweise: Konvergiert die Folge $(a_n)_{n\in\mathbb{N}}$ gegen a, so schreibt man

$$a = \lim_{n\to\infty} a_n \qquad \text{oder} \qquad a_n \to a \text{ mit } n \to \infty\,.$$

Gilt speziell $\lim_{n\to\infty} a_n = 0$, so bezeichnet man $(a_n)_{n\in\mathbb{N}}$ auch als **Nullfolge**.

Beispiele:

(1)   Sei $a_n := a$ für alle $n \in \mathbb{N}$. Dann gilt $\lim_{n\to\infty} a_n = a$, denn $|a_n - a| = 0 \; \forall n \in \mathbb{N}$.

(2)   Sei $a_n := \frac{1}{n}$ für $n \in \mathbb{N}$. Hier gilt $\lim_{n\to\infty} a_n = 0$.

   Begründung: Zu $\varepsilon > 0$ existiert $N \in \mathbb{N}$ mit $\frac{1}{\varepsilon} < N$, vgl. (A3); folglich gilt $\left|\frac{1}{n} - 0\right| = \frac{1}{n} \leq \frac{1}{N} < \varepsilon$ für alle $n \geq N$.

(3)   Sei $a_n := \frac{n+1}{n} = 1 + \frac{1}{n}$ für $n \in \mathbb{N}$. Es gilt $\lim_{n\to\infty} a_n = 1$, denn $\left|1 - \frac{n+1}{n}\right| = \frac{1}{n}$.

(4)   Sei $a_n := \left(1 + \frac{1}{n}\right)^n$ für $n \in \mathbb{N}$. Es gilt $\lim\limits_{n \to \infty} a_n = \mathrm{e}$ (Beispiel 1.7, Korollar 3.4).

(5)   Seien $q \in \mathbb{C}$ mit $|q| < 1$, $a_n := q^n$ für $n \in \mathbb{N}$.
       Es ist $\lim\limits_{n \to \infty} a_n = 0$ wegen $|q^n - 0| = |q|^n$ und Satz 1.4(b).

(6)   Seien $q \in \mathbb{C}$ mit $|q| < 1$, $s_n := \sum\limits_{k=0}^{n} q^k$ für $n \in \mathbb{N}$. Es gilt $\lim\limits_{n \to \infty} s_n = \frac{1}{1-q}$.

       Begründung: Für $q \neq 0$ ist $(1 - q)s_n = 1 - q^{n+1}$ und folglich

$$\left| s_n - \frac{1}{1-q} \right| = \left| \frac{1 - q^{n+1}}{1-q} - \frac{1}{1-q} \right| = \left| \frac{q^{n+1}}{1-q} \right| = \frac{1}{|1-q|}\,|q|^{n+1} \xrightarrow{(5)} 0\,.$$

Sei $(a_n)_{n \in \mathbb{N}}$ eine Folge und $s_n := \sum\limits_{k=1}^{n} a_k$ wie im vorangehenden Beispiel.

       Falls $(s_n)_{n \in \mathbb{N}}$ konvergiert, so schreibt man

$$\sum_{k=1}^{\infty} a_k := \lim_{n \to \infty} s_n\,.$$

Man bezeichnet dies als **Reihe** und $(s_n)_{n \in \mathbb{N}}$ als Folge ihrer **Partialsummen**.
       Man kann (und das wird tatsächlich gemacht) den Ausdruck

$$\sum_{k=1}^{\infty} a_k$$

auch als einfache Abkürzung für die Folge der Partialsummen $(s_n)_{n \in \mathbb{N}}$ verwenden.
Dieses Symbol hat also, je nach Zusammenhang, zwei verschiedene Bedeutungen:
Es bezeichnet entweder die Reihe an sich oder aber deren Grenzwert.

       Beispielsweise nennt man $\sum\limits_{k=0}^{\infty} q^k$ die **Geometrische Reihe**.

Wir werden in Kapitel 5 noch in einer allgemeineren Situation auf Reihen zu sprechen kommen.

Satz 3.2. *Ist $(a_n)_{n \in \mathbb{N}}$ eine konvergente Folge, so ist die Menge $\{a_n : n \in \mathbb{N}\}$ beschränkt.*

Beweis. Sei $a := \lim\limits_{n \to \infty} a_n$. Dann existiert ein $N \in \mathbb{N}$ mit $|a_n - a| < 1\ \forall n \geq N$, also

$$|a_n| \leq |a_n - a| + |a| < 1 + |a| \quad \forall n \geq N\,.$$

Mit $M := \max\{|a_1|, |a_2|, \ldots, |a_{N-1}|, 1 + |a|\}$ gilt nun $|a_n| \leq M$ für alle $n \in \mathbb{N}$. $\square$

       Wir haben mit Satz 3.2 eine notwendige Bedingung für die Konvergenz einer
Folge, nämlich die Beschränktheit von $\{a_n : n \in \mathbb{N}\}$, gefunden. Zum Beispiel kann
$(q^n)_{n \in \mathbb{N}}$ nicht konvergieren, falls $|q| > 1$ ist, da dann $\{q^n : n \in \mathbb{N}\}$ unbeschränkt ist,
siehe Satz 1.4(a).

Der folgende Satz enthält ein hinreichendes Kriterium für Konvergenz. Eine Folge $(a_n)_{n \in \mathbb{N}}$ reeller Zahlen heißt **monoton wachsend** (bzw. **monoton fallend**), falls $a_{n+1} \geq a_n$ (bzw. $a_{n+1} \leq a_n$) für alle $n \in \mathbb{N}$ gilt.

Satz 3.3. *(a) Jede monoton wachsende und nach oben beschränkte Folge $(a_n)_{n \in \mathbb{N}}$ reeller Zahlen konvergiert gegen das Supremum von $\{a_n : n \in \mathbb{N}\}$, d.h.*

$$\lim_{n \to \infty} a_n = \sup\{a_n : n \in \mathbb{N}\} \,.$$

(b) Jede monoton fallende und nach unten beschränkte Folge $(a_n)_{n \in \mathbb{N}}$ reeller Zahlen konvergiert gegen das Infimum von $\{a_n : n \in \mathbb{N}\}$, d.h. $\lim\limits_{n \to \infty} a_n = \inf\{a_n : n \in \mathbb{N}\}$.

Beweis. Wir führen den Nachweis hier nur für den Fall einer monoton wachsenden und nach oben beschränkten Folge.

Laut Satz 1.11 existiert $s := \sup\{a_n : n \in \mathbb{N}\}$. Sei nun $\varepsilon > 0$. Dann gibt es ein $N \in \mathbb{N}$ mit $a_N > s - \varepsilon$, denn sonst wäre s nicht die kleinste obere Schranke. Mit $a_N \leq a_n \leq s$ folgt $|a_n - s| \leq s - a_N < \varepsilon$ für alle $n \geq N$. $\square$

Man schreibt auch $\sup\limits_{n \in \mathbb{N}} a_n := \sup\{a_n : n \in \mathbb{N}\}$, $\inf\limits_{n \in \mathbb{N}} a_n := \inf\{a_n : n \in \mathbb{N}\}$.

Wir notieren noch eine einfache Folgerung.

Korollar 3.4. *Sei $(I_n)_{n \in \mathbb{N}}$ eine Intervallschachtelung, $I_n = [a_n, b_n]$, so gilt*

$$\lim_{n \to \infty} a_n = \sup_{n \in \mathbb{N}} a_n = a = \inf_{n \in \mathbb{N}} b_n = \lim_{n \to \infty} b_n \qquad \text{mit } \bigcap_{n \in \mathbb{N}} I_n = \{a\} \,.$$

3.2 Rechnen mit Grenzwerten

Die folgenden Rechenregeln erleichtern die Bestimmung von Grenzwerten.

Satz 3.5. *Seien $(a_n)_{n \in \mathbb{N}}$, $(b_n)_{n \in \mathbb{N}}$ zwei Folgen mit $a = \lim\limits_{n \to \infty} a_n$ und $b = \lim\limits_{n \to \infty} b_n$. Es gelten:*

(1) $\lim\limits_{n \to \infty} |a_n| = |a|$

(2) $\lim\limits_{n \to \infty} (\alpha a_n) = \alpha a \quad (\alpha \in \mathbb{C})$

(3) $\lim\limits_{n \to \infty} (a_n + b_n) = a + b$

(4) $\lim\limits_{n \to \infty} (a_n b_n) = ab$

(5)   *Ist $b \neq 0$, so existiert ein $n_0 \in \mathbb{N}$ mit $b_n \neq 0$ für alle $n \geq n_0$, und die Folge $(a_n/b_n)_{n \geq n_0}$ konvergiert gegen $\frac{a}{b}$.*

(6)   *Ist $a_n \geq 0$ für alle n, so gilt $\lim\limits_{n \to \infty} \sqrt[k]{a_n} = \sqrt[k]{a} \quad (k \in \mathbb{N})$.*

Beweis. (1) Seien $\varepsilon > 0$ und $N \in \mathbb{N}$ mit $|a_n - a| < \varepsilon \ \forall n \geq N$. Dann gilt auch $\left| \, |a_n| - |a| \, \right| \leq |a_n - a| < \varepsilon \ \forall n \geq N$.

(2) Der Fall $\alpha = 0$ ist trivial. Andernfalls findet man zu $\varepsilon > 0$ nun ein $N \in \mathbb{N}$ mit $|a_n - a| < \frac{\varepsilon}{|\alpha|} \ \forall n \geq N$. Damit gilt $|\alpha a_n - \alpha a| < \varepsilon \ \forall n \geq N$.

(3) Zu $\varepsilon > 0$ wähle $N \in \mathbb{N}$ mit $|a_n - a| < \varepsilon/2$ und $|b_n - b| < \varepsilon/2$ für alle $n \geq N$. Es folgt

$$|(a_n + b_n) - (a + b)| \leq |a_n - a| + |b_n - b| < \frac{\varepsilon}{2} + \frac{\varepsilon}{2} = \varepsilon \qquad \text{für alle } n \geq N \,.$$

(4) Nach Satz 3.3 existiert ein $M > 0$ mit $|a_n| \leq M$ für alle $n \in \mathbb{N}$.

Setze $K := \max\{|b|, M\}$. Zu $\varepsilon > 0$ existiert ein $N \in \mathbb{N}$ mit $|a_n - a| < \varepsilon/2K$ und $|b_n - b| < \varepsilon/2K$ für alle $n \geq N$. Damit gilt

$$|a_n b_n - ab| = |a_n(b_n - b) + (a_n - a)b| \leq |a_n| \, |b_n - b| + |b| \, |a_n - a| < K \frac{\varepsilon}{2K} + K \frac{\varepsilon}{2K} = \varepsilon$$

für alle $n \geq N$.

(5) Mit dem vorangehenden Ergebnis genügt es, den Fall $a_n = 1$ zu betrachten.

Es existiert ein $n_0 \in \mathbb{N}$ mit $|b| - |b_n| \leq |b - b_n| < \frac{|b|}{2}$ für alle $n \geq n_0$. Folglich gilt $\frac{|b|}{2} \leq |b_n|$ für alle $n \geq n_0$. Insbesondere gilt $b_n \neq 0$ für alle $n \geq n_0$.

Es bleibt noch zu zeigen, dass $\lim\limits_{\substack{n \to \infty \\ n \geq n_0}} \frac{1}{b_n} = \frac{1}{b}$ gilt.

Zu $\varepsilon > 0$ existiert ein $N \in \mathbb{N}$, $N \geq n_0$ mit $|b_n - b| < \frac{\varepsilon}{2} |b|^2 \ \forall n \geq N$. Damit gilt

$$\left| \frac{1}{b_n} - \frac{1}{b} \right| = \left| \frac{b_n - b}{b_n b} \right| = \frac{1}{|b_n| \, |b|} |b_n - b| \leq \frac{2}{|b|^2} |b_n - b| < \frac{2}{|b|^2} \frac{\varepsilon |b|^2}{2} = \varepsilon$$

für alle $n \geq N$. $\qquad\qquad\qquad\qquad\qquad\qquad\qquad\qquad\qquad\qquad\qquad\qquad$ $\square$

Zum Nachweis von (6) benötigen wir noch folgendes Resultat.

Satz 3.6. *Seien $(a_n)_{n \in \mathbb{N}}$ eine konvergente Folge mit $a = \lim\limits_{n \to \infty} a_n$ und $c \in \mathbb{R}$.*

(a)   Ist $a_n \in \mathbb{R}$ mit $a_n \leq c$ (bzw. $a_n \geq c$) für alle $n \in \mathbb{N}$, so gilt $a \leq c$ (bzw. $a \geq c$).

(b)   Ist $|a_n| \leq c$ (bzw. $|a_n| \geq c$) für alle $n \in \mathbb{N}$, so gilt $|a| \leq c$ (bzw. $|a| \geq c$).

Beweis. (a) Seien zunächst $a_n \leq c$ für alle $n \in \mathbb{N}$. Ist $a > c$, so findet man zu $\varepsilon := a - c$ ein $m \in \mathbb{N}$ mit $|a_m - a| < \varepsilon$. Daraus folgt $a_m = a_m - a + a \geq a - |a_m - a| > a - \varepsilon = c$, ein Widerspruch. Es gilt also $a \leq c$.

Im Fall $a_n \geq c$ gilt $-a_n \leq -c$ und wir erhalten analog $-a \leq -c$, also $a \geq c$.

(b) Aus $a_n \to a$ folgt $|a_n| \to |a|$ laut Rechenregel (1) aus Satz 3.5. Mit dem eben Bewiesenen folgt die Behauptung. $\qquad\qquad\qquad\qquad\qquad\qquad\qquad\qquad\qquad$ $\square$

Zu Satz 3.6 sei noch erwähnt, dass aus $a_n > c$ für alle n nicht notwendigerweise auch $a > c$ folgt. Als Gegenbeispiel dient etwa $a_n := \frac{1}{n}$.

Beweis (von Satz 3.5(6)). Wegen $a_n \geq 0$ für alle n ist laut Satz 3.6 auch $a \geq 0$. Daher existiert die Zahl $\sqrt[k]{a}$.

Sei nun $\varepsilon > 0$. Dann ist $\varepsilon^k > 0$ und es gibt ein $N \in \mathbb{N}$ derart, dass $|a_n - a| < \varepsilon^k$ gilt für alle $n \geq N$. Mit Lemma 1.9 folgt

$$\left| \sqrt[k]{a_n} - \sqrt[k]{a} \right| \leq \sqrt[k]{|a_n - a|} \leq \varepsilon$$

für alle $n \geq N$. Also ist $\lim\limits_{n \to \infty} \sqrt[k]{a_n} = \sqrt[k]{a}$. $\qquad\square$

Beispiel: $\lim\limits_{n \to \infty} \sqrt{n^2 + n} - n = \frac{1}{2}$.

Beweis. Es ist

$$\sqrt{n^2 + n} - n = \frac{(\sqrt{n^2 + n} - n)(\sqrt{n^2 + n} + n)}{\sqrt{n^2 + n} + n} = \frac{n}{\sqrt{n^2 + n} + n} = \frac{1}{\sqrt{1 + \frac{1}{n}} + 1}$$

und mit $\lim\limits_{n \to \infty} \frac{1}{n} = 0$ sowie den Rechenregeln aus Satz 3.5 folgt

$$\lim\limits_{n \to \infty} \sqrt{n^2 + n} - n = \lim\limits_{n \to \infty} \frac{1}{\sqrt{1 + \frac{1}{n}} + 1} = \frac{1}{\sqrt{1 + 0} + 1} = \frac{1}{2}$$

wie behauptet. $\qquad\square$

Wir notieren noch eine weitere Folgerung.

Satz 3.7. *Seien* $(a_n)_{n \in \mathbb{N}}$, $(b_n)_{n \in \mathbb{N}}$ *und* $(c_n)_{n \in \mathbb{N}}$ *Folgen reller Zahlen mit* $a_n \leq c_n \leq b_n$ *für alle* $n \in \mathbb{N}$.

Falls $(a_n)_{n \in \mathbb{N}}$ *und* $(b_n)_{n \in \mathbb{N}}$ *konvergent sind mit dem selben Grenzwert* a, *so gilt auch* $\lim\limits_{n \to \infty} c_n = a$.

Beweis. Sei $\varepsilon > 0$. Dann gibt es $N_1, N_2 \in \mathbb{N}$ mit $|a_n - a| < \frac{\varepsilon}{3}$ für alle $n \geq N_1$ und $|b_n - a| < \frac{\varepsilon}{3}$ für alle $n \geq N_2$.

Aus $a_n \leq b_n$ folgt mit der Dreiecksungleichung

$$b_n - a_n = |b_n - a_n| = |b_n - a - (a_n - a)| \leq |b_n - a| + |a_n - a|\,,$$

folglich gilt $b_n - a_n < \frac{2}{3}\varepsilon$ für alle $n \geq N := \max\{N_1, N_2\}$.

Außerdem gilt wegen $a_n \leq c_n \leq b_n$ auch $c_n - a_n \leq b_n - a_n$. Insgesamt erhalten wir damit

$$\begin{aligned}
|c_n - a| &= |c_n - a_n + a_n - a| \\
&\leq |c_n - a_n| + |a_n - a| = c_n - a_n + |a_n - a| \leq b_n - a_n + |a_n - a| < \varepsilon\,.
\end{aligned}$$

für alle $n \geq N$. Es ist also $\lim\limits_{n \to \infty} c_n = a$ wie behauptet. $\qquad\square$

Beispiel: Es gilt

$$\lim_{n \to \infty} \frac{1}{1+x^n} = \begin{cases} 1 & \text{für } 0 \le x < 1\,, \\ \frac{1}{2} & \text{für } x = 1\,, \\ 0 & \text{für } x \ge 1\,. \end{cases}$$

Beweis. Wir beginnen mit dem einfachsten Fall $x = 1$. Hier ist $\frac{1}{1+x^n} = \frac{1}{2}$ für alle $n \in \mathbb{N}$, also auch $\lim_{n \to \infty} \frac{1}{1+x^n} = \frac{1}{2}$.

Im Fall $0 \le x < 1$ gilt $\lim_{n \to \infty} x^n = 0$; mit den Rechenregeln aus Satz 3.5 erhalten wir

$$\lim_{n \to \infty} \frac{1}{1+x^n} = \frac{1}{1+0} = 1\,.$$

Für $x > 1$ gilt $0 < \frac{1}{1+x^n} < \frac{1}{x^n}$ und $\lim_{n \to \infty} \frac{1}{x^n} = 0$; mit Satz 3.7 folgt $\lim_{n \to \infty} \frac{1}{1+x^n} = 0$. $\qquad \square$

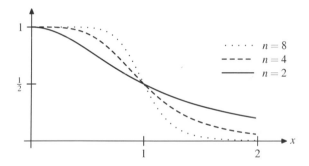

$\cdots\cdots$ $n = 8$
$----$ $n = 4$
$\underline{\qquad}$ $n = 2$

Die Abbildung zeigt das Verhalten von $\frac{1}{1+x^n}$ für $0 \le x \le 2$ und $n = 2, 4, 8$.

Weitere wichtige Grenzwerte:

(1) $\lim_{n \to \infty} \sqrt[n]{a} = 1$ für jedes $a > 0$,

(2) $\lim_{n \to \infty} \sqrt[n]{n} = 1$,

(3) $\lim_{n \to \infty} \frac{n^k}{z^n} = 0$ für jedes $k \in \mathbb{N}$ und $z \in \mathbb{C}$ mit $|z| > 1$.

Beweis. (1) Wir betrachten zunächst den Fall $a \ge 1$.

Für $n \in \mathbb{N}$ setzen wir $a_n := \sqrt[n]{a} - 1$. Mit der Bernoulli-Ungleichung (Satz 1.3) erhalten wir $a = (1 + a_n)^n \ge 1 + na_n$, also $a_n \le \frac{a-1}{n}$.

Wegen $a \ge 1$ gilt weiter $a_n \ge 0$ für alle n und laut Satz 3.7 erhalten wir mit $\lim_{n \to \infty} \frac{a-1}{n} = 0$ schließlich $\lim_{n \to \infty} a_n = 0$, also $\lim_{n \to \infty} \sqrt[n]{a} = 1$.

Es bleibt noch zu zeigen, dass die Behauptung auch für $0 < a < 1$ gilt. In diesem Fall ist $\frac{1}{a} > 1$ und wir können das bereits Bewiesene mit $\frac{1}{a}$ an Stelle von a benützen: Es gilt

$$\lim_{n \to \infty} \sqrt[n]{a} = \lim_{n \to \infty} \frac{1}{\sqrt[n]{\frac{1}{a}}} = \frac{1}{\lim_{n \to \infty} \sqrt[n]{\frac{1}{a}}} = 1\,.$$

(2) Für $n \in \mathbb{N}$ setzen wir $a_n := \sqrt[n]{n} - 1$, dann gilt $a_n \geq 0$ und weiter

$$n = (1 + a_n)^n = 1 + n a_n + \frac{n(n-1)}{2} a_n^2 + \cdots + a_n^n \geq 1 + \frac{n(n-1)}{2} a_n^2$$

für $n \geq 2$, da alle Summanden auf der rechten Seite positiv sind. Nun folgt

$$n - 1 \geq \frac{n(n-1)}{2} a_n^2 \;\Rightarrow\; 1 \geq \frac{n}{2} a_n^2 \;\Rightarrow\; a_n \leq \sqrt{\frac{2}{n}}$$

für alle $n \geq 2$. Mit $\lim\limits_{n \to \infty} \sqrt{\frac{2}{n}} = 0$ und Satz 3.7 erhalten wir $\lim\limits_{n \to \infty} a_n = 0$, also

$$\lim_{n \to \infty} \sqrt[n]{n} = 1 \,.$$

(3) Sei $x := |z| - 1 > 0$. Für jedes $n \in \mathbb{N}$ mit $n > 2k + 1$, also $\frac{n+1}{2} > k + 1$, ist

$$|z|^n = (1 + x)^n > \binom{n}{k+1} x^{k+1} = \frac{n(n-1)\cdots(n-k)}{(k+1)!} x^{k+1} > \left(\frac{n}{2}\right)^{k+1} \frac{x^{k+1}}{(k+1)!} \,;$$

daraus folgt

$$\left| \frac{n^k}{z^n} \right| < n^k \frac{1}{\left(\frac{n}{2}\right)^{k+1}} \frac{(k+1)!}{x^{k+1}} = \frac{2^{k+1}(k+1)!}{x^{k+1} n} \xrightarrow{n \to \infty} 0$$

und mit Satz 3.7 erhalten wir $\lim\limits_{n \to \infty} \frac{n^k}{z^n} = 0$.   □

3.3 Asymptotische Gleichheit und rekursiv definierte Folgen

Für $p, q \in \mathbb{N}$, $\alpha_0, \ldots, a_p; \beta_0, \ldots, \beta_q \in \mathbb{C}$, $\alpha_p \neq 0$, $\beta_q \neq 0$, gilt

$$\lim_{n \to \infty} \frac{\alpha_p n^p + \alpha_{p-1} n^{p-1} + \cdots + \alpha_0}{\beta_q n^q + \beta_{q-1} n^{q-1} + \cdots + \beta_0} = \begin{cases} \alpha_p / \beta_q \,, & \text{falls } p = q \,, \\ 0 \,, & \text{falls } p < q \,, \\ \text{konvergiert nicht,} & \text{falls } p > q \,. \end{cases}$$

Der Grenzwert hängt also nur vom jeweils ersten Term in Zähler und Nenner ab. Dies gibt Anlass zu folgender Definition.

Definition 3.8. Zwei Folgen $(a_n)_{n \in \mathbb{N}}$, $(b_n)_{n \in \mathbb{N}}$ heißen **asymptotisch gleich**, falls $\lim\limits_{n \to \infty} \frac{a_n}{b_n} = 1$ gilt. Man schreibt: $a_n \cong b_n$ für $n \to \infty$.

Hierbei wird *nicht* verlangt, dass die Folgen $(a_n)_{n \in \mathbb{N}}$ oder $(b_n)_{n \in \mathbb{N}}$ selbst konvergent sind. Insbesondere gilt

$$\alpha_p n^p + \alpha_{p-1} n^{p-1} + \cdots + \alpha_0 \cong \alpha_p n^p \qquad (\alpha_0, \ldots, \alpha_p \in \mathbb{C}) \,.$$

Beispiel 3.9 (Wallissches Produkt). Für $n \in \mathbb{N}$ sei

$$p_n := \frac{2}{1} \cdot \frac{4}{3} \cdot \frac{6}{5} \cdots \frac{2n}{2n-1} = \prod_{k=1}^{n} \frac{2k}{2k-1} \, .$$

Es gilt $p_n \cong \alpha\sqrt{n}$, wobei $\alpha \in \mathbb{R}$ ist mit $\sqrt{2} \leq \alpha \leq 2$.

Beweis. Einerseits ist $\frac{p_n}{\sqrt{n}}$ monoton fallend, denn

$$\left(\frac{\frac{p_{n+1}}{\sqrt{n+1}}}{\frac{p_n}{\sqrt{n}}} \right)^2 = \frac{n}{n+1} \frac{(2n+2)^2}{(2n+1)^2} = \frac{4n(n+1)}{(2n+1)^2} = \frac{4n^2+4n}{4n^2+4n+1} < 1 \, ;$$

andererseits ist $\frac{p_n}{\sqrt{n+1}}$ monoton wachsend, denn

$$\left(\frac{\frac{p_{n+1}}{\sqrt{n+2}}}{\frac{p_n}{\sqrt{n+1}}} \right)^2 = \frac{n+1}{n+2} \frac{(2n+2)^2}{(2n+1)^2} = \frac{4(n+1)^3}{4n^3+12n^2+9n+2} > 1 \, .$$

Daraus folgt

$$\sqrt{2} = \frac{p_1}{\sqrt{2}} \leq \cdots \leq \frac{p_n}{\sqrt{n+1}} \leq \frac{p_n}{\sqrt{n}} \leq \cdots \leq p_1 = 2 \, .$$

Also ergibt sich mit Satz 3.3 nun

$$\lim_{n\to\infty} \frac{p_n}{\sqrt{n}} = \inf_{n\in\mathbb{N}} \frac{p_n}{\sqrt{n}} =: \alpha \geq \sqrt{2} \tag{3.1}$$

und

$$\lim_{n\to\infty} \frac{p_n}{\sqrt{n+1}} = \sup_{n\in\mathbb{N}} \frac{p_n}{\sqrt{n+1}} =: \beta \leq 2 \, . \tag{3.2}$$

Insbesondere ist mit (3.1) gezeigt, dass $p_n \cong \alpha\sqrt{n}$ gilt.

Weiter gilt auch $\alpha = \beta$ wegen

$$\frac{\frac{p_n}{\sqrt{n}}}{\frac{p_n}{\sqrt{n+1}}} = \frac{\sqrt{n+1}}{\sqrt{n}} \to 1 \, .$$

Insbesondere erhält man durch

$$I_n := \left[\frac{p_n}{\sqrt{n+1}}, \frac{p_n}{\sqrt{n}} \right]$$

eine Intervallschachtelung mit $\bigcap_{n\in\mathbb{N}} I_n = \{\alpha\}$. $\qquad\square$

Tatsächlich gilt $\alpha = \sqrt{\pi}$; zum Beweis siehe Kapitel 8.3.

Es ist oft sinnvoll oder sogar nötig, eine Folge **rekursiv** zu definieren, d.h. mittels einer Vorschrift, die angibt, wie man a_{n+1} aus $a_1, \ldots, a_n$ berechnet.

Beispiel 3.10 (Algorithmus zur Bestimmung der Quadratwurzel). Sei $x > 0$.
Dann ist durch

$$a_1 := x, \qquad a_{n+1} := \frac{1}{2}\left(a_n + \frac{x}{a_n}\right) \quad \text{für } n \in \mathbb{N},$$

eine Folge $(a_n)_{n \in \mathbb{N}}$ erklärt.

Wir wollen uns überlegen, ob diese Folge konvergent ist. Falls $a_n > 0$ ist, so folgt
auch $a_{n+1} > 0$. Zusammen mit $a_1 = x > 0$ erhalten wir induktiv $a_n > 0$ für alle
$n \in \mathbb{N}$, insbesondere ist der Bruch $\frac{x}{a_n}$ überhaupt erklärt.

Wenn wir annehmen, dass $\lim\limits_{n \to \infty} a_n =: \alpha$ existiert, so gilt auch $\lim\limits_{n \to \infty} a_{n+1} = \alpha$ und

$$\alpha = \lim_{n \to \infty} a_{n+1} = \lim_{n \to \infty} \frac{1}{2}\left(a_n + \frac{x}{a_n}\right) = \frac{1}{2}\left(\alpha + \frac{x}{\alpha}\right),$$

falls $\alpha \neq 0$.

Wegen $\alpha = \frac{1}{2}(\alpha + \frac{x}{\alpha}) \Rightarrow 2\alpha^2 = \alpha^2 + x \Rightarrow \alpha = \pm\sqrt{x}$ kommen als Grenzwert
nur die Werte 0 und $\pm\sqrt{x}$ in Frage. *Wir haben allerdings noch nicht gezeigt, dass
die Folge konvergent ist!*

Behauptung: Es gilt $\lim\limits_{n \to \infty} a_n = \sqrt{x}$.

Beweis. Für jedes $n \in \mathbb{N}$ gilt

$$a_{n+1} - \sqrt{x} = \frac{1}{2}\left(a_n - 2\sqrt{x} + \frac{x}{a_n}\right) = \frac{1}{2a_n}\left(a_n^2 - 2\sqrt{x}\,a_n + x\right) = \frac{(a_n - \sqrt{x})^2}{2a_n} \geq 0.$$

Weiter ist

$$0 \leq a_{n+1} - \sqrt{x} = \frac{1}{2}\left(a_n - \sqrt{x}\right) \underbrace{\frac{a_n - \sqrt{x}}{a_n}}_{\leq 1} \leq \frac{1}{2}\left(a_n - \sqrt{x}\right)$$

$$\leq \cdots \leq \frac{1}{2^{n-1}}\left(a_2 - \sqrt{x}\right) = \frac{1}{2^{n-1}}\left(\frac{1}{2}(x+1) - \sqrt{x}\right) = \frac{1}{2^n}\left(\sqrt{x} - 1\right)^2.$$

Mit $\lim\limits_{n \to \infty} \frac{1}{2^n}(\sqrt{x} - 1)^2 = 0$ erhalten wir nun $\lim\limits_{n \to \infty} a_n - \sqrt{x} = 0$ wie gewünscht.   □

3.4 Eine Intervallschachtelung für den Logarithmus

Folgendes Konzept stammt von Adolf Hurwitz (1859-1919, Königsberg; Studium in
München). Wir werden in Kapitel 6.3 sehen, dass es sich bei dem hier konstruierten
so genannten *Logarithmus* in der Tat um die Umkehrung der Exponentialfunktion
handelt.

Wir betrachten für beliebiges $x > 0$ eine rekursiv definierte Folge $(x_n)_{n \in \mathbb{N}_0}$. Es seien

$$x_0 := x \, , \qquad x_{n+1} := \sqrt{x_n} \quad (n \in \mathbb{N}_0) \, . \tag{3.3}$$

Wir zeigen, dass unabhängig vom Startwert x immer $\lim\limits_{n \to \infty} x_n = 1$ gilt.

Beweis. Ist $x_0 = x \geq 1$, so ist auch $x_n \geq 1 \; \forall n \in \mathbb{N}$ und daher $x_{n+1} \leq x_{n+1}^2 = x_n$, d.h. $(x_n)_{n \in \mathbb{N}_0}$ ist monoton fallend und nach unten beschränkt. Laut Satz 3.3 existiert $\xi := \lim\limits_{n \to \infty} x_n \geq 1$. Da aber auch $\xi = \lim\limits_{n \to \infty} x_{n+1}$ ist, gilt

$$\xi^2 = \lim_{n \to \infty} x_{n+1}^2 = \lim_{n \to \infty} x_n = \xi \, .$$

Daraus folgt $\xi = 0$ oder $\xi = 1$. Schließlich ist $\xi = 0$ aber nicht möglich wegen $x_n \geq 1 \; \forall n \in \mathbb{N}$.

Ist $0 < x < 1$, so betrachte $\frac{1}{x}$ als Startwert. Mit $\frac{1}{\sqrt{x}} = \sqrt{\frac{1}{x}}$ folgt dann analog zu obiger Berechnung ebenfalls die Behauptung. $\qquad \square$

Lemma 3.11. *Sei $x > 0$. Mit der in (3.3) erklärten Folge $(x_n)_{n \in \mathbb{N}_0}$ setze*

$$a_n := 2^n \left(1 - \frac{1}{x_n} \right) \, , \qquad b_n := 2^n (x_n - 1) \, . \tag{3.4}$$

Dann ist $(I_n)_{n \in \mathbb{N}_0}$ mit $I_n := [a_n, b_n]$ eine Intervallschachtelung.

Beweis. Wir zeigen zunächst $b_{n+1} \leq b_n$ und $a_n \leq a_{n+1}$ sowie $a_n \leq b_n$ für alle $n \in \mathbb{N}$. Dazu benutzen wir die Ungleichungen

$$\text{(i)} \quad 2(y-1) \leq y^2 - 1 \qquad \text{und} \qquad \text{(ii)} \quad y + \frac{1}{y} \geq 2$$

für beliebiges $y > 0$, die man leicht aus $y^2 - 2y + 1 = (y-1)^2 \geq 0$ folgern kann.
  Mit (i) erhalten wir

$$b_{n+1} = 2^{n+1}(x_{n+1} - 1) \leq 2^n(x_{n+1}^2 - 1) = 2^n(x_n - 1) = b_n \qquad \text{sowie}$$

$$a_{n+1} = -2^{n+1} \left(\frac{1}{x_{n+1}} - 1 \right) \geq -2^n \left(\frac{1}{x_{n+1}^2} - 1 \right) = 2^n \left(1 - \frac{1}{x_n} \right) = a_n$$

und mit (ii) schließlich $a_n = 2^n \left(1 - \frac{1}{x_n} \right) \leq 2^n(x_n - 1) = b_n$.

  Also sind $(a_n)_{n \in \mathbb{N}_0}$ und $(b_n)_{n \in \mathbb{N}_0}$ konvergente Folgen, siehe Satz 3.3, denn $(a_n)_{n \in \mathbb{N}_0}$ ist monoton steigend, beschränkt nach oben durch b_0 und $(b_n)_{n \in \mathbb{N}_0}$ ist monoton fallend, beschränkt nach unten durch a_0.

Wegen $a_n x_n = 2^n \left(1 - \frac{1}{x_n} \right) x_n = 2^n(x_n - 1) = b_n$ und $\lim\limits_{n \to \infty} x_n = 1$ gilt $\lim\limits_{n \to \infty} a_n = \lim\limits_{n \to \infty} b_n$.

  Damit ist gezeigt, dass $(I_n)_{n \in \mathbb{N}_0}$ eine Intervallschachtelung ist. $\qquad \square$

Ausgehend von $x > 0$ haben wir über (3.3) und (3.4) eine Intervallschachtelung $(I_n)_{n \in \mathbb{N}_0}$ mit $I_n = [a_n, b_n]$ definiert. Bezeichne $\ln(x) := \lim_{n \to \infty} a_n = \lim_{n \to \infty} b_n$, also

$$\{\ln(x)\} = \bigcap_{n \in \mathbb{N}_0} I_n \,.$$

Wir nennen diese Zahl den (natürlichen) **Logarithmus** von x.

Satz 3.12. *Für alle $x, y > 0$ gelten*

(a) $\ln(1) = 0$,

(b) $1 - \frac{1}{x} \leq \ln(x) \leq x - 1$ *und* $2\left(1 - \frac{1}{\sqrt{x}}\right) \leq \ln(x) \leq 2(\sqrt{x} - 1)$,

(c) $\ln(xy) = \ln(x) + \ln(y)$.   *(Funktionalgleichung des Logarithmus)*

Beweis. (a) Für $x = 1$ gilt $x_n = 1$, also $a_n = b_n = 0$ für alle $n \in \mathbb{N}$, und somit $\ln(1) = 0$.

(b) Wie in Lemma 3.11 gezeigt, gilt $a_n \leq \ln(x) \leq b_n$ $\forall n \in \mathbb{N}_0$ (wobei a_n, b_n von $x > 0$ abhängen). Für $n = 0$ erhält man

$$1 - \frac{1}{x} \leq \ln(x) \leq x - 1 \,.$$

Für $n = 1$ gilt $x_1 = \sqrt{x}$, also hat man $2\left(1 - \frac{1}{\sqrt{x}}\right) \leq \ln(x) \leq 2(\sqrt{x} - 1)$.

(c) Es sei $z := xy > 0$. Wir betrachten nun $x_0 = x$, $y_0 = y$, $z_0 = z$ und $x_{n+1} = \sqrt{x_n}$, $y_{n+1} = \sqrt{y_n}$, $z_{n+1} = \sqrt{z_n}$ gemäß (3.3).

Unter Benutzung der b_n zu x bzw. y bzw. z erhält man

$$\ln(z) = \lim_{n \to \infty} 2^n(z_n - 1) = \lim_{n \to \infty} 2^n(x_n y_n - 1) = \lim_{n \to \infty} (2^n x_n(y_n - 1) + 2^n(x_n - 1))$$

$$= \lim_{n \to \infty} x_n \left(\lim_{n \to \infty} 2^n(y_n - 1)\right) + \lim_{n \to \infty} 2^n(x_n - 1) = \ln(y) + \ln(x)$$

wie behauptet. $\square$

Korollar 3.13. *Es gelten*

(a) $\ln\left(\frac{1}{x}\right) = -\ln(x)$ *für alle $x > 0$,*

(b) $0 < x < y \Rightarrow \ln(x) < \ln(y)$.

Beweis. (a) Mit der Funktionalgleichung erhalten wir

$$\ln\left(\frac{1}{x}\right) + \ln(x) = \ln\left(\frac{1}{x} x\right) = \ln(1) = 0 \,.$$

(b) Setze $c := \frac{y}{x}$. Mit $c > 1$ folgt aus Satz 3.12(b) zunächst $\ln(c) \geq 1 - \frac{1}{c} > 0$; mit der Funktionalgleichung folgt nun $\ln(y) = \ln(cx) = \ln(c) + \ln(x) > \ln(x)$. $\square$

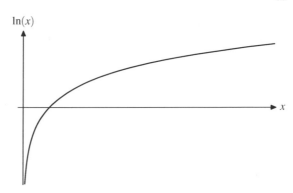

Der Logarithmus wird zwar beliebig groß, aber äußerst langsam. Um im Maßstab der Abbildung 30 cm auf der y-Achse an Höhe zu gewinnen (A4-Blatt), braucht man auf der x-Achse 100 Millionen Kilometer ($\approx \frac{2}{3} \times$ Abstand Erde – Sonne).

3.5 Aufgaben

1. Welche der Folgen

$$a_n := \frac{1}{\sqrt{n+1}}, \qquad b_n := \frac{1-2n}{5+3n}, \qquad c_n := (-1)^n$$

sind konvergent? Bestimmen Sie gegebenenfalls den Grenzwert. Benutzen Sie dabei direkt die Definition 3.1 und keine weiteren Resultate aus Kapitel 3.

2. Berechnen Sie die Grenzwerte der durch

$$a_n := \frac{n^2 + 3n + 2}{n^3 + 1} \qquad \text{und} \qquad b_n := \frac{5n^8 - 7n - 1}{n^8 + n^4 + n^2 + 1}$$

erklärten Folgen.

3. Ist die durch

$$a_n := \left(1 - \frac{1}{n^2}\right)^n$$

erklärte Folge $(a_n)_{n \in \mathbb{N}}$ konvergent? Bestimmen Sie ggf. den Grenzwert.

4. Zeigen Sie mit Hilfe von Satz 3.3, dass die durch

$$a_n := \frac{1}{1+n} + \frac{1}{2+n} + \cdots + \frac{1}{n+n}$$

erklärte Folge $(a_n)_{n \in \mathbb{N}}$ konvergiert.

5. Es sei $(a_n)_{n \in \mathbb{N}}$ eine Folge *komplexer* Zahlen. Zeigen Sie:
Die Folge $(a_n)_{n \in \mathbb{N}}$ ist konvergent genau dann, wenn $(\operatorname{Re} a_n)_{n \in \mathbb{N}}$ und $(\operatorname{Im} a_n)_{n \in \mathbb{N}}$ beide konvergent sind.

6. Untersuchen Sie die Folgen auf Konvergenz und bestimmen Sie gegebenenfalls den Grenzwert.

    a. $a_n := \sqrt{n+t} - \sqrt{n}$ mit $t > 0$

    b. $b_n := \sqrt{n + \frac{n}{t}} - \sqrt{n}$ mit $t > 0$

    c. $c_1 := 1$, $c_{n+1} := \sqrt{2 + c_n}$ für $n \in \mathbb{N}$

    d. $d_n := \sqrt[n]{a^n + b^n}$ mit $0 \leq a \leq b$ (*Hinweis:* $b^n \leq a^n + b^n \leq 2b^n$)

7. Es seien $(a_n)_{n \in \mathbb{N}}$ eine Folge komplexer Zahlen und $a \in \mathbb{C}$.

Zeigen Sie, dass die folgenden drei Aussagen äquivalent sind.

    (i)   Zu jedem $\varepsilon > 0$ gibt es ein $N \in \mathbb{N}$ mit $|a_n - a| < \varepsilon$ für alle $n \geq N$.

    (ii)   Zu jedem $\varepsilon > 0$ gibt es ein $N \in \mathbb{N}$ mit $|a_n - a| \leq \varepsilon$ für alle $n \geq N$.

    (iii)   Zu jedem $\varepsilon > 0$ gibt es ein $N \in \mathbb{N}$ mit $|a_n - a| < \frac{\varepsilon}{2}$ für alle $n \geq N$.

8. *Das Arithmetisch-geometrische Mittel.*

Es seien $a, b \in \mathbb{R}$ mit $0 < a < b$. Wir setzen $a_0 := a$, $b_0 := b$ und

$$a_{n+1} := G(a_n, b_n), \qquad b_{n+1} := A(a_n, b_n) \qquad \text{für } n \in \mathbb{N}_0,$$

wobei A und G wie in 1.4, Aufgabe 8, erklärt sind. Zeigen Sie:

  a. Für alle $n \in \mathbb{N}_0$ gilt $a_n < b_n$.

  b. Die Intervalle $I_n := [a_n, b_n]$ bilden eine Intervallschachtelung.

  c. Für alle $n \in \mathbb{N}_0$ gilt $b_{n+1} - a_{n+1} \leq \frac{1}{8a}(b_n - a_n)^2$.

Kapitel 4
Metrische Räume und Cauchyfolgen

Wir haben den Begriff der Konvergenz sowohl für reelle als auch für komplexe Folgen erklärt. Dabei haben wir nur den Begriff des „Abstandes" zwischen x und y benützt, nämlich $|x - y|$.

Hat man einen sinnvollen Abstandsbegriff in anderen Räumen als $\mathbb{R}$ oder $\mathbb{C}$, so kann man dort auch Konvergenz erklären.

4.1 Metrische und normierte Räume

Wir führen nun einen allgemeinen Abstandsbegriff auf beliebigen Mengen ein.

Definition 4.1. Sei M eine Menge. Eine Abbildung $d : M \times M \to \mathbb{R}$ heißt **Metrik**, wenn

(M1) $d(a,b) \geq 0$ und $d(a,b) = 0 \iff a = b$,

(M2) $d(a,b) = d(b,a)$,

(M3) $d(a,c) \leq d(a,b) + d(b,c)$, **(Dreiecksungleichung)**

für alle $a,b,c \in M$ gilt. Man sagt dann, (M,d) ist ein **metrischer Raum**, und nennt $d(a,b)$ den **Abstand** von a und b.

Beispiele:

(1) Auf $\mathbb{R}$ oder $\mathbb{C}$ haben wir eine „natürliche" Metrik, $d(x,y) := |x - y|$.
     Wir schreiben künftig $\mathbb{K}$ für $\mathbb{R}$ oder $\mathbb{C}$.

(2) Auf jeder Menge $M \neq \varnothing$ ist durch

$$d(a,b) := \begin{cases} 0 \text{ , für } a = b \text{ ,} \\ 1 \text{ , für } a \neq b \text{ ,} \end{cases}$$

eine Metrik gegeben, die **diskrete Metrik**.

R. Lasser, F. Hofmaier, *Analysis 1 + 2*, Springer-Lehrbuch,
DOI 10.1007/978-3-642-28644-5_4, © Springer-Verlag Berlin Heidelberg 2012

(3)   Sei $M := \{0,1\}^n := \{x = (x_1,\ldots,x_n) : x_1,\ldots,x_n \in \{0,1\}\}$. Durch

$$d(x,y) := |x_1 - y_1| + \ldots + |x_n - y_n|$$

(die Anzahl der Stellen, an denen x und y verschiedene Einträge haben) ist eine Metrik definiert. Sie heißt **Hamming-Abstand**.

(4)   Auf $\mathbb{K}$ haben wir bereits zwei Metriken, die natürliche und die diskrete Metrik. Eine weitere ist durch

$$d(x,y) := \frac{|x-y|}{1+|x-y|}$$

definiert. (M1), (M2) sind offensichtlich erfüllt.

Um (M3) zu zeigen, verwenden wir folgende Hilfsaussage: Für $0 \le s \le t$ gilt $s(1+t) = s+st \le t+st = t(1+s)$ und daraus folgt $\frac{s}{1+s} \le \frac{t}{1+t}$.

Mit $s = |x-z|$ und $t = |x-y| + |y-z|$ gilt

$$d(x,z) = \frac{|x-z|}{1+|x-z|} \le \frac{(|x-y|+|y-z|)}{1+(|x-y|+|y-z|)}$$

$$= \frac{|x-y|}{1+(|x-y|+|y-z|)} + \frac{|y-z|}{1+(|x-y|+|y-z|)}$$

$$\le \frac{|x-y|}{1+|x-y|} + \frac{|y-z|}{1+|y-z|} = d(x,y) + d(y,z),$$

also ist (M3) ebenfalls erfüllt.

Man beachte, dass in einem metrischen Raum (M,d) jede Teilmenge $L \subseteq M$ mit $d|L$, der Einschränkung von d auf L, ein metrischer Raum ist.

Ist die zu Grunde liegende Menge sogar ein $\mathbb{K}$-Vektorraum ($\mathbb{K} = \mathbb{R}$ oder $\mathbb{C}$), so erhält man Metriken u.a. über so genannte Normen.

Definition 4.2. Sei X ein $\mathbb{K}$-Vektorraum. Eine Abbildung $\|\cdot\| : X \to \mathbb{R}$ heißt **Norm**, wenn

(N1) $\|x\| \ge 0$ und $\|x\| = 0 \iff x = 0$,

(N2) $\|\lambda x\| = |\lambda|\|x\|$,

(N3) $\|x+y\| \le \|x\| + \|y\|$,   **(Dreiecksungleichung)**

für alle $x,y \in X$ und alle $\lambda \in \mathbb{K}$ gilt. Weiter heißt $(X, \|\cdot\|)$ dann **normierter Raum**.

Man sieht sofort, daß bei gegebener Norm $\|\cdot\|$ durch

$$d(x,y) := \|x-y\| \tag{4.1}$$

eine Metrik auf X definiert wird.

Die Metriken auf einem $\mathbb{K}$-Vektorraum, die durch Normen gemäß (4.1) bestimmt sind, kann man einfach charakterisieren.

Satz 4.3. *Sei X ein* $\mathbb{K}$-*Vektorraum. Eine Metrik d auf X wird gemäß (4.1) von einer Norm definiert genau dann, wenn*

(a) $d(x+a, y+a) = d(x,y)$ *und*

(b) $d(\lambda x, \lambda y) = |\lambda|\, d(x,y)$,

für alle $x, y \in X$, $\lambda \in \mathbb{K}$ *gilt.*

Beweis. Bei gegebener Norm $\|\cdot\|$ setzen wir $d(x,y) := \|x - y\|$ für $x, y \in X$. Dann gelten

$$d(x+a, y+a) = \|(x+a) - (y+a)\| = d(x,y) \qquad \text{und}$$

$$d(\lambda x, \lambda y) = \|(\lambda x) - (\lambda y)\| = |\lambda|\, d(x,y)\,.$$

Sei umgekehrt d mit *(a)* und *(b)* gegeben. Wir setzen nun $\|x\| := d(x,0)$ für $x \in X$. Dann gilt $\|x\| = 0 \iff d(x,0) = 0 \iff x = 0$. Ferner ist

$$\|\lambda x\| = d(\lambda x, \lambda 0) \overset{(b)}{=} |\lambda|\, d(x,0) = |\lambda|\, \|x\|\,.$$

Schließlich gilt auch

$$\|x+y\| = d(x+y, 0) \overset{(a)}{=} d(x, -y) \leq d(x,0) + d(0, -y)$$

$$= d(x,0) + d(-y, 0) \overset{(b)}{=} \|x\| + \|y\|\,.$$

Es bleibt zu prüfen, dass zwischen der so definierten Norm und d die Beziehung (4.1) gilt. In der Tat ist

$$\|x - y\| = d(x - y, 0) \overset{(a)}{=} d(x,y)$$

wie behauptet. $\square$

Beispiel: Normen auf $\mathbb{K}^d$**.** Für $x = (x_1, \dots, x_d)$ seien

$$\|x\|_1 := \sum_{k=1}^{d} |x_k|\,,$$

$$\|x\|_2 := \left(\sum_{k=1}^{d} |x_k|^2 \right)^{1/2},$$

$$\|x\|_\infty := \max_{k=1,\dots,d} |x_k|\,.$$

Die Eigenschaften (N1) und (N2) gelten offensichtlich in allen drei Fällen. Die Dreiecksungleichung (N3) ist für $\|\cdot\|_1$ und $\|\cdot\|_\infty$ ebenfalls einfach zu sehen. Die Dreiecksungleichung für $\|\cdot\|_2$ heißt auch *Minkowski-Ungleichung* (Hermann Minkowski, 1864-1909, Zürich, Göttingen). Zu deren Nachweis benötigen wir die

Cauchy-Ungleichung; auch *Cauchy-Schwarz-Ungleichung* oder *Cauchy-Schwarz-Bunjakowski-Ungleichung* genannt (Augustin Louis Cauchy, 1789-1857, Paris; Viktor Jakowlewitsch Bunjakowski, 1804-1889, Petersburg; Hermann Amandus Schwarz, 1843-1921, Berlin).

Satz 4.4 (Cauchy-Ungleichung). *Seien* $(a_1, \ldots, a_d)$, $(b_1, \ldots, b_d) \in \mathbb{R}^d$. *Dann gilt*

$$\left| \sum_{k=1}^{d} a_k b_k \right| \leq \left(\sum_{k=1}^{d} a_k^2 \right)^{1/2} \left(\sum_{k=1}^{d} b_k^2 \right)^{1/2}.$$

Beweis. Es ist

$$\left(\sum_{k=1}^{d} a_k^2 \right) \left(\sum_{k=1}^{d} b_k^2 \right) - \left(\sum_{k=1}^{d} a_k b_k \right)^2 = \sum_{k=1}^{d} \sum_{i=1}^{d} a_k^2 b_i^2 - \sum_{k=1}^{d} \sum_{i=1}^{d} a_k b_k a_i b_i.$$

Auf der rechten Seite fallen die Summanden für $k = i$ jeweils weg; wir erhalten

$$\sum_{k=1}^{d} \sum_{i=1}^{d} a_k^2 b_i^2 - \sum_{k=1}^{d} \sum_{i=1}^{d} a_k b_k a_i b_i = \sum_{k=1}^{d} \sum_{\substack{i=1 \\ i \neq k}}^{d} \left(a_k^2 b_i^2 - a_k b_k a_i b_i \right)$$

$$= \sum_{k=1}^{d} \sum_{i=k+1}^{d} \left(a_k^2 b_i^2 - 2 a_k b_k a_i b_i + a_i^2 b_k^2 \right)$$

$$= \sum_{k=1}^{d} \sum_{i=k+1}^{d} \left(a_k b_i - a_i b_k \right)^2 \geq 0$$

und weiter

$$\left(\sum_{k=1}^{d} a_k b_k \right)^2 \leq \left(\sum_{k=1}^{d} a_k^2 \right) \left(\sum_{k=1}^{d} b_k^2 \right).$$

Da die Summen auf der rechten Seite nicht negativ sind, ist

$$\left| \sum_{k=1}^{d} a_k b_k \right| \leq \left(\sum_{k=1}^{d} a_k^2 \right)^{1/2} \left(\sum_{k=1}^{d} b_k^2 \right)^{1/2}$$

wie gewünscht.   □

Satz 4.5 (Minkowski-Ungleichung). *Seien* $x = (x_1, \ldots, x_d)$, $y = (y_1, \ldots, y_d) \in \mathbb{K}^d$. *Dann gilt* $\|x + y\|_2 \leq \|x\|_2 + \|y\|_2$.

Beweis. Es ist

$$\|x + y\|_2^2 = \sum_{k=1}^{d} |x_k + y_k|^2 \leq \sum_{k=1}^{d} |x_k + y_k| \left(|x_k| + |y_k| \right)$$

und mit Hilfe der Cauchy-Ungleichung erhalten wir

$$\sum_{k=1}^{d} |x_k + y_k| \, |x_k| + \sum_{k=1}^{d} |x_k + y_k| \, |y_k|$$

$$\leq \left(\sum_{k=1}^{d} |x_k + y_k|^2 \right)^{1/2} \left(\sum_{k=1}^{d} |x_k|^2 \right)^{1/2} + \left(\sum_{k=1}^{d} |x_k + y_k|^2 \right)^{1/2} \left(\sum_{k=1}^{d} |y_k|^2 \right)^{1/2}$$

$$= \|x + y\|_2 \left(\|x\|_2 + \|y\|_2 \right).$$

Daraus folgt $\|x + y\|_2 \leq \|x\|_2 + \|y\|_2$. □

Damit ist gezeigt, dass auch $\|\cdot\|_2$ eine Norm auf $\mathbb{K}^d$ ist. Man nennt sie die **Euklidische Norm**. Der normierte Raum $(\mathbb{R}^d, \|\cdot\|_2)$ heißt **Euklidischer Raum**.

Die folgende Abbildung zeigt für jede der Normen $\|\cdot\|_1$, $\|\cdot\|_2$ und $\|\cdot\|_\infty$ in $\mathbb{R}^2$ die so genannte *Einheitskugel* $K_1(0) := \{x \in \mathbb{R}^2 : \|x\| \leq 1\}$.

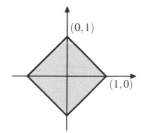

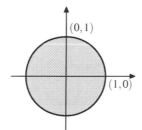

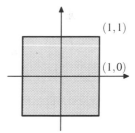

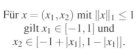

Für $x = (x_1, x_2)$ mit $\|x\|_1 \leq 1$ gilt $x_1 \in [-1, 1]$ und $x_2 \in [-1 + |x_1|, 1 - |x_1|]$.

Die Einheitskugel bezüglich $\|\cdot\|_2$ ist genau die Kreisscheibe $\{(x_1, x_2) \in \mathbb{R}^2 : x_1^2 + x_2^2 \leq 1\}$.

Die Einheitskugel bzgl. $\|\cdot\|_\infty$ ist das Quadrat $[-1, 1]^2$.

Beispiel: Der Raum ℓ^∞.

Wir bezeichnen den Raum aller *beschränkten* Folgen reeller (oder komplexer) Zahlen mit ℓ^∞. Mit den für $x = (x_n)_{n \in \mathbb{N}}$, $y = (y_n)_{n \in \mathbb{N}}$ und $\alpha \in \mathbb{K}$ definierten Operationen $(x + y)_n := x_n + y_n$ und $(\alpha x)_n := \alpha \, x_n$ ist dies ein $\mathbb{K}$-Vektorraum.

Wir wollen sehen, dass durch $\|x\|_\infty := \sup_{n \in \mathbb{N}} |x_n|$ eine Norm auf ℓ^∞ erklärt ist.

Die Eigenschaften (N1) und (N2) sind leicht ersichtlich. Zum Nachweis der Dreiecksungleichung seien $x, y \in \ell^\infty$. Für jedes $k \in \mathbb{N}$ gilt $|x_k + y_k| \leq |x_k| + |y_k| \leq \sup\{|x_n| : n \in \mathbb{N}\} + \sup\{|y_n| : n \in \mathbb{N}\}$, also auch

$$\|x + y\|_\infty = \sup\{|x_k + y_k| : k \in \mathbb{N}\}$$
$$\leq \sup\{|x_n| : n \in \mathbb{N}\} + \sup\{|y_n| : n \in \mathbb{N}\} = \|x\|_\infty + \|y\|_\infty.$$

Bezeichnungen: Ist (M, d) ein metrischer Raum, so definieren wir

$$U_r(a) := \{b \in M : d(b, a) < r\} \quad \text{und} \quad K_r(a) := \{b \in M : d(b, a) \leq r\}$$
$$\text{sowie} \quad S_r(a) := \{b \in M : d(b, a) = r\}$$

für feste $a \in M$, $r > 0$.

4.2 Cauchyfolgen und Vollständigkeit

Für Folgen $(a_n)_{n\in\mathbb{N}}$, $a_n \in M$, liegt es nun auf der Hand, einen Konvergenzbegriff einzuführen.

Definition 4.6. Seien (M,d) ein metrischer Raum und $(a_n)_{n\in\mathbb{N}}$ eine Folge in M.

(i)   Die Folge $(a_n)_{n\in\mathbb{N}}$ heißt **konvergent** gegen $a \in M$, falls zu jedem $\varepsilon > 0$ ein $N \in \mathbb{N}$ existiert mit

$$d(a_n,a) < \varepsilon \quad \text{für alle } n \geq N .$$

Man schreibt $\lim\limits_{n\to\infty} a_n = a$ oder $a_n \xrightarrow{d} a$.

(ii)   Die Folge $(a_n)_{n\in\mathbb{N}}$ heißt **Cauchyfolge**, falls zu jedem $\varepsilon > 0$ ein $N \in \mathbb{N}$ existiert mit

$$d(a_n,a_m) < \varepsilon \quad \text{für alle } n,m \geq N .$$

(iii)   Der Raum (M,d) heißt **vollständig**, falls jede Cauchyfolge in M konvergiert. Ein vollständiger *normierter* Raum heißt **Banachraum** (Stefan Banach, 1892-1945, Lemberg).

Beispiel: Für $x \in \mathbb{R}$ setze $\varphi(x) := \frac{x}{1+|x|}$. Dann ist durch

$$d(x,y) := |\varphi(x) - \varphi(y)|$$

eine Metrik d auf $\mathbb{R}$ erklärt, sodass $(\mathbb{R},d)$ nicht vollständig ist.

Beweis. Aus der Definition folgt unmittelbar, dass $d(z,y) \geq 0$ ist für alle $x,y \in \mathbb{R}$; im Fall $x = y$ gilt offensichtlich $d(x,y) = 0$.

Sei nun $d(x,y) = 0$, so folgt

$$\frac{x}{1+|x|} = \frac{y}{1+|y|} \Rightarrow x(1+|y|) = y(1+|x|) \Rightarrow x+x|y| = y+y|x| .$$

In den Fällen $x,y \geq 0$ oder $x,y \leq 0$ erhalten wir $x|y| = y|x|$ und damit $x = y$. Andernfalls können wir ohne Einschränkung annehmen, dass $x > 0$ und $y \leq 0$ gilt. Wir erhalten $-x|y| = y|x|$ und weiter $x+x|y| = y-x|y| \Rightarrow 2x|y| = y-x$. Wegen $x > 0$ und $y \leq 0$ ist dies ein Widerspruch.

Es gilt also $d(x,y) = 0 \Longleftrightarrow x = y$. Damit ist (M1) gezeigt; (M2) ist offenbar auch erfüllt. Seien $x,y,z \in \mathbb{R}$, dann gilt

$$d(x,z) = \left|\frac{x}{1+|x|} - \frac{z}{1+|z|}\right| = \left|\frac{x}{1+|x|} - \frac{y}{1+|y|} + \frac{y}{1+|y|} - \frac{z}{1+|z|}\right|$$

$$\leq \left|\frac{x}{1+|x|} - \frac{y}{1+|y|}\right| + \left|\frac{y}{1+|y|} - \frac{z}{1+|z|}\right| = d(x,y) + d(y,z) ,$$

womit (M3) auch gezeigt ist. Folglich ist d eine Metrik.

Es sei $a_n := n$ für $a \in \mathbb{N}$.

Für beliebiges $N \in \mathbb{N}$ und $N \le m \le n$ gilt dann

$$d(a_n, a_m) = \left| \frac{n}{1+n} - \frac{m}{1+m} \right| = \left| \frac{n(1+m) - m(1+n)}{(1+n)(1+m)} \right| = \frac{n-m}{(1+n)(1+m)}$$

$$\le \frac{n}{n(m+1)} = \frac{1}{m+1} \le \frac{1}{N} \ .$$

Wenn wir zu $\varepsilon > 0$ also $N \in \mathbb{N}$ so wählen, dass $\frac{1}{N} < \varepsilon$ ist, erhalten wir

$$d(a_n, a_m) < \varepsilon \quad \text{für alle } n, m \ge N \ ,$$

d.h. $(a_n)_{n\in\mathbb{N}}$ ist eine Cauchyfolge in $(\mathbb{R}, d)$.

Angenommen, es gibt $a \in \mathbb{R}$ mit $a_n \xrightarrow{d} a$. Offensichtlich ist dann $a > 0$.

Für $n \in \mathbb{N}$, $n > 2a$, folgt

$$d(a_n, a) = \left| \frac{n}{1+n} - \frac{a}{1+|a|} \right| = \frac{|n-a|}{(1+n)(1+|a|)} > \frac{\frac{n}{2}}{2n(1+|a|)} = \frac{1}{4(1+|a|)} \ .$$

Zu $\varepsilon = \frac{1}{4(1+|a|)}$ gibt es demnach kein $N \in \mathbb{N}$ derart, dass gilt

$$d(a_n, a) < \varepsilon \quad \text{für alle } n \ge N$$

im Widerspruch zu $a_n \xrightarrow{d} a$. Die Folge konvergiert also nicht.

Wir haben hiermit eine Cauchyfolge in $(\mathbb{R}, d)$ gefunden, die nicht konvergiert. Folglich ist $(\mathbb{R}, d)$ nicht vollständig. □

Bemerkungen:

(1)   Eine Folge in (M, d) kann gegen höchstens einen Grenzwert konvergieren. Man kann den Beweis aus Abschnitt 3.1 fast wörtlich kopieren.

(2)   Auch nach Definition 4.6 ist $\mathbb{Q}$ mit der natürlichen Metrik nicht vollständig: In jedem Intervall $[\sqrt{2}, \sqrt{2} + \frac{1}{n}]$ finden wir ein $a_n \in \mathbb{Q}$. Damit ist $(a_n)_{n\in\mathbb{N}}$ eine Cauchyfolge in $\mathbb{Q}$, konvergiert aber nicht (in $\mathbb{Q}$).

(3)   Jede konvergente Folge $(a_n)_{n\in\mathbb{N}}$ in (M, d) ist eine Cauchyfolge, denn seien $a = \lim\limits_{n\to\infty} a_n$ und $\varepsilon > 0$, so gibt es ein $N \in \mathbb{N}$ mit $d(a_n, a) < \frac{\varepsilon}{2}$ für alle $n \ge N$, und damit gilt

$$d(a_n, a_m) \le d(a_n, a) + d(a, a_m) < \frac{\varepsilon}{2} + \frac{\varepsilon}{2} = \varepsilon \quad \text{falls } n, m \ge N \ .$$

Wenn wir im Folgenden von Konvergenz in $\mathbb{R}$ oder $\mathbb{C}$ (ohne zusätzliche Angabe) sprechen, meinen wir stets Konvergenz in der natürlichen (Betrags-)Metrik.

Satz 4.7. *Jede Cauchyfolge $(a_n)_{n\in\mathbb{N}}$ in $\mathbb{R}$ ist konvergent.*

Beweis. Zu $k \in \mathbb{N}$ gibt es $n_k \in \mathbb{N}$ mit $|a_n - a_m| \frac{1}{2^{k+1}}$ für alle $n, m \geq n_k$. Wir können diese so wählen, dass $n_{k+1} \geq n_k$ gilt. Definiert man Intervalle mittels

$$I_k := \left\{ x \in \mathbb{R} : |x - a_{n_k}| \leq \frac{1}{2^k} \right\},$$

dann ist $a_n \in I_k$ für alle $n \geq n_k$. Weiter gilt $I_{k+1} \subseteq I_k$: Ist nämlich $x \in I_{k+1}$, so gilt $|x - a_{n_{k+1}}| \leq \frac{1}{2^{k+1}}$. Da mit $n_{k+1} \geq n_k$ auch $|a_{n_{k+1}} - a_{n_k}| < \frac{1}{2^{k+1}}$ ist, folgt

$$|x - a_{n_k}| \leq |x - a_{n_{k+1}}| + |a_{n_{k+1}} - a_{n_k}| < \frac{1}{2^k}, \qquad \text{also } x \in I_k .$$

Die Länge der I_k ist $\frac{1}{2^{k-1}}$. Somit ist $(I_k)_{k \in \mathbb{N}}$ eine Intervallschachtelung.

Gemäß der Vollständigkeit von $\mathbb{R}$ nach Definition 1.6 sei nun $\bigcap\limits_{k=1}^{\infty} I_k = \{a\}$. Wir zeigen, dass $\lim\limits_{n \to \infty} a_n = a$ gilt.

Ist $\varepsilon > 0$, so wähle $k \in \mathbb{N}$ mit $\frac{1}{2^k} < \frac{\varepsilon}{2}$. Für $n \geq N := n_k$ gilt dann

$$|a_n - a| \leq |a_n - a_{n_k}| + |a_{n_k} - a| < \frac{1}{2^{k+1}} + \frac{1}{2^k} < \frac{\varepsilon}{2} + \frac{\varepsilon}{2} = \varepsilon .$$

Folglich konvergiert die Folge $(a_n)_{n \in \mathbb{N}}$ gegen a. $\qquad\square$

Bemerkung: Im Beweis von Satz 4.7 haben wir die Vollständigkeit von $\mathbb{R}$ bezüglich Intervallschachtelungen benutzt um Vollständigkeit bzgl. Cauchyfolgen zu zeigen.

Fordert man in der Konstruktion der Menge $\mathbb{R}$ als *vollständigen archimedisch angeordneten Körper* die Vollständigkeit mittels Cauchyfolgen, so kann man daraus wiederum die Vollständigkeit bezüglich Intervallschachtelungen zeigen.

Darüberhinaus ist auch die *Supremumseigenschaft* (vgl. Satz 1.11) eine äquivalente Charakterisierung der Vollständigkeit von $\mathbb{R}$.

Weitere Details zur Menge der reellen Zahlen findet man u.a. in [3].

Konvergenz im Euklidischen Raum:

Es sei $(x_n)_{n \in \mathbb{N}}$ eine Folge in $\mathbb{K}^d$, $x_n = (x_{n,1}, \ldots, x_{n,d})$. Wegen

$$\sum_{k=1}^{d} |x_{n,k} - x_k|^2 \to 0 \iff x_{n,k} \to x_k \text{ für alle } k \in \{1, \ldots, d\}$$

konvergiert $(x_n)_{n \in \mathbb{N}}$ gegen $x \in \mathbb{K}^d$ bzgl. $\| \cdot \|_2$ genau dann, wenn alle Komponentenfolgen $(x_{n,k})_{n \in \mathbb{N}}$ gegen x_k konvergieren.

Ebenso sieht man, dass $(x_n)_{n \in \mathbb{N}}$ Cauchyfolge in $(\mathbb{K}^d, \| \cdot \|_2)$ ist, genau dann, wenn alle Komponentenfolgen $(x_{n,k})_{n \in \mathbb{N}}$, $k = 1, \ldots, d$, Cauchyfolgen in $\mathbb{K}$ sind.

Damit folgt:

Korollar 4.8. *Der Euklidische Raum* $(\mathbb{R}^d, \| \cdot \|_2)$ *ist vollständig. Insbesondere ist auch* $\mathbb{C}$ *(mit der natürlichen Metrik) vollständig.*

Wir wollen noch ein Beispiel für einen weiteren Banachraum angeben.

Sei M eine beliebige Menge, und bezeichne $B(M)$ den Raum aller beschränkten Funktionen $f : M \to \mathbb{K}$, d.h. $B(M)$ enthält genau diejenigen Abbildungen f, für die $\{f(x) : x \in M\}$ eine beschränkte Teilmenge von $\mathbb{K}$ ist. Mit $f, g \in B(M)$ und $\lambda \in \mathbb{K}$ gilt offensichtlich auch $f + g \in B(M)$ und $\lambda f \in B(M)$, daher ist $B(M)$ ein $\mathbb{K}$-Vektorraum. Weiter sei

$$\|f\|_\infty := \sup_{x \in M} |f(x)| \, .$$

Man kann direkt nachrechnen, dass $\| \cdot \|_\infty$ eine Norm auf $B(M)$ ist.

Gelegentlich schreibt man auch $\| \cdot \|_M$ an Stelle von $\| \cdot \|_\infty$.

Satz 4.9. *Der normierte Raum* $(B(M), \| \cdot \|_\infty)$ *ist ein Banachraum.*

Beweis. Zu zeigen bleibt, dass jede Cauchyfolge in $(B(M), \| \cdot \|_\infty)$ konvergiert.

Sei $(f_n)_{n \in \mathbb{N}}$ eine Cauchyfolge in $(B(M), \| \cdot \|_\infty)$. Zu jedem $\varepsilon > 0$ gibt es demnach ein $N \in \mathbb{N}$ mit $\|f_n - f_m\|_\infty < \varepsilon$ für alle $m, n \geq N$.

Für beliebiges $x \in M$ folgt daraus $|f_n(x) - f_m(x)| < \varepsilon \; \forall m, n \geq N$, wobei N unabhängig von x ist. Folglich ist $(f_n(x))_{n \in \mathbb{N}}$ eine Cauchyfolge in $\mathbb{K}$. Diese ist konvergent, da $\mathbb{K}$ vollständig ist. Also existiert der Grenzwert $\lim_{n \to \infty} f_n(x) =: f(x)$. Sei $n \geq N$ zunächst fest gewählt.

Es ist $\lim_{m \to \infty} |f_n(x) - f_m(x)| = |f_n(x) - f(x)|$ und damit $|f_n(x) - f(x)| \leq \varepsilon \; \forall x \in M$. Da f_n beschränkt ist, ist somit auch f beschränkt. Weiter gilt

$$\|f_n - f\|_\infty = \sup_{x \in M} |f_n(x) - f(x)| \leq \varepsilon \qquad \text{für alle } n \geq N \, ,$$

also konvergiert die Folge $(f_n)_{n \in \mathbb{N}}$ im Raum $(B(M), \| \cdot \|_\infty)$ gegen $f \in B(M)$. $\qquad \square$

4.3 Skalarprodukt und Orthogonalität

Definition 4.10. Sei X ein $\mathbb{K}$-Vektorraum. Eine Abbildung $\langle \cdot, \cdot \rangle : X \times X \to \mathbb{K}$ heißt **Skalarprodukt**, wenn

(S1) $\langle x, x \rangle \geq 0$ und $\langle x, x \rangle = 0 \iff x = 0$,

(S2) $\langle \lambda x, y \rangle = \lambda \, \langle x, y \rangle$,

(S3) $\langle x, y \rangle = \overline{\langle y, x \rangle}$,

(S4) $\langle x + y, z \rangle = \langle x, z \rangle + \langle y, z \rangle$,

für alle $x, y, z \in X$ und alle $\lambda \in \mathbb{K}$ gilt. Einen Vektorraum mit Skalarprodukt bezeichnet man auch als **Prähilbertraum**.

Weiter sagt man, x und y sind **orthogonal**, falls $\langle x, y \rangle = 0$ ist.

Sei I eine beliebige Indexmenge. Eine Menge $\{x_i : i \in I\} \subseteq X$ heißt **orthonormal**, falls $\langle x_i, x_j \rangle = 0$ für $i \neq j$ und $\langle x_i, x_i \rangle = 1$ für alle $i \in I$ gilt.

Wit werden sehen, dass in einem Prähilbertraum X durch $\|x\| := \sqrt{\langle x,x \rangle}$ eine Norm erklärt ist. Die Eigenschaften (N1) und (N2) sind offensichtlich. Zum Nachweis der Dreiecksungleichung (N3) sind noch einige Überlegungen nötig.

Satz 4.11 (Pythagoras). *Sei* $\{x_1, \ldots, x_n\}$ *eine endliche orthonormale Menge in einem Prähilbertraum* X.

Dann gilt

$$\|x\|^2 = \sum_{k=1}^{n} |\langle x, x_k \rangle|^2 + \left\| x - \sum_{k=1}^{n} \langle x, x_k \rangle\, x_k \right\|^2 .$$

Beweis. Mit $s := \sum_{k=1}^{n} \langle x, x_k \rangle\, x_k$ und der Orthonormalität erhalten wir

$$\|s\|^2 = \left\langle \sum_{k=1}^{n} \langle x, x_k \rangle\, x_k ,\ \sum_{j=1}^{n} \langle x, x_j \rangle\, x_j \right\rangle = \sum_{k=1}^{n} \sum_{j=1}^{n} \langle x, x_k \rangle \overline{\langle x, x_j \rangle}\, \langle x_k, x_j \rangle = \sum_{k=1}^{n} |\langle x, x_k \rangle|^2$$

sowie $\langle s, x \rangle = \sum_{k=1}^{n} |\langle x_k, x \rangle|^2 = \langle x, s \rangle$. Insgesamt gilt also

$$\|x - s\|^2 = \langle x - s, x - s \rangle = \langle x, x \rangle - \langle x, s \rangle - \langle s, x \rangle + \langle s, s \rangle = \|x\|^2 - \sum_{k=1}^{n} |\langle x, x_k \rangle|^2$$

wie behauptet.   □

Eine unmittelbare Konsequenz ist die **Besselsche Ungleichung** (Friedrich Wilhelm Bessel, 1784-1846, Königsberg): Ist $\{x_1, \ldots, x_n\}$ eine endliche orthonormale Menge in einem Prähilbertraum X, so gilt

$$\|x\|^2 \geq \sum_{k=1}^{n} |\langle x, x_k \rangle|^2 \qquad \text{für alle } x \in X . \tag{4.2}$$

Korollar 4.12 (Cauchy-Schwarz-Ungleichung). *Sei* X *ein Prähilbertraum.*

Für alle $x, y \in X$ *gilt* $\quad |\langle x, y \rangle| \leq \|x\|\, \|y\|$.

Beweis. Im Fall $y = 0$ ist die Behauptung klar. Andernfalls betrachte die orthonormale Menge $\{x_1\}$ mit $x_1 = \frac{1}{\|y\|} y$ und benutze (4.2).   □

Aus der Cauchy-Schwarz-Ungleichung erhält man weiter

$$\|x + y\|^2 = \langle x + y, x + y \rangle = \|x\|^2 + 2\operatorname{Re}\langle x, y \rangle + \|y\|^2$$
$$\leq \|x\|^2 + 2\,|\langle x, y \rangle| + \|y\|^2 \leq \|x\|^2 + 2\,\|x\|\, \|y\| + \|y\|^2 = (\|x\| + \|y\|)^2$$

und damit die Dreiecksunleichung für $\|\cdot\|$. Damit ist nun auch bewiesen, dass es sich hierbei tatsächlich um eine Norm handelt. Ist X mit dieser Norm vollständig, so bezeichnet man X als einen **Hilbertraum** (David Hilbert, 1862-1943, Göttingen).

Beispiel: Das gewöhnliche Skalarprodukt in $\mathbb{K}^d$: Durch

$$\langle x, y \rangle := \sum_{k=1}^{d} x_k \overline{y_k} \qquad \text{für } x = (x_1, \ldots, x_d), \, y = (y_1, \ldots, y_d) \in \mathbb{K}^d$$

wird ein Skalarprodukt erklärt, wie man leicht nachrechnen kann.
Als zugehörige Norm ergibt sich

$$\|x\| = \sqrt{\langle x, x \rangle} = \left(\sum_{k=1}^{d} |x_k|^2 \right)^{1/2}$$

die Euklidische Norm. Laut Korollar 4.8 ist $\mathbb{K}^d$ mit dieser Norm vollständig, also ein Hilbertraum.

Satz 4.13. *Seien $\{x_1, \ldots, x_n\}$ eine endliche orthonormale Menge in einem Prä-hilbertraum X und $x \in X$. Bezeichne*

$$s := \sum_{k=1}^{n} \langle x, x_k \rangle \, x_k \qquad und \qquad t := \sum_{k=1}^{n} \lambda_k x_k \quad mit \, \lambda_1, \ldots, \lambda_n \in \mathbb{K} \, .$$

Es gilt $\|x - t\| \geq \|x - s\|$, wobei Gleichheit genau dann gilt, falls $\lambda_k = \langle x, x_k \rangle$ für alle $k = 1, \ldots, n$ ist.

Damit ist s also dasjenige Element aus dem von $\{x_1, \ldots, x_n\}$ aufgespannten Unterraum von X, welches den kleinsten Abstand von x hat.

Beweis. Es gilt

$$\|x - t\|^2 = \langle x, x \rangle - \sum_{k=1}^{n} \lambda_k \langle x_k, x \rangle - \sum_{k=1}^{n} \overline{\lambda_k} \langle x, x_k \rangle - \sum_{k=1}^{n} \lambda_k \overline{\lambda_k}$$

$$= \langle x, x \rangle - \sum_{k=1}^{n} \langle x, x_k \rangle \, \overline{\langle x, x_k \rangle} + \sum_{k=1}^{n} (\lambda_k - \langle x, x_k \rangle) \, \overline{(\lambda_k - \langle x, x_k \rangle)}$$

$$= \|x\|^2 - \sum_{k=1}^{n} |\langle x, x_k \rangle|^2 + \sum_{k=1}^{n} |\lambda_k - \langle x, x_k \rangle|^2$$

$$\geq \|x\|^2 - \sum_{k=1}^{n} |\langle x, x_k \rangle|^2 = \|x - s\|^2 \, ,$$

wobei die letzte Gleichung exakt der Satz von Pythagoras ist. Gleichheit gilt offensichtlich genau im Fall $\lambda_k = \langle x, x_k \rangle$ für alle $k = 1, \ldots, n$. $\qquad \square$

Beispiel: Wir bestimmen im Euklidischen $\mathbb{R}^3$ den Punkt s in der von $x_1 := (1, 0, 0)$ und $x_2 := (0, 1, 1)$ aufgespannten Ebene, welcher von $x := (2, 3, 4)$ den geringsten Abstand hat.

Es gilt $s = \langle x, x_1 \rangle \, x_1 + \langle x, x_2 \rangle \, x_2 = 2x_1 + 7x_2 = (2, 7, 7)$.

4.4 Teilfolgen und Häufungswerte

Eine notwendige Eigenschaft für die Konvergenz einer Folge $(a_n)_{n\in\mathbb{N}}$ in einem metrischen Raum ist deren Beschränktheit.

Dabei heißt eine Teilmenge A in einem metrischen Raum (M,d) **beschränkt**, falls ein $K \geq 0$ und ein Punkt $b \in M$ existieren mit $d(a,b) \leq K$ für alle $a \in A$.

Satz 4.14. *Ist $(a_n)_{n\in\mathbb{N}}$ eine Cauchyfolge in einem metrischen Raum (M,d), so ist $\{a_n : n \in \mathbb{N}\}$ beschränkt.*

Den Nachweis führt man wie den von Satz 3.2. Man beachte, dass jede konvergente Folge eine Cauchyfolge ist.

Eine analoge Aussage zu Satz 3.3 existiert deshalb nicht, da Monotonie in metrischen Räumen nicht sinnvoll erklärt werden kann. Folgende Überlegungen umgehen dieses Problem, und gelten natürlich auch für $\mathbb{R}$. Streicht man aus einer Folge $(a_n)_{n\in\mathbb{N}}$ einige Glieder, so erhält man eine neue Folge. Formal kann man dies wie folgt beschreiben.

Definition 4.15. *Ist $n_1 < n_2 < \ldots < n_k < \ldots$ eine Folge natürlicher Zahlen, so heißt $(a_{n_k})_{k\in\mathbb{N}}$ eine **Teilfolge** von $(a_n)_{n\in\mathbb{N}}$.*

Ist z.B. $a_n = (-1)^n$, so sind sowohl $(b_k)_{k\in\mathbb{N}}$ mit $b_k = 1$ als auch $(c_k)_{k\in\mathbb{N}}$ mit $c_k = -1$ Teilfolgen von $(a_n)_{n\in\mathbb{N}}$. Selbstverständlich hat $(a_n)_{n\in\mathbb{N}}$ noch weitere Teilfolgen.

Satz 4.16. *Ist $(a_n)_{n\in\mathbb{N}}$ eine Folge in einem metrischen Raum (M,d), die gegen $a \in M$ konvergiert, so konvergiert auch jede Teilfolge $(a_{n_k})_{k\in\mathbb{N}}$ gegen a.*

Beweis. Ist $n_1 < n_2 < \ldots$, so gilt $n_k \geq k$ für alle $k \in \mathbb{N}$. Zu $\varepsilon > 0$ existiert ein $N \in \mathbb{N}$ mit $d(a_k,a) < \varepsilon$ für alle $k \geq N$.

Folglich gilt auch $d(a_{n_k},a) < \varepsilon$ für alle $k \geq N$, also $a_{n_k} \xrightarrow{d} a$ mit $k \to \infty$. $\square$

Lemma 4.17. *Es seien $(a_n)_{n\in\mathbb{N}}$ eine Folge in einem metrischen Raum (M,d) und $a \in M$. Folgende drei Aussagen sind äquivalent:*

(i)   Zu jedem $\varepsilon > 0$ und jedem $N \in \mathbb{N}$ gibt es ein $n \geq N$ mit $d(a_n,a) < \varepsilon$.

(ii)   Für jedes $\varepsilon > 0$ ist die Menge $\{n \in \mathbb{N} : d(a_n,a) < \varepsilon\}$ unendlich.

(iii)   Es gibt eine Teilfolge $(a_{n_k})_{k\in\mathbb{N}}$ von $(a_n)_{n\in\mathbb{N}}$, die gegen a konvergiert.

Beweis. Wir zeigen *(i)*⇒*(iii)*⇒*(ii)*⇒*(i)*.

Gilt *(i)*, so existiert zu $\varepsilon = 1$ und $N = 1$ ein $n_1 \geq 1$ mit $d(a_{n_1},a) < 1$. Betrachte nun $\varepsilon = \frac{1}{2}$ und $N = n_1 + 1$. Dazu existiert $n_2 \geq N > n_1$ mit $d(a_{n_2},a) < \frac{1}{2}$. Rekursiv erhält man $n_1 < n_2 < \ldots$ mit $d(a_{n_k},a) < \frac{1}{k}$ für alle $k \in \mathbb{N}$, also $\lim_{k\to\infty} a_{n_k} = a$.

Gilt *(iii)*, so existiert zu beliebigem $\varepsilon > 0$ ein $N \in \mathbb{N}$ mit $d(a_{n_k},a) < \varepsilon$ für alle $k \geq N$, d.h. $\{n_k \in \mathbb{N} : k \geq N\} \subseteq \{m \in \mathbb{N} : d(a_m,a) < \varepsilon\}$, womit letztere Menge unendlich ist.

Schließlich gelte *(ii)*. Seien $\varepsilon > 0$ und $N \in \mathbb{N}$ vorgegeben. Dann muss es einen Index n geben mit $n \geq N$ und $d(a_n, a) < \varepsilon$, denn sonst wäre $\{n \in \mathbb{N} : d(a_n, a) < \varepsilon\}$ endlich. $\qquad\square$

Definition 4.18. Sei $(a_n)_{n \in \mathbb{N}}$ eine Folge in einem metrischen Raum (M, d). Ein Element $a \in M$ heißt **Häufungswert** von $(a_n)_{n \in \mathbb{N}}$, falls für jedes $\varepsilon > 0$ die Menge $\{n \in \mathbb{N} : d(a_n, a) < \varepsilon\}$ unendlich ist.

Lemma 4.17 liefert demnach drei gleichwertige Charakterisierungen der Aussage *„a ist Häufungswert von $(a_n)_{n \in \mathbb{N}}$".*

Satz 4.19 (Bolzano-Weierstraß). *Jede beschränkte Folge $(a_n)_{n \in \mathbb{N}}$ reeller Zahlen besitzt einen Häufungswert.*

Beweis. Da $\{a_n : n \in \mathbb{N}\}$ beschränkt ist, existieren $A_1, B_1 \in \mathbb{R}$ mit $\{a_n : n \in \mathbb{N}\} \subseteq [A_1, B_1] =: I_1$. Wir konstruieren rekursiv $I_k = [A_k, B_k]$ mit

(i) $[A_k, B_k]$ enthält unendlich viele Glieder von $(a_n)_{n \in \mathbb{N}}$,

(ii) $[A_{k+1}, B_{k+1}] \subseteq [A_k, B_k]$,

(iii) $B_k - A_k = \frac{1}{2^{k-1}}(B_1 - A_1)$.

Dazu gehen wir wie folgt vor: Ist $[A_k, B_k]$ gegeben, so setze $M := \frac{1}{2}(A_k + B_k)$. Da $[A_k, B_k]$ unendlich viele Glieder von $(a_n)_{n \in \mathbb{N}}$ enthält, sind mindestens in einem der beiden Intervalle $[A_k, M]$ und $[M, B_k]$ unendlich viele a_n. Wir setzen

$$[A_{k+1}, B_{k+1}] := \begin{cases} [A_k, M] \, , & \text{falls in } [A_k, M] \text{ unendlich viele } a_n \text{ liegen,} \\ [M, B_k] \, , & \text{sonst.} \end{cases}$$

Damit ist $(I_k)_{k \in \mathbb{N}}$ eine Intervallschachtelung. Sei $\bigcap\limits_{k=1}^{\infty} I_k = \{a\}$.

Nun ist a Häufungswert von $(a_n)_{n \in \mathbb{N}}$, denn zu $\varepsilon > 0$ existiert ein $k \in \mathbb{N}$ mit $[A_k, B_k] \subseteq U_\varepsilon(a) = \,]a - \varepsilon, a + \varepsilon[$, also enthält $]a - \varepsilon, a + \varepsilon[$ unendlich viele a_n. $\qquad\square$

Korollar 4.20. *Jede beschränkte Folge $(a_n)_{n \in \mathbb{N}}$ in $(\mathbb{R}^d, \|\cdot\|_2)$ besitzt einen Häufungswert. (Insbesondere hat jede beschränkte Folge in $\mathbb{C}$ einen Häufungswert.)*

Beweis. Sei etwa $a_n = (a_{n,1}, \ldots, a_{n,d}) \in \mathbb{R}^d$. Wir betrachten die beschränkte Folge $(a_{n,1})_{n \in \mathbb{N}}$ in $\mathbb{R}$. Laut Satz 4.19 und Lemma 4.17 existiert eine konvergente Teilfolge $(a_{n_k,1})_{k \in \mathbb{N}}$ von $(a_{n,1})_{n \in \mathbb{N}}$.

Betrachte nun $(a_{n_k,2})_{k \in \mathbb{N}}$. Wir setzen $b_{k,2} := a_{n_k,2}$. Wieder existiert eine konvergente Teilfolge $(b_{k_\ell,2})_{\ell \in \mathbb{N}}$.

Geht man weiter so vor bis zur d-ten Komponente, erhält man eine Teilfolge $(a_{n_m})_{m \in \mathbb{N}}$ von $(a_n)_{n \in \mathbb{N}}$, die in $(\mathbb{R}^d, \|\cdot\|_2)$ konvergiert, da jede der Komponentenfolgen $(a_{n_m,j})_{m \in \mathbb{N}}$, $j = 1, \ldots, d$, in $\mathbb{R}$ konvergiert. $\qquad\square$

Definition 4.21. Man sagt, eine Folge $(a_n)_{n\in\mathbb{N}}$ reeller Zahlen **divergiert gegen** ∞ (oder **konvergiert uneigentlich gegen** ∞), wenn es zu jedem $C > 0$ ein $N \in \mathbb{N}$ gibt, sodass $a_n > C$ für alle $n \geq N$ gilt.

Divergiert $(-a_n)_{n\in\mathbb{N}}$ gegen ∞, so sagt man, dass $(a_n)_{n\in\mathbb{N}}$ gegen $-\infty$ divergiert.

Beispiel: $(q^n)_{n\in\mathbb{N}}$ divergiert gegen ∞, falls $q > 1$ ist.

Es sei $(a_n)_{n\in\mathbb{N}}$ eine nach oben beschränkte Folge reeller Zahlen. Für jedes $n \in \mathbb{N}$ existiert $b_n := \sup\{a_k : k \geq n\}$ und $(b_n)_{n\in\mathbb{N}}$ ist eine monoton fallende Folge. Wir unterscheiden zwei Fälle:

- Ist $\{b_n : n \in \mathbb{N}\}$ nach unten beschränkt, dann existiert nach Satz 3.3

$$\limsup_{n\to\infty} a_n := \lim_{n\to\infty} b_n = \inf_{n\in\mathbb{N}} b_n = \inf_{n\in\mathbb{N}}\left(\sup_{k\geq n} a_k\right).$$

- Ist $\{b_n : n \in \mathbb{N}\}$ nicht nach unten beschränkt, so divergiert $(b_n)_{n\in\mathbb{N}}$ gegen $-\infty$, und wir schreiben

$$\limsup_{n\to\infty} a_n := -\infty.$$

Falls $(a_n)_{n\in\mathbb{N}}$ nicht nach oben beschränkt ist, so setzen wir $\limsup\limits_{n\to\infty} a_n := \infty$.

Man bezeichnet $\limsup\limits_{n\to\infty} a_n$ als **Limes superior** der Folge $(a_n)_{n\in\mathbb{N}}$.

Analog führen wir den **Limes inferior** von $(a_n)_{n\in\mathbb{N}}$ ein. Falls die Folge $(a_n)_{n\in\mathbb{N}}$ nach unten beschränkt ist, betrachten wir $c_n := \inf\{a_k : k \geq n\}$. Dann ist $(c_n)_{n\in\mathbb{N}}$ eine monoton wachsende Folge.

- Ist $\{c_n : n \in \mathbb{N}\}$ nach oben beschränkt, so setzen wir

$$\liminf_{n\to\infty} a_n := \lim_{n\to\infty} c_n = \sup_{n\in\mathbb{N}} c_n = \sup_{n\in\mathbb{N}}\left(\inf_{k\geq n} a_k\right).$$

- Ist $\{c_n : n \in \mathbb{N}\}$ nicht nach oben beschränkt, so schreiben wir

$$\liminf_{n\to\infty} a_n := \infty.$$

Ist schließlich $(a_n)_{n\in\mathbb{N}}$ nicht nach unten beschränkt, so setzen wir $\liminf\limits_{n\to\infty} a_n := -\infty$.

Beispiele:

(1)   Sei $a_n := n$.
      Hier gilt $\limsup\limits_{n\to\infty} a_n = \infty$, da $\{a_n : n \in \mathbb{N}\}$ nicht nach oben beschränkt ist.
      Für den Limes inferior gilt $c_n = \inf\{a_k : k \geq n\} = n$. Da $(c_n)_{n\in\mathbb{N}}$ nicht nach oben beschränkt ist, folgt $\liminf\limits_{n\to\infty} a_n = \infty$.
      Achtung: Es ist $\liminf\limits_{n\to\infty} a_n \neq \inf\limits_{n\in\mathbb{N}} a_n$!

(2)   Sei $a_n := (-1)^n n$. Es gilt

$$\limsup_{n \to \infty} a_n = \infty \quad \text{und} \quad \liminf_{n \to \infty} a_n = -\infty,$$

da $(a_n)_{n \in \mathbb{N}}$ weder nach oben noch nach unten beschränkt ist.

(3)   Seien $a < b$ und

$$a_n := \begin{cases} a & \text{für } n \text{ ungerade}, \\ b & \text{für } n \text{ gerade}. \end{cases}$$

Dann gilt $\limsup_{n \to \infty} a_n = b$ und $\liminf_{n \to \infty} a_n = a$, denn $b_n = b, c_n = a \ \forall n \in \mathbb{N}$.

(4)   Sei $a_n := (-1)^n \left(1 + \frac{1}{n}\right)$, d.h. $(a_n)_{n \in \mathbb{N}} = \left(-2, \frac{3}{2}, -\frac{4}{3}, \frac{5}{4}, -\frac{6}{5}, \ldots\right)$. Es gilt

$$b_n = \sup\{a_k : k \geq n\} = \begin{cases} 1 + \frac{1}{n} & \text{für } n \text{ gerade}, \\ 1 + \frac{1}{n+1} & \text{für } n \text{ ungerade}. \end{cases}$$

Folglich ist $\limsup_{n \to \infty} a_n = \lim_{n \to \infty} b_n = 1$. Ferner haben wir

$$c_n = \inf\{a_k : k \geq n\} = \begin{cases} -\left(1 + \frac{1}{n}\right) & \text{für } n \text{ ungerade}, \\ -\left(1 + \frac{1}{n+1}\right) & \text{für } n \text{ gerade}, \end{cases}$$

also $\liminf_{n \to \infty} a_n = \lim_{n \to \infty} c_n = -1$.

Bemerkung: Da, falls $(a_n)_{n \in \mathbb{N}}$ nach oben und unten beschränkt ist, offensichtlich $c_n = \inf\{a_k : k \geq n\} \leq \sup\{a_k : k \geq n\} = b_n$ gilt, folgt stets

$$\liminf_{n \to \infty} a_n \leq \limsup_{n \to \infty} a_n.$$

Dies ist auch richtig für eine unbeschränkte Folge $(a_n)_{n \in \mathbb{N}}$, wenn wir $-\infty < a < \infty$ für $a \in \mathbb{R}$ vereinbaren.

Satz 4.22. *Eine Folge $(a_n)_{n \in \mathbb{N}}$ reeller Zahlen ist genau dann konvergent, wenn*

$$-\infty < \liminf_{n \to \infty} a_n = \limsup_{n \to \infty} a_n < \infty$$

gilt. Wir haben dann Gleichheit der drei Grenzwerte, $\liminf_{n \to \infty} a_n = \lim_{n \to \infty} a_n = \limsup_{n \to \infty} a_n$.

Beweis. Sei $(a_n)_{n \in \mathbb{N}}$ konvergent gegen a. Zu $\varepsilon > 0$ existiert also ein $N \in \mathbb{N}$ mit $a - \varepsilon < a_n < a + \varepsilon$ für alle $n \geq N$. Es folgt

$$a - \varepsilon \leq \inf\{a_k : k \geq n\} \leq \sup\{a_k : k \geq n\} \leq a + \varepsilon$$

für $n \geq N$ und damit $a - \varepsilon \leq \liminf_{n \to \infty} a_n \leq \limsup_{n \to \infty} a_n \leq a + \varepsilon$.

Da $\varepsilon > 0$ beliebig war, folgt $\liminf_{n \to \infty} a_n = \lim_{n \to \infty} a_n = \limsup_{n \to \infty} a_n$.

Gelte nun $a = \liminf\limits_{n\to\infty} a_n = \limsup\limits_{n\to\infty} a_n$ für ein $a \in \mathbb{R}$.

Zu $\varepsilon > 0$ existiert also ein $N \in \mathbb{N}$ mit

$$a - \varepsilon < \inf\{a_k : k \geq n\} \leq \sup\{a_k : k \geq n\} < a + \varepsilon$$

für alle $n \geq N$. Es ist dann $a - \varepsilon < a_n < a + \varepsilon$ für $n \geq N$, also $\lim\limits_{n\to\infty} a_n = a$. □

Bemerkung: Man kann sich leicht überlegen, dass für uneigentliche Konvergenz folgendes gilt: *Eine Folge $(a_n)_{n\in\mathbb{N}}$ reeller Zahlen ist genau dann uneigentlich konvergent gegen ∞ (bzw. $-\infty$), falls*

$$\liminf\limits_{n\to\infty} a_n = \limsup\limits_{n\to\infty} a_n = \infty \quad (bzw. \ -\infty)\,.$$

Wir wollen nun noch die Beziehung zu Häufungswerten aufzeigen.

Satz 4.23. *(a) Eine nach oben beschränkte Folge $(a_n)_{n\in\mathbb{N}}$ reeller Zahlen hat genau dann mindestens einen Häufungswert, wenn $a^* := \limsup\limits_{n\to\infty} a_n$ endlich ist.*

In diesem Fall ist a^* der größte Häufungswert von $(a_n)_{n\in\mathbb{N}}$.

(b) Eine nach unten beschränkte Folge $(a_n)_{n\in\mathbb{N}}$ reeller Zahlen hat genau dann mindestens einen Häufungswert, wenn $a_* := \liminf\limits_{n\to\infty} a_n$ endlich ist.

In diesem Fall ist a_* der kleinste Häufungswert von $(a_n)_{n\in\mathbb{N}}$.

Beweis. Wir zeigen nur *(a)*; der Beweis von *(b)* geht ganz analog.

Sei s ein Häufungswert von $(a_n)_{n\in\mathbb{N}}$. Dann gilt $b_n := \sup\{a_k : k \geq n\} \geq s$, also ist $(b_n)_{n\in\mathbb{N}}$ konvergent mit $a^* = \lim\limits_{n\to\infty} b_n \geq s$.

Ist umgekehrt $a^* := \limsup\limits_{n\to\infty} a_n \in \mathbb{R}$, so gibt es zu $\varepsilon > 0$ ein $N \in \mathbb{N}$ mit $b_n - a^* < \frac{\varepsilon}{2}$ für alle $n \geq N$, denn $(b_n)_{n\in\mathbb{N}}$ konvergiert monoton fallend gegen a^*. Weiter gibt es zu jedem $n_0 \in \mathbb{N}$ ein $n \geq n_0$ mit $|a_n - a^*| < \varepsilon$; laut Lemma 4.17 ist a^* ein Häufungswert von $(a_n)_{n\in\mathbb{N}}$. □

Bemerkung: Unbeschränkte Folgen können durchaus Häufungswerte haben. Zum Beispiel hat $(a_n)_{n\in\mathbb{N}}$ mit

$$a_n = \begin{cases} \frac{1}{n} & \text{für } n \text{ ungerade}, \\ (-1)^{n/2} n & \text{für } n \text{ gerade}. \end{cases}$$

einen Häufungswert 0, ist aber nach oben und unten unbeschränkt.

Korollar 4.24. *Sei $(a_n)_{n\in\mathbb{N}}$ eine nach oben und unten beschränkte reelle Folge. Dann ist $\liminf\limits_{n\to\infty} a_n$ der kleinste und $\limsup\limits_{n\to\infty} a_n$ der größte Häufungswert von $(a_n)_{n\in\mathbb{N}}$.*

Beweis. Die beidseitige Beschränktheit liefert, dass $\lim\limits_{n\to\infty} b_n$ und $\lim\limits_{n\to\infty} c_n$ existieren. Nun wende Satz 4.23 an. □

Nützlich ist folgende Ungleichung. Seien $(a_n)_{n\in\mathbb{N}}$ und $(d_n)_{n\in\mathbb{N}}$ zwei Folgen reeller Zahlen mit $a_n \le d_n$ für alle $n \ge N$, wobei N eine feste natürliche Zahl ist. Es gilt

$$\liminf_{n\to\infty} a_n \le \liminf_{n\to\infty} d_n \,, \tag{4.3}$$

$$\limsup_{n\to\infty} a_n \le \limsup_{n\to\infty} d_n \,. \tag{4.4}$$

Zum Schluss halten wir noch eine charakteristische Eigenschaft von Limes superior und Limes inferior fest.

Satz 4.25. *(a) Seien $(a_n)_{n\in\mathbb{N}}$ eine nach oben beschränkte Folge reeller Zahlen und $x \in \mathbb{R}$ mit $x > \limsup_{n\to\infty} a_n$. Dann existiert $N \in \mathbb{N}$ mit $a_n < x$ für alle $n \ge N$.*

(b) Seien $(a_n)_{n\in\mathbb{N}}$ eine nach unten beschränkte Folge reeller Zahlen und $x \in \mathbb{R}$ mit $x < \liminf_{n\to\infty} a_n$. Dann existiert $N \in \mathbb{N}$ mit $a_n > x$ für alle $n \ge N$.

Beweis. Wir zeigen nur die Aussage *(a)*.

Angenommen, die Behauptung gilt nicht. Dann gibt es also zu jedem $N \in \mathbb{N}$ ein $n \ge N$ mit $a_n \ge x$. Damit existiert eine Teilfolge $(a_{n_k})_{k\in\mathbb{N}}$ mit $a_{n_k} \ge x$ für alle $k \in \mathbb{N}$. Satz 4.19 liefert nun eine konvergente Teilfolge mit Limes größer oder gleich x im Widerspruch zur Voraussetzung. $\square$

4.5 Aufgaben

1. Seien $(a_n)_{n\in\mathbb{N}}$ eine Folge in einem metrischen Raum (M,d) und $a \in M$. Zeigen Sie, dass die folgenden drei Aussagen äquivalent sind.

   (i)   Zu jedem $\varepsilon > 0$ gibt es ein $N \in \mathbb{N}$ mit $d(a_n,a) < \varepsilon$ für alle $n \ge N$.

   (ii) Zu jedem $\varepsilon > 0$ gibt es ein $N \in \mathbb{N}$ mit $d(a_n,a) \le \varepsilon$ für alle $n \ge N$.

   (iii) Zu jedem $\varepsilon > 0$ gibt es ein $N \in \mathbb{N}$ mit $d(a_n,a) < \frac{\varepsilon}{2}$ für alle $n \ge N$.

2. Es sei $d : \mathbb{C} \times \mathbb{C} \to \mathbb{R}$ gegeben durch

$$d(z,w) := \begin{cases} |z-w|, & \text{falls } \lambda \ge 0 \text{ existiert mit } z = \lambda w, \\ |z|+|w|, & \text{sonst.} \end{cases}$$

   Zeigen Sie, dass d eine Metrik ist.

3. Sei d die Metrik aus dem Beispiel zu Definition 4.6. Gibt es eine Norm $\|\cdot\|$ in $\mathbb{R}$ derart, dass $d(x,y) = \|x-y\|$ für alle $x,y \in \mathbb{R}$ gilt ?

4. Zeigen Sie: Jede Folge reeller Zahlen besitzt eine monotone Teilfolge.

5. Geben Sie jeweils Folgen $(a_n)_{n\in\mathbb{N}}$, $(b_n)_{n\in\mathbb{N}}$ mit $\lim\limits_{n\to\infty} a_n = \infty$ und $\lim\limits_{n\to\infty} b_n = \infty$ an, sodass gilt:

   a. $\lim\limits_{n\to\infty}(a_n - b_n) = 0$ b. $\lim\limits_{n\to\infty}(a_n - b_n) = \infty$ c. $\lim\limits_{n\to\infty}(a_n - b_n) = -\infty$

   d. $\lim\limits_{n\to\infty}\frac{a_n}{b_n} = 1$ e. $\lim\limits_{n\to\infty}\frac{a_n}{b_n} = 0$ f. $\lim\limits_{n\to\infty}\frac{a_n}{b_n} = \infty$

6. Zwei Normen $\|\cdot\|_a$ und $\|\cdot\|_b$ auf X heißen **äquivalent**, wenn $c, C > 0$ existieren derart, dass

$$c \cdot \|x\|_a \le \|x\|_b \le C \cdot \|x\|_a$$

gilt für alle $x \in X$.

Zeigen Sie, dass die Normen $\|\cdot\|_1$, $\|\cdot\|_2$ und $\|\cdot\|_\infty$ auf $\mathbb{R}^d$ äquivalent sind.

7. Bestimmen Sie alle Häufungswerte der Folgen $(a_n)_{n\in\mathbb{N}}$ mit

   a. $a_n := \left(1 + \frac{1}{n}\right)^n$,

   b. $a_n := 2n + 1$,

   c. $a_n := i^n$,

   d. $a_n := \frac{1}{n} i^n$.

8. Geben Sie jeweils eine Folge $(a_n)_{n\in\mathbb{N}}$ reeller Zahlen an derart, dass die Menge der Häufungswerte von $(a_n)_{n\in\mathbb{N}}$

   a.   leer,

   b.   die Menge $\{0, 1\}$,

   c.   die Menge $\mathbb{Z}$,

   ist.

9. Bestimmen Sie Limes Inferior und Limes Superior der Folgen $(a_n)_{n\in\mathbb{N}}$ mit

   a. $a_n := (-1)^n \frac{1-2n}{5+3n}$,

   b. $a_n := i^n + (-i)^n$,

   c. $a_n := \sqrt[n]{a^n + b^n}$ $(a, b \ge 0)$.

Kapitel 5
Reihen

Wir haben in Kapitel 3.1 bereits definiert, was Konvergenz einer Reihe

$$\sum_{k=1}^{\infty} a_k$$

im Fall $a_k \in \mathbb{IK}$ bedeutet. Wir wollen diesen Begriff auf beliebige normierte Räume ausdehnen. Seien die a_k nun Elemente eines normierten Raumes $(X, \|\cdot\|)$. Wie in $\mathbb{IK}$ betrachten wir die **Partialsummen**

$$s_n := \sum_{k=1}^{n} a_k \in X .$$

Wenn die Folge $(s_n)_{n \in \mathbb{N}}$ der Partialsummen gegen ein $s \in X$ konvergiert, so sagen wir, dass die Reihe in X gegen s konvergiert und schreiben

$$s = \sum_{k=1}^{\infty} a_k .$$

5.1 Konvergenz und absolute Konvergenz

Zunächst füllen wir unseren Vorrat an Beispielen auf.

(1)   Die **Geometrische Reihe**: Sei $q \in \mathbb{C}$. Es gilt

$$1 + q + q^2 + \ldots = \sum_{k=0}^{\infty} q^k = \frac{1}{1-q} \qquad \text{für } |q| < 1 ,$$

siehe Beispiel (6) in Kapitel 3.1. Wir werden sehen (als Anwendung von Korollar 5.2), dass die Reihe für $|q| \geq 1$ nicht konvergiert.

R. Lasser, F. Hofmaier, *Analysis 1 + 2*, Springer-Lehrbuch,
DOI 10.1007/978-3-642-28644-5_5, © Springer-Verlag Berlin Heidelberg 2012

(2)   Die **Harmonische Reihe** $\sum\limits_{k=1}^{\infty} \frac{1}{k}$ konvergiert *nicht*.

Mehr noch, die Folge ihrer Partialsummen $s_n := \sum\limits_{k=1}^{n} \frac{1}{k}$ divergiert gegen ∞.

Beweis.   Für $k \in \mathbb{N}$ und $n \geq 2^k$ gilt

$$s_n = 1 + \frac{1}{2} + \frac{1}{3} + \cdots + \frac{1}{n}$$

$$\geq 1 + \frac{1}{2} + \left(\frac{1}{3} + \frac{1}{4} \right) + \left(\frac{1}{5} + \cdots + \frac{1}{8} \right) + \cdots + \left(\frac{1}{2^{k-1}+1} + \cdots + \frac{1}{2^k} \right)$$

$$\geq 1 + \frac{1}{2} + 2\frac{1}{4} + 4\frac{1}{8} + \cdots + 2^{k-1}\frac{1}{2^k} = 1 + k\frac{1}{2} \, .$$

Daher divergiert s_n gegen ∞. Es ist sogar $\liminf\limits_{n\to\infty} s_n = \infty = \limsup\limits_{n\to\infty} s_n$.   □

(3)   Die **Eulersche Zahl**. Es gilt $\lim\limits_{n\to\infty} \left(1 + \frac{1}{n} \right) =: e = \sum\limits_{k=0}^{\infty} \frac{1}{k!}$.

Wir haben die Zahl e in Beispiel 1.7 durch eine Intervallschachtelung erklärt. Zu zeigen bleibt das zweite Gleichheitszeichen.

Beweis.   Bezeichne $s_n := \sum\limits_{k=0}^{n} \frac{1}{k!}$ und $t_n := \left(1 + \frac{1}{n} \right)^n$. Es gilt

$$t_n = 1 + \binom{n}{1}\frac{1}{n} + \binom{n}{2}\frac{1}{n^2} + \cdots + \binom{n}{n}\frac{1}{n^n}$$

$$= 1 + 1 + \frac{1}{2!}\frac{n(n-1)}{n^2} + \frac{1}{3!}\frac{n(n-1)(n-2)}{n^3} + \cdots$$

$$+ \frac{1}{n!}\frac{n(n-1)\cdots(n-(n-1))}{n^n}$$

$$= 1 + 1 + \frac{1}{2!}\left(1 - \frac{1}{n} \right) + \frac{1}{3!}\left(1 - \frac{1}{n} \right)\left(1 - \frac{2}{n} \right) + \cdots$$

$$+ \frac{1}{n!}\left(1 - \frac{1}{n} \right)\left(1 - \frac{2}{n} \right) \cdots \left(1 - \frac{n-1}{n} \right) \, .$$

Folglich haben wir $t_n \leq s_n$ und mit (4.3) folgt $e = \lim\limits_{n\to\infty} t_n \leq \liminf\limits_{n\to\infty} s_n$. Für $n \geq m$ gilt ferner

$$t_n \geq 1 + 1 + \frac{1}{2!}\left(1 - \frac{1}{n} \right) + \cdots + \frac{1}{m!}\left(1 - \frac{1}{n} \right) \cdots \left(1 - \frac{m-1}{n} \right) \, .$$

Hält man m fest, so folgt mit $n \to \infty$ nun

$$e = \lim\limits_{n\to\infty} t_n \geq 1 + 1 + \frac{1}{2!} + \cdots + \frac{1}{m!} = s_m$$

und mit $m \to \infty$ erhalten wir schließlich

$$\limsup_{m \to \infty} s_m \leq \mathrm{e} \leq \liminf_{n \to \infty} s_n \,,$$

also $\lim_{n \to \infty} s_n = \mathrm{e}$. □

(4)   Die Reihe $\sum_{k=1}^{\infty} \dfrac{1}{k(k+1)}$.

Hier können wir die Partialsummen direkt ausrechnen. Mit $\frac{1}{k(k+1)} = \frac{1}{k} - \frac{1}{k+1}$ erhalten wir

$$s_n = \sum_{k=1}^{n} \frac{1}{k(k+1)} = \left(1 - \frac{1}{2}\right) + \left(\frac{1}{2} - \frac{1}{3}\right) + \cdots + \left(\frac{1}{n} - \frac{1}{n+1}\right) = 1 - \frac{1}{n+1} \,.$$

Die Folge $(s_n)_{n \in \mathbb{N}}$ ist konvergent; es gilt

$$\sum_{k=1}^{\infty} \frac{1}{k(k+1)} = \lim_{n \to \infty} s_n = 1 \,.$$

Wir kommen zu einigen elementaren Eigenschaften konvergenter Reihen.

Satz 5.1. *Sei $(a_k)_{k \in \mathbb{N}}$ eine Folge in einem normierten Raum $(X, \|\cdot\|)$.*

Falls die Reihe $\sum_{k=1}^{\infty} a_k$ in $(X, \|\cdot\|)$ konvergiert, so gilt:

Zu jedem $\varepsilon > 0$ existiert ein $N \in \mathbb{N}$ mit

$$\left\| \sum_{k=m+1}^{n} a_k \right\| < \varepsilon \qquad \text{für alle } n > m \geq N \,. \tag{5.1}$$

Ist $(X, \|\cdot\|)$ ein Banachraum (also vollständig), so folgt aus (5.1) die Konvergenz der Reihe in $(X, \|\cdot\|)$.

Insbesondere ist in $(\mathbb{R}^d, \|\cdot\|_2)$ die Bedingung (5.1) äquivalent zur Konvergenz der Reihe.

Beweis. Wegen

$$s_n - s_m = \sum_{k=1}^{n} a_k - \sum_{k=1}^{m} a_k = \sum_{k=m+1}^{n} a_k$$

ist die Bedingung (5.1) äquivalent dazu, dass die Folge der Partialsummen eine Cauchyfolge bildet.

Die erste Aussage gilt, da jede konvergente Folge eine Cauchyfolge ist, vgl. Bemerkung (3) in Kapitel 4.2. In einem Banachraum gilt nach Definition 4.6 auch die Umkehrung; insbesondere ist $(\mathbb{R}^d, \|\cdot\|_2)$ ein Banachraum, siehe Satz 4.8. □

Korollar 5.2. *Sei $(a_k)_{k \in \mathbb{N}}$ eine Folge in einem normierten Raum $(X, \|\cdot\|)$.*

Konvergiert die Reihe $\sum_{k=1}^{\infty} a_k$, so gilt $a_k \to 0$ in $(X, \|\cdot\|)$ mit $k \to \infty$.

Beweis. Man muss nur in Satz 5.1 speziell $n = m + 1$ wählen.   □

Die Umkehrung gilt jedoch nicht! Ein prominentes Gegenbeispiel ist die Harmonische Reihe. Hier gilt $a_k = \frac{1}{k} \to 0$; wie wir bereits festgestellt haben, ist die Reihe $\sum_{k=1}^{\infty} \frac{1}{k}$ divergent.

Anwendung: Die Geometrische Reihe

$$\sum_{n=0}^{\infty} q^n$$

ist im Fall $|q| \geq 1$ divergent, denn für $n \to \infty$ gilt hier $q^n \nrightarrow 0$.

Zu jeder Reihe $\sum_{k=1}^{\infty} a_k$ mit $a_k \in (X, \|\cdot\|)$ können wir eine Reihe $\sum_{k=1}^{\infty} \|a_k\|$ bilden, deren Summanden nicht-negative reelle Zahlen sind.

Korollar 5.3. *Sei* $(a_k)_{k \in \mathbb{N}}$ *eine Folge in einem Banachraum* $(X, \|\cdot\|)$.

Konvergiert die Reihe $\sum_{k=1}^{\infty} \|a_k\|$ *in* $\mathbb{R}$, *so konvergiert die Reihe* $\sum_{k=1}^{\infty} a_k$ *in* X.

Beweis. Es ist

$$\left\| \sum_{k=m+1}^{n} a_k \right\| \leq \sum_{k=m+1}^{n} \|a_k\| .$$

Erfüllt $\sum_{k=1}^{\infty} \|a_k\|$ die Bedingung (5.1) in $\mathbb{R}$, so gilt diese also auch für $\sum_{k=1}^{\infty} a_k$ in X.   □

Definition 5.4. Sei $(a_k)_{k \in \mathbb{N}}$ eine Folge in einem normierten Raum.

Die Reihe $\sum_{k=1}^{\infty} a_k$ heißt **absolut konvergent**, falls $\sum_{k=1}^{\infty} \|a_k\|$ konvergiert.

Korollar 5.3 besagt also, dass jede absolut konvergente Reihe konvergent ist. Weiter ist folgende hinreichende Bedingung für Konvergenz von Reihen mit nicht-negativen Gliedern sehr nützlich.

Satz 5.5. *Sei* $(a_k)_{k \in \mathbb{N}}$ *eine Folge reeller Zahlen mit* $a_k \geq 0$ *für alle* $k \in \mathbb{N}$. *Die Reihe* $\sum_{k=1}^{\infty} a_k$ *konvergiert genau dann, wenn die Menge Ihrer Partialsummen beschränkt ist.*

Beweis. Die Folge $(s_n)_{n \in \mathbb{N}}$ der Partialsummen ist hier offensichtlich monoton wachsend.

Mit Satz 3.3 folgt aus der Beschränktheit von $\{s_n : n \in \mathbb{N}\}$ die Konvergenz (der Folge der Partialsummen), also ist die Reihe in diesem Fall konvergent.

Ist $\{s_n : n \in \mathbb{N}\}$ hingegen unbeschränkt, so divergiert $(s_n)_{n \in \mathbb{N}}$ gegen ∞.   □

5.2 Konvergenzkriterien

Oft kann man Konvergenz durch Vergleich mit bekannten Reihen zeigen.

Satz 5.6 (Majorantenkriterium). *Seien* $\sum_{k=1}^{\infty} c_k$ *eine konvergente Reihe mit* $c_k \geq 0$ *für alle k, sowie* $(a_k)_{k \in \mathbb{N}}$ *eine Folge in einem Banachraum* $(X, \| \cdot \|)$ *und* $k_0 \in \mathbb{N}$ *mit* $\|a_k\| \leq c_k$ *für alle* $k \geq k_0$. *Dann konvergiert die Reihe* $\sum_{k=1}^{\infty} a_k$ *absolut.*

Die Reihe $\sum_{k=1}^{\infty} c_k$ bezeichnet man dann als (konvergente) **Majorante** für $\sum_{k=1}^{\infty} a_k$.

Beweis. Sei $\varepsilon > 0$. Laut Satz 5.1 existiert $N \geq k_0$ mit $\sum_{k=m+1}^{n} c_k < \varepsilon$ für $n > m \geq N$. Da

$$\sum_{k=m+1}^{n} \|a_k\| \leq \sum_{k=m+1}^{n} c_k$$

gilt, folgt wiederum mit Satz 5.1 die absolute Konvergenz von $\sum_{k=1}^{\infty} a_k$. □

Anwendung: Die Reihe $\sum_{k=1}^{\infty} \frac{1}{k^2}$.

Für $k \geq 2$ gilt $\frac{1}{k^2} \leq \frac{1}{(k-1)k}$. Da die Reihe

$$\sum_{k=2}^{\infty} \frac{1}{(k-1)k} \, ,$$

wie in Beispiel (4) gezeigt, konvergent ist, folgt mit dem Majorantenkriterium die Konvergenz der Reihe $\sum_{k=1}^{\infty} \frac{1}{k^2}$.

Den Grenzwert dieser Reihe können wir hier allerdings nicht bestimmen. Wir werden dies in Kapitel 11.2, Beispiel (2) mit Hilfe von Fourierreihen tun; es gilt $\sum_{k=1}^{\infty} \frac{1}{k^2} = \frac{\pi^2}{6}$.

Bemerkung: Das Majorantenkriterium beinhaltet das so genannte **Minorantenkriterium**. Sei $\sum_{k=1}^{\infty} c_k$ divergent mit $c_k \geq 0$ für alle k.

Ist $(a_k)_{k \in \mathbb{N}}$ eine Folge in $(X, \| \cdot \|)$ mit $\|a_k\| \geq c_k$ für alle $k \geq k_0$, so kann die Reihe $\sum_{k=1}^{\infty} a_k$ jedenfalls *nicht absolut* konvergieren, denn sonst wäre $(\|a_k\|)_{k \in \mathbb{N}}$ eine konvergente Majorante für $(c_k)_{k \in \mathbb{N}}$.

Die folgenden Konsequenzen aus dem Majorantenkriterium werden meistens für Reihen in $\mathbb{IK}$ formuliert. Die Verallgemeinerung für Reihen in einem Banachraum kann man sich einfach überlegen.

Satz 5.7 (Quotientenkriterium). *Sei $(a_k)_{k\in\mathbb{N}}$ eine Folge in* $\mathbb{K}$. *Wenn ein Index $k_0 \in$ $\mathbb{N}$ und eine reelle Zahl q mit $0 \le q < 1$ existieren, sodass*

$$|a_{k+1}| \le q\,|a_k| \qquad \text{für alle } k \ge k_0$$

gilt, dann ist die Reihe $\sum_{k=1}^{\infty} a_k$ *absolut konvergent.*

Beweis. Für $k > k_0$ gilt

$$|a_k| \le q^{k-k_0}|a_{k_0}| = \left(|a_{k_0}|q^{-k_0}\right)q^k\,.$$

Da $\sum_{k=k_0}^{\infty} q^k$ konvergiert *(Geometrische Reihe)*, können wir das Majorantenkriterium anwenden und erhalten die absolute Konvergenz von $\sum_{k=1}^{\infty} a_k$. $\qquad\square$

Bemerkung: Hat man nur $|a_{k+1}| < |a_k|$ für alle $k \ge k_0$, so lässt sich daraus nicht die Konvergenz der Reihe $\sum_{k=1}^{\infty} |a_k|$ herleiten.

Zum Beispiel erfüllen die Harmonische Reihe $\sum_{k=1}^{\infty} \frac{1}{k}$ und auch die Reihe $\sum_{k=1}^{\infty} \frac{1}{k^2}$ die Beziehung $|a_{k+1}| < |a_k|$. Während die Harmonische Reihe divergiert, konvergiert die zweite Reihe.

Satz 5.8 (Quotientenkriterium). *Sei $(a_k)_{k\in\mathbb{N}}$ eine Folge in* $\mathbb{K}$ *mit $a_k \ne 0\ \forall k \in \mathbb{N}$.*

Wenn $\limsup_{k\to\infty} \left|\frac{a_{k+1}}{a_k}\right| < 1$ *gilt, dann konvergiert* $\sum_{k=1}^{\infty} a_k$ *absolut.*

Wenn $k_0 \in \mathbb{N}$ existiert mit $\left|\frac{a_{k+1}}{a_k}\right| \ge 1$ *für alle $k \ge k_0$, dann ist* $\sum_{k=1}^{\infty} a_k$ *divergent.*

Beweis. Sei $a^* := \limsup_{k\to\infty} \left|\frac{a_{k+1}}{a_k}\right| < 1$. Dann existiert q mit $a^* < q < 1$ und aus Satz 4.25 erhalten wir $k_0 \in \mathbb{N}$ mit $\left|\frac{a_{k+1}}{a_k}\right| < q$ für alle $k \ge k_0$. Laut Satz 5.7 folgt nun die erste Behauptung.

Die zweite Aussage impliziert $|a_n| \ge |a_{k_0}| > 0$ für alle $n \ge k_0$. Also ist die Bedingung $a_n \to 0$ hier nicht erfüllt und mit Satz 5.1 folgt die Divergenz der Reihe. $\quad\square$

Beispiel: Die Reihe $\sum_{k=1}^{\infty} \dfrac{k^3\,3^k}{k!}$.

Hier gilt

$$\left|\frac{a_{k+1}}{a_k}\right| = \frac{(k+1)^3\,3^{k+1}}{(k+1)!}\,\frac{k!}{k^3\,3^k} = \frac{3}{k+1}\left(1 + \frac{1}{k}\right)^3\,,$$

also $\lim_{k\to\infty} \left|\frac{a_{k+1}}{a_k}\right| = 0 < 1$. Die Reihe ist daher laut Quotientenkriterium konvergent.

Satz 5.9 (Wurzelkriterium). *Sei* $(a_k)_{k \in \mathbb{N}}$ *eine Folge in* $\mathbb{K}$. *Wenn es* $c, q \in \mathbb{R}$ *mit* $0 \leq q < 1$ *und* $c \geq 0$ *gibt derart, dass*

$$|a_k| \leq c q^k \qquad \text{für alle } k \in \mathbb{N}$$

gilt, so ist $\sum_{k=1}^{\infty} a_k$ *absolut konvergent.*

Beweis. Man kann direkt das Majorantenkriterium anwenden mit

$$c \sum_{k=1}^{\infty} q^k$$

als konvergente Majorante. $\qquad\qquad\qquad\qquad\qquad\qquad\qquad\qquad\qquad\qquad\qquad$ $\square$

Das Wurzelkriterium wird oft in folgender Form geschrieben.

Satz 5.10 (Wurzelkriterium). *Sei* $(a_k)_{k \in \mathbb{N}}$ *eine Folge in* $\mathbb{K}$. *Bezeichne*

$$a^* := \limsup_{k \to \infty} \sqrt[k]{|a_k|} \,.$$

Es gilt:

(a) *Ist* $a^* < 1$, *dann konvergiert die Reihe* $\sum_{k=1}^{\infty} a_k$ *absolut.*

(b) *Ist* $1 < a^* \leq \infty$, *dann divergiert* $\sum_{k=1}^{\infty} a_k$.

Beweis. (a) Sei q mit $a^* < q < 1$. Laut Satz 4.25 existiert ein $N \in \mathbb{N}$ mit $\sqrt[k]{|a_k|} < q$ für alle $k \geq N$. Damit gilt $|a_k| < q^k$ für alle $k \geq N$ und mit

$$c := \max \left\{ \frac{|a_j|}{q^j} \, : \, j = 1, \ldots, N \right\}$$

erhalten wir schließlich $|a_k| \leq c q^k$ für alle $k \in \mathbb{N}$. Die absolute Konvergenz der Reihe folgt nun aus Satz 5.9.

(b) Ist $1 < a^* \leq \infty$, so existiert eine Teilfolge mit $\sqrt[n_m]{|a_{n_m}|} \to a^*$ für $m \to \infty$. Damit ist $|a_n| > 1$ für unendlich viele $n \in \mathbb{N}$; insbesondere gilt also $a_n \not\to 0$ und mit Korollar 5.2 folgt die Divergenz. $\qquad\qquad\qquad\qquad\qquad\qquad\qquad\qquad\qquad\qquad$ $\square$

Bemerkung: Im Fall $a^* = 1$ erlaubt Satz 5.10 keine Aussage zu Konvergenz oder Divergenz. Betrachte z.B. wieder die Reihen $\sum_{k=1}^{\infty} \frac{1}{k}$ und $\sum_{k=1}^{\infty} \frac{1}{k^2}$.

Beispiel: Die Reihe $\sum_{k=1}^{\infty} \left(\sqrt[k]{k} - 1 \right)^k$.

Mit $\sqrt[k]{|a_k|} = \sqrt[k]{k} - 1$ und $\lim_{k \to \infty} \sqrt[k]{|a_k|} = 0$ haben wir hier insbesondere $a^* < 1$; das Wurzelkriterium liefert Konvergenz der Reihe.

Das Wurzelkriterium (Satz 5.10) hat einen größeren Anwendungsbereich als das Quotientenkriterium (Satz 5.8); es gilt folgendes.

Lemma 5.11. *Sei $(c_n)_{n\in\mathbb{N}}$ eine Folge positiver Zahlen.*

Dann gilt $\limsup\limits_{n\to\infty} \sqrt[n]{c_n} \leq \limsup\limits_{n\to\infty} \frac{c_{n+1}}{c_n}$.

Beweis. Mit der Konvention $r < \infty$ für alle $r \in \mathbb{R}$ gilt die Behauptung im Fall $\limsup\limits_{n\to\infty} \frac{c_{n+1}}{c_n} = \infty$ offensichtlich.

Im Fall $a := \limsup\limits_{n\to\infty} \frac{c_{n+1}}{c_n} \in \mathbb{R}$ gibt es zu beliebigem $\varepsilon > 0$ ein $m \in \mathbb{N}$ mit

$$\frac{c_{n+1}}{c_n} \leq a + \varepsilon \qquad \text{für alle } n \geq m\,;$$

es folgt $c_{n+1} \leq (a+\varepsilon)\,c_n$ für alle $n \geq m$. Wir erhalten induktiv

$$c_{m+p} \leq (a+\varepsilon)^p\, c_m \qquad \text{für alle } p \in \mathbb{N}$$

und weiter $\sqrt[m+p]{c_{m+p}} \leq (a+\varepsilon)\,\sqrt[m+p]{\frac{c_m}{(a+\varepsilon)^m}}$ für alle $p \in \mathbb{N}$. Damit ergibt sich

$$\limsup_{n\to\infty} \sqrt[n]{c_n} = \limsup_{p\to\infty} \sqrt[m+p]{c_{m+p}} \leq (a+\varepsilon)\,\limsup_{p\to\infty} \sqrt[m+p]{\frac{c_m}{(a+\varepsilon)^m}}$$

$$= (a+\varepsilon)\,\limsup_{n\to\infty} \sqrt[n]{\frac{c_m}{(a+\varepsilon)^m}} = (a+\varepsilon)\,,$$

wobei wir zwei Mal Satz 4.23(a) benutzt haben. Dies gilt für jedes $\varepsilon > 0$; es folgt $\limsup\limits_{n\to\infty} \sqrt[n]{c_n} \leq a = \limsup\limits_{n\to\infty} \frac{c_{n+1}}{c_n}$ wie behauptet. $\qquad\square$

Man findet leicht Reihen, deren Konvergenz man mittels Wurzelkriterium, nicht aber mit dem Quotientenkriterium feststellen kann. Sei etwa $a_{2j} = a_{2j+1} \neq 0$ für alle $j \in \mathbb{N}$, so gilt $\limsup\limits_{k\to\infty} \left|\frac{a_{k+1}}{a_k}\right| \geq 1$; dennoch ist $\limsup\limits_{k\to\infty} \sqrt[k]{|a_k|} < 1$ möglich.

Der folgende Satz verallgemeinert die Beweisidee, die beim Nachweis der Divergenz der Harmonischen Reihe benutzt wurde.

Satz 5.12 (Verdichtungskriterium). *Sei $(a_k)_{k\in\mathbb{N}}$ eine Folge reeller Zahlen mit $a_1 \geq a_2 \geq a_3 \geq \cdots \geq 0$.*

Die Reihe $\sum\limits_{k=1}^{\infty} a_k$ konvergiert genau dann, wenn

$$\sum_{n=0}^{\infty} 2^n a_{2^n} = a_1 + 2a_2 + 4a_4 + 8a_8 + \cdots$$

konvergiert.

Beweis. Wir verwenden Satz 5.5 und zeigen die Beschränktheit der jeweiligen Partialsummen. Dazu seien $s_n := a_1 + a_2 + \cdots + a_n$ und $t_m := a_1 + 2a_2 + \cdots + 2^m a_{2^m}$. Für $n \leq 2^m$ gilt

$$s_n \leq a_1 + (a_2 + a_3) + \cdots + (a_{2^m} + \cdots + a_{2^{m+1}-1})$$
$$\leq a_1 + 2a_2 + \cdots + 2^m a_{2^m} = t_m .$$

Für $n \geq 2^m$ gilt andererseits

$$s_n \geq a_1 + a_2 + (a_3 + a_4) + \cdots + (a_{2^{m-1}+1} + \cdots + a_{2^m})$$
$$\geq \frac{1}{2} a_1 + \frac{1}{2} 2a_2 + \frac{1}{2} 4a_4 + \cdots + \frac{1}{2} 2^m a_{2^m} = \frac{1}{2} t_m .$$

Daher sind die Folgen $(s_n)_{n \in \mathbb{N}}$ und $(t_m)_{m \in \mathbb{N}}$ entweder beide beschränkt oder beide unbeschränkt. $\qquad\square$

Beispiele:

(1)   Die Reihe $\sum\limits_{n=1}^{\infty} \dfrac{1}{n^s}$ mit $s \in \mathbb{Q}$.

Sie konvergiert für $s > 1$ und divergiert für $s \leq 1$.

Beweis.   Sei zunächst $s \leq 0$. Dann gilt $\frac{1}{n^s} \not\to 0$ und mit Korollar 5.2 folgt Divergenz.

Im Fall $s > 0$ betrachten wir die „verdichtete" Reihe $\sum\limits_{n=0}^{\infty} 2^n a_{2^n}$. Es ist

$$\sum_{n=0}^{\infty} 2^n \frac{1}{2^{ns}} = \sum_{n=0}^{\infty} 2^{(1-s)n} .$$

Weiter gilt $2^{(1-s)} < 1$ genau dann, wenn $1 - s < 0$, also $s > 1$ ist und mit der Konvergenz bzw. Divergenz der Geometrischen Reihe folgt schließlich die Behauptung. $\qquad\square$

(2)   Die Reihe $\sum\limits_{n=2}^{\infty} \dfrac{1}{n (\ln n)^s}$.

Diese konvergiert für $s > 1$ und divergiert für $s \leq 1$.

Beweis.   Für $s \leq 0$ ist die Harmonische Reihe eine Minorante und es folgt die Divergenz. Sei nun $s > 0$. Da $\ln n$ monoton wächst, können wir Satz 5.12 anwenden. Hier gilt

$$\sum_{n=1}^{\infty} 2^n \frac{1}{2^n (\ln 2^n)^s} = \sum_{n=1}^{\infty} \frac{1}{(n \ln 2)^s} = \frac{1}{(\ln 2)^s} \sum_{n=1}^{\infty} \frac{1}{n^s}$$

und mit (1) folgt die Behauptung. $\qquad\square$

Seien $(a_k)_{k \in \mathbb{N}_0}$ und $(b_k)_{k \in \mathbb{N}_0}$ zwei Folgen in $\mathbb{K}$. Weiter sei $A_{-1} := 0$ und bezeichne $A_n := \sum_{k=0}^{n} a_k$ die n-te Partialsumme der Reihe $\sum_{k=0}^{\infty} a_k$.

Für alle $m, n \in \mathbb{N}_0$, $m < n$, gilt

$$\sum_{k=m}^{n} a_k b_k = \sum_{k=m}^{n} (A_k - A_{k-1}) b_k = \sum_{k=m}^{n} A_k b_k - \sum_{k=m-1}^{n-1} A_k b_{k+1}$$

$$= \sum_{k=m}^{n-1} A_k (b_k - b_{k+1}) + A_n b_n - A_{m-1} b_m \,. \tag{5.2}$$

Die Gleichung (5.2) ist auch unter dem Namen **Abelsche partielle Summation** bekannt (Niels Henrik Abel, 1802-1829, Norwegen). Mit ihrer Hilfe wenden wir uns Reihen zu, deren Glieder Produkte sind. Folgendes Kriterium ist benannt nach Johann Peter Gustav Lejeune Dirichlet (1805-1859, Berlin, Göttingen).

Satz 5.13 (Dirichlet). *Seien $(a_k)_{k \in \mathbb{N}_0}$ und $(b_k)_{k \in \mathbb{N}_0}$ zwei Folgen in $\mathbb{K}$ mit folgenden Eigenschaften:*

(i)   Die Partialsummen $A_n = \sum_{k=0}^{n} a_k$ bilden eine beschränkte Folge.

(ii)   Es gilt $b_0 \geq b_1 \geq b_2 \geq \cdots \geq 0$ und

(iii) $\lim_{k \to \infty} b_k = 0$.

Dann konvergiert die Reihe $\sum_{k=0}^{\infty} a_k b_k$.

Beweis. Nach *(i)* gilt $M := \sup_{n \in \mathbb{N}_0} |A_n| < \infty$.

Sei $\varepsilon > 0$. Wegen *(iii)* existiert $N \in \mathbb{N}$ mit $b_N < \frac{\varepsilon}{2M}$. Für $n \geq m \geq N$ erhalten wir mit *(ii)* und (5.2) nun

$$\left| \sum_{k=m}^{n} a_k b_k \right| = \left| \sum_{k=m}^{n-1} A_k (b_k - b_{k+1}) + A_n b_n - A_{m-1} b_m \right|$$

$$\leq M \left(\sum_{k=m}^{n-1} (b_k - b_{k+1}) + b_n + b_m \right) = 2M b_m \leq 2M b_N < \varepsilon \,.$$

Mit Satz 5.1 folgt die Konvergenz.   □

Korollar 5.14. *Sei $(c_k)_{k \in \mathbb{N}}$ eine Folge reeller Zahlen mit*

(i) $|c_1| \geq |c_2| \geq |c_3| \geq \cdots$,

(ii) $c_{2k-1} \geq 0$ und $c_{2k} \leq 0$ für alle $k \in \mathbb{N}$,

(iii) $\lim_{k \to \infty} c_k = 0$.

Dann konvergiert die Reihe $\sum_{k=1}^{\infty} c_k$.

Beweis. Man hat nur Satz 5.13 anzuwenden mit $a_k = (-1)^{k+1}$ und $b_k = |c_k|$. □

In Korollar 5.14 handelt es sich um eine **alternierende Reihe**, d.h. ihre Glieder sind abwechselnd positiv und negativ. Dieses Resultat wird oft wie folgt formuliert.

Korollar 5.15 (Leibniz-Kriterium). *Ist $(b_k)_{k \in \mathbb{N}}$ eine monoton fallende Nullfolge, so konvergiert die Reihe $\sum\limits_{k=1}^{\infty} (-1)^{k+1} b_k$.*

Das folgende Beispiel zeigt, dass auf die Monotonie im Leibniz-Kriterium nicht verzichtet werden kann. Seien etwa

$$a_{2n-1} := \frac{2}{n} \quad \text{und} \quad a_{2n} := \frac{1}{n} \qquad \text{für } n \in \mathbb{N} \,.$$

Es gilt $0 < a_k \leq \frac{4}{k}$ für alle $k \in \mathbb{N}$ und daher $\lim\limits_{k \to \infty} a_k = 0$. Allerdings ist die Reihe $\sum\limits_{k=1}^{\infty} (-1)^{k+1} a_k$ nicht konvergent:

Betrachten wir dazu die Folge $(s_n)_{n \in \mathbb{N}}$ der Partialsummen. Für gerades n, also für $n = 2m$ mit $m \in \mathbb{N}$, gilt

$$s_n = \sum_{k=1}^{m} \frac{1}{k} \,.$$

Die Folge der Partialsummen ist daher divergent.

5.3 Umordnungssatz und Cauchy-Produkt

Die Reihe $\sum\limits_{k=1}^{\infty} (-1)^{k+1} \frac{1}{k}$ ist laut Leibniz-Kriterium konvergent. Einerseits ist

$$1 + \underbrace{\left(-\frac{1}{2} + \frac{1}{3}\right)}_{<0} + \underbrace{\left(-\frac{1}{4} + \frac{1}{5}\right)}_{<0} + \underbrace{\left(-\frac{1}{6} + \frac{1}{7}\right)}_{<0} + \cdots < \frac{5}{6} \,.$$

Wenn wir die gleichen Summanden aber in einer anderen Reihenfolge aufaddieren, etwa immer zwei positive und dann einen negativen, erhalten wir

$$\left(1 + \frac{1}{3} - \frac{1}{2}\right) + \underbrace{\left(\frac{1}{5} + \frac{1}{7} - \frac{1}{4}\right)}_{>0} + \underbrace{\left(\frac{1}{9} + \frac{1}{11} - \frac{1}{6}\right)}_{>0} + \cdots > \frac{5}{6} \,.$$

Die Reihenfolge der einzelnen Summanden in einer Reihe spielt also eine wichtige Rolle. Wir wollen nun zeigen, dass man im Fall einer *absolut* konvergenten Reihe die Summanden beliebig umordnen kann, und der Grenzwert sich dabei nicht ändert. Die obige Reihe ist *nicht* absolut konvergent. Den Wert der Reihe können wir an dieser Stelle noch nicht berechnen; dazu verweisen wir auf Kapitel 10.3, Gleichung (10.2).

Ist $\tau : \mathbb{N} \to \mathbb{N}$ bijektiv, so bezeichnen wir $\sum\limits_{k=1}^{\infty} a_{\tau(k)}$ als **Umordnung** der Reihe $\sum\limits_{k=1}^{\infty} a_k$.

Satz 5.16 (Umordnungssatz). *Ist eine Reihe in einem normierten Raum absolut konvergent, dann konvergiert auch jede Umordnung dieser Reihe und alle Umordnungen haben den selben Grenzwert.*

Beweis. Sei $\sum\limits_{k=1}^{\infty} a_k$ absolut konvergent. Weiter seien $\tau : \mathbb{N} \to \mathbb{N}$ bijektiv und

$$s_n := \sum_{k=1}^{n} a_k \,, \qquad r_n := \sum_{k=1}^{n} a_{\tau(k)}$$

die Partialsummen der ursprünglichen bzw. der umgeordneten Reihe. Nach Voraussetzung ist $(s_n)_{n \in \mathbb{N}}$ konvergent. Wir müssen zeigen, dass $\lim\limits_{n \to \infty} (s_n - r_n) = 0$ gilt.

Dazu betrachten wir für $n \in \mathbb{N}$ die Menge $M_n := \mathbb{N} \setminus \{\tau(1), \tau(2), \ldots, \tau(n)\}$; ihr kleinstes Element bezeichnen wir mit m_n. Wir erhalten

$$\|s_n - r_n\| = \left\| \sum_{k \in \{1,\ldots,n\} \cap M_n} a_k \quad - \sum_{k \in \{\tau(1),\ldots,\tau(n)\} \cap \{n+1,n+2,\ldots\}} a_k \right\|$$

$$\leq \sum_{k \in \{1,\ldots,n\} \cap M_n} \|a_k\| \quad + \sum_{k \in \{\tau(1),\ldots,\tau(n)\} \cap \{n+1,n+2,\ldots\}} \|a_k\|$$

$$\leq \sum_{k=m_n}^{\infty} \|a_k\| + \sum_{k=n+1}^{\infty} \|a_k\| \,,$$

wobei wir die absolute Konvergenz der Reihe benutzt haben, da letztere Ausdrücke sonst gar nicht existieren.

Wegen $M_n \supseteq M_{n+1}$ ist die Folge $(m_n)_{n \in \mathbb{N}}$ monoton wachsend.

Außerdem gibt es zu jedem $j \in \mathbb{N}$ ein k_j mit $j = \tau(k_j)$; dann ist $j \notin M_{k_j}$ und weiter $j \notin M_n$ für alle $n \geq k_j$. Die Folge $(m_n)_{n \in \mathbb{N}}$ ist deshalb nicht beschränkt.

Sei nun $\varepsilon > 0$. Laut Satz 5.1 gibt es ein $N \in \mathbb{N}$ mit $\sum\limits_{k=N}^{\infty} \|a_k\| < \frac{\varepsilon}{2}$.

Für alle n mit $n \geq N$ und $m_n \geq N$ gilt folglich $\|s_n - r_n\| < \varepsilon$. Daher haben wir $\lim\limits_{n \to \infty} (s_n - r_n) = 0$, was äquivalent zu

$$\sum_{k=1}^{\infty} a_k = \sum_{k=1}^{\infty} a_{\tau(k)}$$

ist. Die umgeordnete Reihe konvergiert also gegen den selben Grenzwert wie die ursprüngliche. □

Satz 5.17 (Cauchy-Produkt). *Seien* $\sum\limits_{n=0}^{\infty} a_n$ *und* $\sum\limits_{n=0}^{\infty} b_n$ *konvergente Reihen in* $\mathbb{K}$.

Für $n \in \mathbb{N}_0$ *setze* $c_n := \sum\limits_{k=0}^{n} a_k\, b_{n-k}$.

Wenn $\sum\limits_{n=0}^{\infty} a_n$ *absolut konvergent ist, dann ist die Reihe* $\sum\limits_{n=0}^{\infty} c_n$ *konvergent mit*

$$\sum_{n=0}^{\infty} c_n = \left(\sum_{n=0}^{\infty} a_n \right) \left(\sum_{n=0}^{\infty} b_n \right) .$$

Beweis. Nach Voraussetzung existieren die Grenzwerte

$$\sum_{k=0}^{\infty} a_k =: \alpha , \qquad \sum_{k=0}^{\infty} b_k =: \beta \quad \text{und} \quad \sum_{k=0}^{\infty} |a_k| =: x .$$

Wir bezeichnen die Partialsummen der Reihen mit

$$\alpha_n := \sum_{k=0}^{n} a_k , \qquad \beta_n := \sum_{k=0}^{n} b_k , \qquad \gamma_n := \sum_{k=0}^{n} c_k ,$$

und setzen $\delta_n := \beta_n - \beta$ für $n \in \mathbb{N}_0$. Damit gilt

$$\begin{aligned}
\gamma_n &= a_0 b_0 + (a_0 b_1 + a_1 b_0) + \cdots + (a_0 b_n + a_1 b_{n-1} + \cdots + a_n b_0) \\
&= a_0 \beta_n + a_1 \beta_{n-1} + \cdots + a_n \beta_0 \\
&= a_0 (\beta + \delta_n) + a_1 (\beta + \delta_{n-1}) + \cdots + a_n (\beta + \delta_0) \\
&= \alpha_n \beta + \underbrace{a_0 \delta_n + a_1 \delta_{n-1} + \cdots + a_n \delta_0}_{=:r_n} .
\end{aligned}$$

Wir müssen zeigen, dass $\lim\limits_{n\to\infty} \gamma_n = \alpha\beta$ gilt.

Wegen $\lim\limits_{n\to\infty} \alpha_n = \alpha$ bleibt lediglich $\lim\limits_{n\to\infty} r_n = 0$ zu zeigen.

Sei $\varepsilon > 0$. Wegen $\lim\limits_{n\to\infty} \delta_n = 0$ gibt es $N \in \mathbb{N}$ mit $|\delta_n| < \varepsilon$ für alle $n \geq N$. Es folgt

$$\begin{aligned}
|r_n| &\leq |a_n \delta_0 + \cdots + a_{n-N}\,\delta_N| + |a_{n-N-1}\,\delta_{N+1} + \cdots + a_0\,\delta_n| \\
&\leq |a_n \delta_0 + \cdots + a_{n-N}\,\delta_N| + \varepsilon\left(|a_{n-N-1}| + \cdots + |a_0|\right) \\
&\leq |a_n \delta_0 + \cdots + a_{n-N}\,\delta_N| + \varepsilon x
\end{aligned}$$

für $n \geq N$. Aus $\lim\limits_{n\to\infty} a_n = 0$ erhalten wir $\lim\limits_{n\to\infty} |a_n \delta_0 + \cdots + a_{n-N}\,\delta_N| = 0$. Daher gilt $\limsup\limits_{n\to\infty} |r_n| \leq \varepsilon x$. Da ε beliebig gewählt werden kann, bleibt nur $\lim\limits_{n\to\infty} |r_n| = 0$. $\qquad\square$

Die Reihe $\sum\limits_{n=0}^{\infty} c_n$ bezeichnet man als **Cauchy-Produkt** der Reihen $\sum\limits_{n=0}^{\infty} a_n$ und $\sum\limits_{n=0}^{\infty} b_n$.

Wenn letztere *beide nicht absolut* konvergent sind, so ist deren Cauchy-Produkt möglicherweise nicht konvergent, vgl. Aufgabe 7a.

5.4 Potenzreihen

Definition 5.18. Ist $(c_k)_{k\in\mathbb{N}_0}$ eine Folge komplexer Zahlen, so heißt der Ausdruck

$$\sum_{k=0}^{\infty} c_k z^k$$

eine **Potenzreihe**. Die c_k nennt man die **Koeffizienten** der Reihe.

Wir wollen untersuchen, für welche Werte von $z \in \mathbb{C}$ eine Potenzreihe konvergiert, und werden gleich sehen, dass jede Potenzreihe für alle z im Inneren eines gewissen Kreises konvergiert und für z aus dem Äußeren divergiert.

Gelegentlich werden auch Reihen der Form $\sum_{k=0}^{\infty} c_k(z-z_0)^k$ betrachtet. Man bezeichnet z_0 dann als **Entwicklungspunkt**.

Satz 5.19. *Sei $\sum_{k=0}^{\infty} c_k z^k$ eine Potenzreihe. Setze*

$$\alpha := \limsup_{k\to\infty} \sqrt[k]{|c_k|} \quad und \quad R := \frac{1}{\alpha}$$

(dabei ist $R = \infty$, falls $\alpha = 0$ und $R = 0$, falls $\alpha = \infty$). Damit gilt:

(a)   *Ist $|z| < R$, so ist die Reihe absolut konvergent.*

(b)   *Ist $|z| > R$, so ist die Reihe divergent.*

Beweis. Setze $a_k := c_k z^k$.

Laut dem Wurzelkriterium (Satz 5.10) konvergiert die Reihe $\sum_{k=0}^{\infty} a_k$ absolut, falls $\limsup_{k\to\infty} \sqrt[k]{|a_k|} = |z| \limsup_{k\to\infty} \sqrt[k]{|c_k|} < 1$ ist, und divergiert im Fall $|z| \limsup_{k\to\infty} \sqrt[k]{|c_k|} > 1$. Das ist exakt die Behauptung.   □

Die Zahl R heißt **Konvergenzradius** der Potenzreihe. Offensichtlich gilt

$$R = \sup\left\{ r \geq 0 : \sum_{k=0}^{\infty} c_k r^k \text{ konvergiert absolut} \right\},$$

wobei $R = \infty$ zu setzen ist, falls diese Menge nicht beschränkt ist.

Man kann den Konvergenzradius in vielen Fällen auch mit Hilfe des Quotientenkriteriums bestimmen.

Satz 5.20. *Sei $\sum_{k=0}^{\infty} c_k z^k$ eine Potenzreihe.*

Wenn $\alpha := \lim_{k\to\infty} \left| \frac{c_{k+1}}{c_k} \right|$ existiert, so ist $R = \frac{1}{\alpha}$ ihr Konvergenzradius.

(wiederum mit $R = \infty$, falls $\alpha = 0$ und $R = 0$, falls $\alpha = \infty$)

Beweis. Es gilt

$$\lim_{k \to \infty} \left| \frac{c_{k+1} z^{k+1}}{c_k z^k} \right| < 1 \quad \Longleftrightarrow \quad |z| \underbrace{\lim_{k \to \infty} \left| \frac{c_{k+1}}{c_k} \right|}_{= \alpha} < 1 .$$

Im Fall $\alpha \neq 0$ erhalten wir mit dem Quotientenkriterium (Satz 5.8):

Die Reihe konvergiert für $|z| < \frac{1}{\alpha} = R$ absolut. Ist hingegen $|z| > R$, so gibt es ein $N \in \mathbb{N}$ derart, dass $\left| \frac{c_{k+1}}{c_k} \right| > \frac{1}{|z|}$ gilt für alle $k \geq N$, und es folgt

$$\left| \frac{c_{k+1} z^{k+1}}{c_k z^k} \right| \geq 1 \qquad \text{für alle } k \geq N ;$$

die Reihe divergiert.

Im Fall $\alpha = 0$ gilt $|z| \alpha < 1$ für alle $z \in \mathbb{C}$. Die Reihe konvergiert dann absolut für alle $z \in \mathbb{C}$, d.h. $R = \infty$; die Aussage gilt also auch in diesem Fall. $\qquad \square$

Beispiele:

(1)   Die **Exponentialreihe** $\exp(z) := \sum_{k=0}^{\infty} \frac{z^k}{k!}$.

Ihr Konvergenzradius ist $R = \infty$, denn mit $\frac{|z^k+1| k!}{(k+1)! |z^k|} = \frac{|z|}{k+1} \to 0$ und Satz 5.8 folgt absolute Konvergenz für alle $z \in \mathbb{C}$.

(2)   Die **Sinusreihe** $\sin(z) := \sum_{k=0}^{\infty} (-1)^k \frac{z^{2k+1}}{(2k+1)!} = z - \frac{z^3}{3!} + \frac{z^5}{5!} - \frac{z^7}{7!} \pm \cdots$ und

die **Cosinusreihe** $\cos(z) := \sum_{k=0}^{\infty} (-1)^k \frac{z^{2k}}{(2k)!} = 1 - \frac{z^2}{2!} + \frac{z^4}{4!} - \frac{z^6}{6!} \pm \cdots$

Sie konvergieren beide für jedes $z \in \mathbb{C}$, denn die Exponentialreihe ist jeweils konvergente Majorante. Also haben diese Reihen ebenfalls den Konvergenzradius $R = \infty$.

(3)   Die Reihe $\sum_{k=1}^{\infty} \frac{z^k}{k}$ hat den Konvergenzradius $R = 1$.

(4)   Die Reihe $\sum_{k=1}^{\infty} k^k z^k$ hat den Konvergenzradius $R = 0$.

(5)   Die Geometrische Reihe $\sum_{k=0}^{\infty} z^k$ hat den Konvergenzradius $R = 1$.

(6)   Für $s \in \mathbb{C}$ und $k \in \mathbb{Z}$ verallgemeinern wir die **Binomialkoeffizienten**,

$$\binom{s}{k} := \begin{cases} \dfrac{s(s-1) \cdots (s-k+1)}{k!} & \text{für } k \in \mathbb{N} , \\ 1 & \text{für } k = 0 , \\ 0 & \text{für } k < 0 . \end{cases}$$

Die **Binomialreihe** zum Exponenten $s \in \mathbb{C}$ ist definiert durch

$$B_s(z) := \sum_{k=0}^{\infty} \binom{s}{k} z^k = 1 + sz + \frac{s(s-1)}{2!} z^2 + \cdots$$

Im Fall $s \in \mathbb{N}_0$ gilt $\binom{s}{k} = 0$ für $k > s$. Insbesondere für $s = n$ ist damit

$$B_n(z) = \sum_{k=0}^{n} \binom{n}{k} z^n = (1+z)^n.$$

Ist $s \notin \mathbb{N}_0$, so hat die Potenzreihe $B_s(z)$ den Konvergenzradius $R = 1$. Es gilt nämlich

$$\frac{\left|\binom{s}{k+1} z^{k+1}\right|}{\left|\binom{s}{k} z^k\right|} = |z| \frac{|s-k|}{k+1} = |z| \left| \frac{s}{k+1} - \frac{k}{k+1} \right| \to |z| \quad \text{mit } k \to \infty,$$

also haben wir absolute Konvergenz für $|z| < 1$ und Divergenz für $|z| > 1$.

Wurzel- und auch Quotientenkriterium liefern keine Aussage über das Konvergenzverhalten auf dem Rand des Konvergenzkreises, also für diejenigen z mit $|z| = R$. In der Tat gibt es Potenzreihen, die für manche z mit $|z| = R$ konvergieren, für andere jedoch nicht.

Die Geometrische Reihe hat den Konvergenzradius $R = 1$ und konvergiert für *kein* z mit $|z| = 1$.

Satz 5.21. *Sei* $\sum_{k=0}^{\infty} c_k z^k$ *eine Potenzreihe mit Konvergenzradius $R = 1$ und es gelte* $c_0 \geq c_1 \geq c_2 \geq \cdots \geq 0$ *sowie* $\lim_{k\to\infty} c_k = 0$.

Dann konvergiert die Potenzreihe für alle $z \in \mathbb{C}$ mit $|z| = 1$, $z \neq 1$.

Beweis. Wir setzen $a_n := z^n$, $b_n := c_n$ und $A_n := \sum_{k=0}^{n} z^k$.

Es gilt $(1-z)A_n = 1 - z^{n+1}$. Ist nun $|z| = 1$, $z \neq 1$, so erhalten wir

$$|A_n| = \left| \sum_{k=0}^{n} z^k \right| = \left| \frac{1 - z^{n+1}}{1-z} \right| \leq \frac{2}{|1-z|}$$

für alle $n \in \mathbb{N}_0$ und mit Satz 5.13 folgt nun die Behauptung. $\square$

Anwendung: Die Reihen $\sum_{k=1}^{\infty} \frac{z^k}{k}$ und $\sum_{k=1}^{\infty} \frac{z^k}{k^2}$.

Sie erfüllen beide die Voraussetzungen von Satz 5.21 (die Tatsache, dass es hier keinen „0-ten" Koeffizienten gibt, spielt keine Rolle, wie man sich leicht überlegen kann), sind also konvergent für alle z mit $|z| = 1$, $z \neq 1$.

Allerdings konvergiert erstere nicht für $z = 1$ (Harmonische Reihe), während die zweite für $z = 1$ konvergent ist (siehe auch die Anwendung nach Satz 5.6).

5.5 Exponentialreihe und Eulersche Formel

Die Exponentialreihe ist uns im vorigen Abschnitt bereits begegnet. Sie hat den Konvergenzradius $R = \infty$, ist also für alle $z \in \mathbb{C}$ konvergent. Daher ist durch

$$\exp(z) := \sum_{k=0}^{\infty} \frac{z^k}{k!}$$

eine Abbildung $\exp : \mathbb{C} \to \mathbb{C}$ erklärt. Man bezeichnet sie als **Exponentialfunktion**. Sie spielt eine herausragende Rolle in der Analysis („natürliches" Wachstum) und steht in engem Zusammenhang mit den trigonometrischen Funktionen *Sinus* und *Cosinus* (die wir bisher nur über Potenzreihen definiert haben!). Aus der absoluten Konvergenz der Reihe erhalten wir für $z, w \in \mathbb{C}$ mit dem Cauchy-Produkt (Satz 5.17)

$$\left(\sum_{n=0}^{\infty} \frac{z^n}{n!} \right) \left(\sum_{n=0}^{\infty} \frac{w^n}{n!} \right) = \sum_{n=0}^{\infty} \left(\sum_{k=0}^{n} \frac{z^k}{k!} \frac{w^{n-k}}{(n-k)!} \right)$$

$$= \sum_{n=0}^{\infty} \left(\frac{1}{n!} \sum_{k=0}^{n} \frac{n!}{k!\,(n-k)!} z^k w^{n-k} \right) = \sum_{n=0}^{\infty} \frac{(z+w)^n}{n!} .$$

Es gilt also die **Funktionalgleichung der Exponentialfunktion**,

$$\exp(z+w) = \exp(z)\,\exp(w) \tag{5.3}$$

für alle $z, w \in \mathbb{C}$. Weiter betrachten wir die Reihen

$$\cos(z) := \sum_{k=0}^{\infty} \frac{(-1)^k}{(2k)!} z^{2k} \qquad \text{und} \qquad \sin(z) := \sum_{k=0}^{\infty} \frac{(-1)^k}{(2k+1)!} z^{2k+1} .$$

Beide werden durch die Exponentialreihe majorisiert und sind deshalb für alle $z \in \mathbb{C}$ absolut konvergent. Für $n \in \mathbb{N}$ erhalten wir

$$\sum_{j=0}^{4n+1} \frac{(iz)^j}{j!} = 1 - \frac{1}{2} z^2 + \frac{1}{4!} z^4 - \frac{1}{6!} z^6 \pm \cdots + \frac{1}{(4n)!} z^{4n}$$

$$+ i \left(z - \frac{1}{3!} z^3 + \frac{1}{5!} z^5 \mp \cdots + \frac{1}{(4n+1)!} z^{4n+1} \right)$$

$$= \sum_{k=0}^{2n} \frac{(-1)^k}{(2k)!} z^{2k} + i \sum_{k=0}^{2n} \frac{(-1)^k}{(2k+1)!} z^{2k+1} .$$

Grenzwertbildung $n \to \infty$ liefert nun die als **Eulersche Formel** bekannte Gleichung

$$\exp(iz) = \cos(z) + i \sin(z) . \tag{5.4}$$

Mit $\cos(z) = \cos(-z)$ und $\sin(z) = -\sin(-z)$ folgt $\quad \exp(-iz) = \cos(z) - i \sin(z)$.

Weitere Eigenschaften der Exponentialfunktion:

(1)   Es gilt $\exp(1) = \sum_{k=0}^{\infty} \frac{1}{k!} = e = \lim_{n \to \infty} \left(1 + \frac{1}{n}\right)$, vgl. Kapitel 5.1, Beispiel(3).

(2)   Für alle $z \in \mathbb{C}$ gilt $\exp(-z) = \frac{1}{\exp(z)}$ und insbesondere $\exp(z) \neq 0$, denn die Funktionalgleichung (5.3) liefert $\exp(z)\exp(-z) = \exp(z - z) = \exp(0) = 1$.

(3)   Es ist $\exp(x) > 0$ für alle $x \in \mathbb{R}$; genauer gilt sogar $\exp(x) > 1$ für $x > 0$ und $0 < \exp(x) < 1$ für $x < 0$.

   Beweis.   Die Aussage für $x > 0$ ist klar, da in der Reihe dann alle Glieder positiv sind; die Aussage für $x < 0$ folgt nun mit (2).   □

(4)   Für $x, y \in \mathbb{R}$ mit $x < y$ gilt $\exp(x) < \exp(y)$.

   Beweis.   Laut (3) gilt $\exp(y - x) > 1$; Funktionalgleichung und (2) liefern

$$\exp(y - x) = \exp(y)\exp(-x) = \frac{\exp(y)}{\exp(x)}$$

   und insgesamt folgt $\exp(x) < \exp(y)$.   □

(5)   Für alle $t \in \mathbb{R}$ gilt $|\exp(it)| = 1$.

   Beweis.   Aus der Eulerschen Formel (5.4) erhalten wir $\cos(t) = \mathrm{Re}\,(\exp(it))$ sowie $\sin(t) = \mathrm{Im}\,(\exp(it))$ und damit $\overline{\exp(-it)} = \exp(it)$ für $t \in \mathbb{R}$. Andererseits gilt auch $\exp(it) = \frac{1}{\exp(-it)}$; es bleibt also nur $|\exp(it)| = 1$.   □

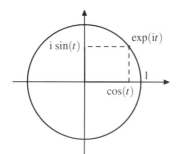

Fasst man $\mathbb{C}$ als Euklidischen Raum auf, so liegen die Punkte $z = \exp(it)$ auf dem Kreis um den Nullpunkt mit Radius 1. Es gilt $\cos(t) = \mathrm{Re}\,(\exp(it))$, $\sin(t) = \mathrm{Im}\,(\exp(it))$ sowie

$$1 = |\exp(it)|^2 = (\cos(t))^2 + (\sin(t))^2 \,.$$

Satz 5.22 (Additionstheoreme für Sinus und Cosinus). *Für $z, w \in \mathbb{C}$ gilt*

$$\cos(z + w) = \cos z \cos w - \sin z \sin w \qquad \textit{und}$$
$$\sin(z + w) = \sin z \cos w + \cos z \sin w \,.$$

Beweis. Mit Hilfe von Eulerscher Formel und Funktionalgleichung erhalten wir

$$\cos(z + w) + i\sin(z + w) = \exp(i(z + w)) = \exp(iz)\exp(iw)$$
$$= (\cos z + i \sin z)(\cos w + i \sin w)$$
$$= \cos z \cos w - \sin z \sin w + i(\sin z \cos w + \cos z \sin w)$$

und

$$
\begin{aligned}
\cos(z+w) - \mathrm{i}\sin(z+w) &= \exp(-\mathrm{i}(z+w)) = \exp(-\mathrm{i}z)\exp(-\mathrm{i}w) \\
&= (\cos z - \mathrm{i}\sin z)(\cos w - \mathrm{i}\sin w) \\
&= \cos z \cos w - \sin z \sin w - \mathrm{i}(\sin z \cos w + \cos z \sin w)\,.
\end{aligned}
$$

Addieren bzw. subtrahieren wir die Gleichungen, so folgt die Behauptung. $\qquad\square$

5.6 Die Räume ℓ^1, ℓ^2 und ℓ^∞

Den normierten Raum $\ell^\infty = \{a = (a_n)_{n\in\mathbb{N}} : a_n \in \mathbb{K}, \{a_n : n \in \mathbb{N}\} \text{ beschränkt}\}$ mit der Norm $\|a\|_\infty = \sup\limits_{n\in\mathbb{N}} |a_n|$ kennen wir bereits aus Kapitel 4.1. Wir definieren nun

$$
\ell^1 := \{a = (a_n)_{n\in\mathbb{N}} : a_n \in \mathbb{K},\ \sum_{n=1}^{\infty} |a_n| < \infty\}\,, \qquad \|a\|_1 := \sum_{n=1}^{\infty} |a_n|\,, \qquad \text{und}
$$

$$
\ell^2 := \{a = (a_n)_{n\in\mathbb{N}} : a_n \in \mathbb{K},\ \sum_{n=1}^{\infty} |a_n|^2 < \infty\}\,, \qquad \|a\|_2 := \left(\sum_{n=1}^{\infty} |a_n|^2\right)^{1/2}\,.
$$

Es ist nicht schwer einzusehen, dass ℓ^1 mit $\|\cdot\|_1$ ein normierter Raum ist. Dies kann einfach auf direktem Wege gezeigt werden.

Für ℓ^2 sind hierzu einige weitere Überlegungen nötig.

Aus $a = (a_n)_{n\in\mathbb{N}} \in \ell^2$ und $b = (b_n)_{n\in\mathbb{N}} \in \ell^2$ folgt $a+b = (a_n+b_n)_{n\in\mathbb{N}} \in \ell^2$, denn es ist $|a_n + b_n|^2 \le |a_n|^2 + 2|a_n|\,|b_n| + |b_n|^2 \le 2(|a_n|^2 + |b_n|^2)$.

Auch in ℓ^2 gilt eine Cauchy-Ungleichung (vgl. Satz 4.4).

Satz 5.23 (Cauchy-Ungleichung). *Seien $a = (a_n)_{n\in\mathbb{N}} \in \ell^2$ und $b = (b_n)_{n\in\mathbb{N}} \in \ell^2$.*
Dann gilt $ab = (a_n b_n)_{n\in\mathbb{N}} \in \ell^1$ *und*

$$
\|ab\|_1 = \sum_{n=1}^{\infty} |a_n b_n| \le \left(\sum_{n=1}^{\infty} |a_n|^2\right)^{1/2} \left(\sum_{n=1}^{\infty} |b_n|^2\right)^{1/2} = \|a\|_2\,\|b\|_2\,.
$$

Beweis. Aus Satz 4.4 erhalten wir

$$
\begin{aligned}
\sum_{n=1}^{d} |a_n b_n| &\le \left(\sum_{n=1}^{d} |a_n|^2\right)^{1/2} \left(\sum_{n=1}^{d} |b_n|^2\right)^{1/2} \\
&\le \left(\sum_{n=1}^{\infty} |a_n|^2\right)^{1/2} \left(\sum_{n=1}^{\infty} |b_n|^2\right)^{1/2} = \|a\|_2\,\|b\|_2 < \infty
\end{aligned}
$$

für jedes $d \in \mathbb{N}$. Damit folgt $(a_n b_n)_{n\in\mathbb{N}} \in \ell^1$ und die Ungleichung ist erfüllt. $\qquad\square$

Analog zum Beweis von Satz 4.5 folgt nun die Minkowski-Ungleichung in ℓ^2. Für alle $a, b \in \ell^2$ gilt

$$\|a + b\|_2 \le \|a\|_2 \|b\|_2 \,.$$

Damit ist nun leicht ersichtlich, dass auch ℓ^2 mit $\|\cdot\|_2$ ein normierter Raum ist.

Zum Schluss zeigen wir noch, dass die hier betrachteten Räume vollständig sind.

Satz 5.24. *Die normierten Räume* $(\ell^p, \|\cdot\|_p)$, $p \in \{1, 2, \infty\}$, *sind Banachräume.*

Beweis. Wir müssen nur noch die Vollständigkeit zeigen.

Sei $(a_n)_{n \in \mathbb{N}}$ eine Cauchyfolge in ℓ^p. Man beachte, dass hier $a_n \in \ell^p$ ist, also etwa $a_n = (a_{n.1}, a_{n.2}, a_{n.3}, \dots)$. Zu $\varepsilon > 0$ gibt es dann $N \in \mathbb{N}$ mit

$$\|a_n - a_m\|_p = \left(\sum_{k=1}^{\infty} |a_{n,k} - a_{m,k}|^p\right)^{1/p} < \varepsilon \qquad (p = 1, 2)$$

$$\text{bzw.} \quad \|a_n - a_m\|_\infty = \sup_{k \in \mathbb{N}} |a_{n,k} - a_{m,k}| < \varepsilon \qquad (p = \infty)$$

für $m, n \ge N$. Damit ist für jedes $k \in \mathbb{N}$ die Folge $(a_{n,k})_{n \in \mathbb{N}}$ eine Cauchyfolge in $\mathbb{K}$. Also existiert der Grenzwert $\alpha_k := \lim_{n \to \infty} a_{n,k}$.

Zu zeigen bleibt $\alpha = (\alpha_k)_{k \in \mathbb{N}} \in \ell^p$ und $a_n \xrightarrow{\|\cdot\|_p} \alpha$.

Mit $m \to \infty$ erhalten wir für alle $n \ge N$ und $l \in \mathbb{N}$ nun

$$\left(\sum_{k=1}^{l} |a_{n,k} - \alpha_k|^p\right)^{1/p} \le \varepsilon \qquad \text{bzw.} \qquad \sup_{k=1,\dots,l} |a_{n,k} - \alpha_k| \le \varepsilon \,.$$

Damit gilt auch

$$\left(\sum_{k=1}^{\infty} |a_{n,k} - \alpha_k|^p\right)^{1/p} \le \varepsilon \qquad \text{bzw.} \qquad \sup_{k \in \mathbb{N}} |a_{n,k} - \alpha_k| \le \varepsilon$$

für alle $n \ge N$ und es folgt die Behauptung. $\qquad\qquad\qquad\qquad\qquad\qquad$ □

Satz 5.25. *In ℓ^2 ist durch*

$$\langle a, b \rangle := \sum_{k=1}^{\infty} a_k \overline{b_k}$$

ein Skalarprodukt erklärt. Mit diesem ist ℓ^2 ein Hilbertraum.

Beweis. Mit Satz 5.23 sehen wir, dass die Reihe $\langle a, b \rangle$ in der Tat für alle $a, b \in \ell^2$ konvergiert. Die geforderten Eigenschaften eines Skalarproduktes kann man nun mit Hilfe der Rechenregeln für Grenzwerte einfach nachprüfen.

Weiter gilt nach Konstruktion $\sqrt{\langle a, a \rangle} = \|a\|_2$ und mit dieser Norm ist ℓ^2 laut Satz 5.24 vollständig. Also ist ℓ^2 ein Hilbertraum. $\qquad\qquad\qquad\qquad\qquad$ □

5.7 Aufgaben

1. Welche der folgenden Reihen sind konvergent?

   a. $\displaystyle\sum_{n=1}^{\infty} \frac{n^n}{n! + n^n}$ b. $\displaystyle\sum_{n=1}^{\infty} \frac{n^2 + 3n}{n^3 - 3n}$ c. $\displaystyle\sum_{n=1}^{\infty} \frac{n^2}{n!}$

   d. $\displaystyle\sum_{n=1}^{\infty} \frac{n!}{n^n}$ e. $\displaystyle\sum_{n=1}^{\infty} \frac{a^n}{1 + a^n}$ $(a > 0)$

2. Zeigen Sie:

   Wenn die Reihe $\displaystyle\sum_{n=1}^{\infty} a_n$ absolut konvergent ist, dann ist $\displaystyle\sum_{n=1}^{\infty} \frac{\sqrt{|a_n|}}{n}$ konvergent.

3. Zeigen Sie, dass die folgenden Reihen konvergieren und bestimmen Sie ihren Grenzwert.

   a. $\displaystyle\sum_{n=1}^{\infty} \frac{n-1}{n!}$

   b. $\displaystyle\sum_{n=1}^{\infty} \frac{1}{n(n+2)}$

   c. $\displaystyle\sum_{n=0}^{\infty} \frac{a^n}{(a+1)^{n+1}}$ $(a \in \mathbb{C}, a \neq -1)$

   d. $\displaystyle\sum_{n=0}^{\infty} (-1)^n a^{2n}$ $(a \in \mathbb{C})$

4. Bestimmen Sie die Konvergenzradien der folgenden Potenzreihen.

   a. $\displaystyle\sum_{n=0}^{\infty} \frac{n^n}{(n+1)!} z^n$ b. $\displaystyle\sum_{n=0}^{\infty} \frac{z^n}{(n + (-1)^n)!}$ c. $\displaystyle\sum_{n=1}^{\infty} 2^n z^{n^2}$

   d. $\displaystyle\sum_{n=0}^{\infty} \binom{2n}{n} z^n$ e. $\displaystyle\sum_{n=1}^{\infty} (a^n + b^n) z^n$ $(a, b > 0)$

5. Finden Sie ein Beispiel einer Reihe, deren Konvergenz man mit dem Wurzelkriterium (Satz 5.10), nicht aber mit dem Quotientenkriterium (Satz 5.8) folgern kann.

6. Sei $(b_k)_{k \in \mathbb{N}}$ eine monoton fallende Nullfolge. Laut Leibniz-Kriterium existiert der Grenzwert

$$s := \sum_{k=1}^{\infty} (-1)^{k+1} b_k .$$

Zeigen Sie: Für die Partialsummen s_n dieser Reihe gilt $|s_n - s| \leq b_{n+1} \; \forall n \in \mathbb{N}$.

7.   a. Die Reihe $\sum\limits_{n=0}^{\infty} \frac{(-1)^n}{\sqrt{n+1}}$ ist laut Leibniz-Kriterium konvergent.

      Zeigen Sie, dass das Cauchy-Produkt dieser Reihe mit sich selbst divergent ist. Betrachten Sie also

$$a_n := b_n := \frac{(-1)^n}{\sqrt{n+1}} \quad \text{und} \quad c_n := \sum_{k=0}^{n} a_k b_{n-k} \text{ für } n \in \mathbb{N}$$

      und zeigen Sie, dass die Reihe $\sum\limits_{n=0}^{\infty} c_n$ nicht konvergiert.

    b. Folgern Sie, dass die Reihe $\sum\limits_{n=1}^{\infty} \frac{1}{\sqrt{n}}$ nicht konvergiert.

8. Zeigen Sie, dass $e = \exp(1) = \sum\limits_{n=0}^{\infty} \frac{1}{n!}$ irrational ist.

    Gehen Sie dabei wie folgt vor:

    Zeigen Sie Sie zunächst $0 < e - \sum\limits_{n=0}^{N} \frac{1}{n!} \le \frac{2}{(N+1)!}$ für $n \in \mathbb{N}$.

    Nehmen Sie nun an, es sei $e \in \mathbb{Q}$, d.h. es gebe $p \in \mathbb{Z}$, $N \in \mathbb{N}$ mit $e = \frac{p}{N}$ und folgern Sie daraus

$$N! \left(e - \sum_{n=0}^{N} \frac{1}{n!} \right) \in \mathbb{N}.$$

    Leiten Sie hieraus unter Benutzung obiger Abschätzung einen Widerspruch her.

9.   a. Zeigen Sie: Für $z \in \mathbb{C}$ und $n \in \mathbb{N}$ gilt

$$(\cos z + i \sin z)^n = \cos(nz) + i \sin(nz).$$

    b. Geben Sie $\sin(3z)$ mit Hilfe von $\cos z$ und $\sin z$ an.

10. Die Folge der **Fibonacci-Zahlen** wird definiert durch

$$a_0 := 0, \qquad a_1 := 1, \qquad a_{n+1} := a_n + a_{n-1} \quad \text{für } n \in \mathbb{N}.$$

    a. Zeigen Sie: Für alle $n \in \mathbb{N}$ gilt $\quad a_{n+1} a_{n-1} - a_n^2 = (-1)^n$.

    Für $n \in \mathbb{N}$ betrachten wir $q_n := \dfrac{a_{n+1}}{a_n}$.

    b. Zeigen Sie, dass die Folge $(q_n)_{n \in \mathbb{N}}$ konvergent ist.

    Hinweis: Es gilt $\quad q_{n+1} - 1 = \sum\limits_{k=1}^{n} (q_{k+1} - q_k)$.

    c. Bestimmen Sie den Grenzwert $\lim\limits_{n \to \infty} q_n$.

    Tipp: Es gilt $\quad q_{n+1} = 1 + \dfrac{1}{q_n}$

11. Seien $\sum\limits_{n=0}^{\infty} a_n z^n$ und $\sum\limits_{n=0}^{\infty} b_n z^n$ Potenzreihen mit Konvergenzradien R_a bzw. R_b.

    Weiter sei $c_n := \sum\limits_{k=0}^{n} a_k b_{n-k}$ für $n \in \mathbb{N}_0$.

    Zeigen Sie: Für $z \in \mathbb{C}$ mit $|z| < \min\{R_a, R_b\}$ gilt

    $$\left(\sum_{n=0}^{\infty} a_n z^n \right) \left(\sum_{n=0}^{\infty} b_n z^n \right) = \sum_{n=0}^{\infty} c_n z^n \ .$$

12. Eine Reihe der Form

    $$\sum_{k=1}^{\infty} \frac{a_k}{k^s}$$

    (hier zunächst für $s \in \mathbb{Q}$) heißt **Dirichletsche Reihe**.

    Zeigen Sie:

    a. Konvergiert $\sum\limits_{k=1}^{\infty} \dfrac{a_k}{k^{s_0}}$ für ein s_0, so konvergiert $\sum\limits_{k=1}^{\infty} \dfrac{a_k}{k^s}$ für jedes $s > s_0$.

    b. Es gibt $\lambda \in \mathbb{R}$, sodass die Reihe konvergiert für $s > \lambda$ und divergiert für $s < \lambda$.

13. Zeigen Sie: Es gilt $\ell^1 \subsetneq \ell^2 \subsetneq \ell^\infty$.

Kapitel 6
Stetigkeit

Wir werden den Begriff der Stetigkeit hier für Abbildungen zwischen metrischen Räumen einführen. In Kapitel 12 werden wir diesen Begriff weiter ausbauen.

Die Stetigkeit kann noch allgemeiner in beliebigen so genannten topologischen Räumen, die nicht notwendigerweise eine Metrik tragen müssen, erklärt werden. Wir werden dies am Ende von Kapitel 12.2 kurz aufgreifen; mehr dazu findet man in Lehrbüchern zur Topologie, wie etwa [10] oder [18].

6.1 Stetige Abbildungen

Definition 6.1. Seien (X, d_X) und (Y, d_Y) metrische Räume.

Eine Abbildung $f : X \to Y$ heißt **stetig in** $p \in X$, falls für jedes $\varepsilon > 0$ eine Zahl $\delta > 0$ existiert, sodass gilt:

$$d_Y(f(x), f(p)) < \varepsilon \qquad \text{für alle } x \in X \text{ mit } d_X(x, p) < \delta .$$

Ist f stetig in allen Punkten $p \in X$, so heißt f **stetig** (oder **stetig auf** X).

Den Raum der stetigen Funktionen $X \to Y$ bezeichnen wir mit $C(X, Y)$. Im Fall $Y = \mathbb{K}$ mit der natürlichen Metrik schreiben wir $C(X)$ an Stelle von $C(X, \mathbb{K})$.

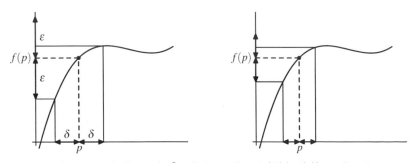

Zu jedem $\varepsilon > 0$ gibt es ein $\delta > 0$ derart, dass $d_Y(f(x), f(p)) < \varepsilon$ für alle $x \in X$ mit $d_X(x, p) < \delta$ gilt. Man beachte, dass δ von ε und auch von p abhängen kann.

R. Lasser, F. Hofmaier, *Analysis 1 + 2*, Springer-Lehrbuch,
DOI 10.1007/978-3-642-28644-5_6, © Springer-Verlag Berlin Heidelberg 2012

Mit der Bezeichnung $U_r^{d_X}(x) := \{y \in X : d_X(y,x) < r\}$, vgl. Kapitel 4.1, kann man die Stetigkeit wie folgt ausdrücken:

Die Abbildung f ist stetig in p genau dann, wenn es zu jedem $\varepsilon > 0$ ein $\delta > 0$ gibt mit

$$f\left(U_\delta^{d_X}(p)\right) \subseteq U_\varepsilon^{d_Y}(f(p)).$$

Sind z.B. $X = M \subseteq \mathbb{R}$ und $Y = \mathbb{R}$ (jeweils mit der gewöhnlichen Metrik), so heißt Stetigkeit in $p \in M$, dass zu jedem $\varepsilon > 0$ ein $\delta > 0$ existiert mit

$$f(\,]p - \delta, p + \delta[\,) \subseteq \,]f(p) - \varepsilon, f(p) + \varepsilon[\,.$$

Beispiele:

(1)   Die konstante Funktion $f : \mathbb{R} \to \mathbb{R}$, $f(x) = c$, ist stetig, denn es gilt stets $|f(x) - f(p)| = 0 < \varepsilon$.

(2)   Die Funktion $f : \mathbb{R} \to \mathbb{R}$, $f(x) = x^2$ ist stetig.

Beweis.   Zu $p \in \mathbb{R}$, $\varepsilon > 0$ wähle $\delta = \min\left\{1, \frac{\varepsilon}{2|p|+1}\right\}$.
Ist dann nämlich $|x - p| < \delta$, so gilt

$$|f(x) - f(p)| = |x^2 - p^2| = |x + p|\,|x - p| \leq (|x| + |p|)\,|x - p|$$

und mit $|x| \leq |x - p| + |p|$ erhalten wir weiter

$$(|x| + |p|)\,|x - p| \leq (|x - p| + 2|p|)\,|x - p| \leq (1 + 2|p|)\,|x - p| < \varepsilon\,.$$

Es gilt also $|f(x) - f(p)| < \varepsilon$ für alle $x \in \mathbb{R}$ mit $|x - p| < \delta$.   □

(3)   Die Funktion $f : \mathbb{R} \to \mathbb{R}$,

$$f(x) = \operatorname{sgn}(x) := \begin{cases} 1 & \text{für } x > 0\,, \\ 0 & \text{für } x = 0\,, \\ -1 & \text{für } x < 0\,, \end{cases}$$

ist nicht stetig in $p = 0$, denn für $\varepsilon \leq 1$ gibt es kein „passendes" $\delta > 0$, sodass $\operatorname{sgn}(\,]-\delta, \delta[\,) \subseteq \,]-\varepsilon, \varepsilon[$ gilt, weil stets $\operatorname{sgn}(\,]-\delta, \delta[\,) = \{-1, 0, 1\}$ ist.

(4)   Sei (M,d) ein metrischer Raum. Die Identität $f : M \to M$, $f(x) = x$ ist stetig, denn zu $\varepsilon > 0$ kann man $\delta = \varepsilon$ wählen. Aus $|x - p| < \delta$ folgt dann immer $|f(x) - f(p)| < \varepsilon$.

(5)   Seien (M,d) ein metrischer Raum, $b \in M$ ein fester Punkt. Die Funktion $f : M \to \mathbb{R}$, $f(x) = d(x,b)$ ist stetig.

Beweis.   Zu $\varepsilon > 0$ wähle $\delta = \varepsilon$. Aus $d(x,p) < \delta$ folgt dann mit der Dreiecksungleichung $|f(x) - f(p)| = |d(x,b) - d(p,b)| \leq d(x,p) < \delta = \varepsilon$.   □

(5)   Sei $(\mathbb{R}^d, \|\cdot\|_2)$ der d-dimensionale Euklidische Raum. Für $j \in \{1, \dots, d\}$ bezeichnen wir mit $\varphi_j : \mathbb{R}^d \to \mathbb{R}$, $\varphi_j(x) = x_j$, die Projektion auf die j-te Ko-

ordinate (Koordinatenfunktion). Die Funktionen φ_j sind stetig, denn wegen $|\varphi_j(x) - \varphi_j(p)| \leq \|x - p\|_2$ können wir $\delta = \varepsilon$ wählen.

(6)   Sei $\varphi_j : \ell^2 \to \mathbb{K}$, $\varphi_j(a) = a_j$, für $a = (a_1, a_2, \ldots) \in \ell^2$, $j \in \mathbb{N}$. Analog zu vorigem Beispiel zeigt man, dass auch diese Koordinatenfunktionen stetig sind.

Der folgende Satz liefert eine Charakterisierung der Stetigkeit mittels Folgen.

Satz 6.2 (Folgenkriterium). *Seien (X, d_X), (Y, d_Y) metrische Räume, $f : X \to Y$ eine Abbildung und $p \in X$.*

Die Abbildung f ist genau dann in p stetig, wenn gilt: Für jede gegen p konvergente Folge $(x_n)_{n \in \mathbb{N}}$ in X konvergiert die Bildfolge $(f(x_n))_{n \in \mathbb{N}}$ in Y gegen $f(p)$.

Beweis. Seien f stetig in $p \in X$ und $(x_n)_{n \in \mathbb{N}}$ eine Folge in X mit $p = \lim\limits_{n \to \infty} x_n$.

Zu $\varepsilon > 0$ gibt es dann ein $\delta > 0$, sodass $d_Y(f(x), f(p)) < \varepsilon$ für alle $x \in X$ mit $d_X(x, p) < \delta$ gilt. Weiter existiert zu δ ein $N \in \mathbb{N}$ mit $d_X(x_n, p) < \delta$ für alle $n \geq N$. Damit folgt $d_Y((f(x_n), f(p)) < \varepsilon$ für alle $n \geq N$, d.h. $\lim\limits_{n \to \infty} f(x_n) = f(p)$.

Für die umgekehrte Implikation sei nun vorausgesetzt, dass f nicht stetig in p ist. Das heißt: Es gibt ein $\varepsilon > 0$, sodass für jedes $\delta > 0$ ein Punkt $x \in X$ existiert mit sowohl $d_X(x, p) < \delta$ als auch $d_Y(f(x), f(p)) \geq \varepsilon$.

Insbesondere gibt es dann zu jedem $n \in \mathbb{N}$ einen Punkt $x_n \in X$ mit $d_X(x_n, p) < \frac{1}{n}$ und $d_Y(f(x_n), f(p)) \geq \varepsilon$.

Damit ist $(x_n)_{n \in \mathbb{N}}$ konvergent gegen p in X, aber $(f(x_n))_{n \in \mathbb{N}}$ konvergiert nicht gegen $f(p)$ in Y.   □

Schreibweise: Seien X, Y metrische Räume, $D \subseteq X$ und $f : D \to Y$ eine Abbildung. Falls $f(x_n) \to c \in Y$ gilt für jede Folge $(x_n)_{n \in \mathbb{N}}$ in D, die gegen $p \in X$ konvergiert, so schreibt man $\lim\limits_{x \to p} f(x) = c$. Falls f in p stetig ist, haben wir damit also $c = f(p)$.

Zu $f : X \to Y$ und $g : Y \to Z$ bezeichnen wir die durch $g \circ f(x) := g(f(x))$ erklärte Abbildung $g \circ f : X \to Z$ als Komposition von f und g. Wir wollen zeigen, dass die Komposition zweier stetiger Funktionen auch wieder stetig ist.

Satz 6.3. *Seien (X, d_X), (Y, d_Y) und (Z, d_Z) drei metrische Räume sowie $p \in X$.*

Wenn die Abbildungen $f : X \to Y$ stetig in p und $g : Y \to Z$ stetig in $f(p) \in Y$ sind, dann ist $g \circ f : X \to Z$ stetig in p.

Beweis. Sei $\varepsilon > 0$.

Da g stetig in $f(p)$ ist, gibt es $\eta > 0$ mit $g\left(U_\eta^{d_Y}(f(p))\right) \subseteq U_\varepsilon^{d_Z}(g(f(p)))$.

Zu $\eta > 0$ gibt es nun $\delta > 0$ mit $f\left(U_\delta^{d_X}(p)\right) \subseteq U_\eta^{d_Y}(f(p))$, weil f stetig in p ist. Zusammen haben wir

$$g \circ f\left(U_\delta^{d_X}(p)\right) \subseteq g\left(U_\eta^{d_Y}(f(p))\right) \subseteq U_\varepsilon^{d_Z}(g \circ f(p)),$$

also ist $g \circ f$ stetig in p.   □

Sind X ein metrischer Raum, $f : X \to \mathbb{K}$, $g : X \to \mathbb{K}$ Abbildungen und $\lambda \in \mathbb{K}$, so sind durch

$$(f+g)(x) := f(x) + g(x), \qquad (\lambda f)(x) := \lambda f(x), \qquad (fg)(x) := f(x)g(x)$$

weitere Abbildungen $f+g, \lambda f, fg : X \to \mathbb{K}$ erklärt.

Ist $f(x) \neq 0$ für alle $x \in X$, so ist $\frac{1}{f} : X \to \mathbb{K}$ definiert durch $\frac{1}{f}(x) := \frac{1}{f(x)}$.

Satz 6.4. *Seien (X,d) ein metrischer Raum, $f : X \to \mathbb{K}$ und $g : X \to \mathbb{K}$ stetig in $p \in X$ sowie $\lambda \in \mathbb{K}$. Dann sind auch $f+g$, λf und fg stetig in p. Ist f stets $\neq 0$, so ist auch $\frac{1}{f}$ stetig in p.*

Beweis. Wir verwenden das Folgenkriterium (Satz 6.2).

Ist $(x_n)_{n\in\mathbb{N}}$ konvergent gegen p, so konvergieren auch $f(x_n)$ gegen $f(p)$ und $g(x_n)$ gegen $g(p)$.

Laut den Rechenregeln für Grenzwerte (Satz 3.5) konvergieren $(f+g)(x_n)$ gegen $(f+g)(p)$ und $\lambda f(x_n)$ gegen $\lambda f(p)$ sowie $fg(x_n)$ gegen $fg(p)$ und, unter der gegebenen Voraussetzung, $\frac{1}{f}(x_n)$ gegen $\frac{1}{f}(p)$. $\square$

Beispiele:

(1)   Mit Satz 6.4 sind Polynome $P : \mathbb{K} \to \mathbb{K}$, $P(x) = a_n x^n + a_{n-1}x^{n-1} + \cdots + a_0$, mit $n \in \mathbb{N}$, $a_0, \ldots, a_n \in \mathbb{K}$, stetige Funktionen.

(2)   Seien P und Q zwei Polynome. Setzt man $M := \{x \in \mathbb{K} : Q(x) \neq 0\}$, so ist $\frac{P}{Q} : M \to \mathbb{K}$ stetig. Funktionen dieser Bauart heißen **rationale Funktionen**.

Es liegt nun auf der Hand zu fragen, ob auch durch (konvergente) Potenzreihen erklärte Funktionen stetig sind.

Sei M eine beliebige Menge und bezeichne $B(M)$ den Raum aller beschränkten Funktionen $f : M \to \mathbb{K}$. Weiter sei

$$\|f\|_M := \sup_{x\in M} |f(x)|.$$

Man kann direkt nachrechnen, dass $\|\cdot\|_M$ eine Norm auf $B(M)$ ist. (Aus Satz 4.9 wissen wir bereits, dass $B(M)$ mit dieser Norm sogar vollständig, also ein Banachraum, ist.)

Satz 6.5. *Seien (X,d) ein metrischer Raum und $p \in X$. Ferner seien $f_n : X \to \mathbb{K}$ ($n \in \mathbb{N}$) beschränkte Funktionen, die in p stetig sind.*

Wenn die Reihe $\sum\limits_{n=1}^{\infty} \|f_n\|_X$ konvergent ist, dann ist durch

$$f(x) := \sum_{n=1}^{\infty} f_n(x) \qquad \text{für } x \in X$$

eine in p stetige Funktion $f : X \to \mathbb{K}$ definiert.

Beweis. Für jedes $x \in X$ ist $\sum\limits_{n=1}^{\infty} \|f_n\|_X$ eine konvergente Majorante von $\sum\limits_{n=1}^{\infty} f_n(x)$.

Daher ist $f : X \to \mathbb{K}$ überhaupt erklärt (wohldefiniert). Zu zeigen bleibt noch die Stetigkeit in p.

Für jedes $x \in X$ und (zunächst beliebiges) $N \in \mathbb{N}$ gilt

$$|f(x) - f(p)| \leq \left| \sum_{n=1}^{N} f_n(x) - \sum_{n=1}^{N} f_n(p) \right| + \sum_{n=N+1}^{\infty} |f_n(x)| + \sum_{n=N+1}^{\infty} |f_n(p)| .$$

Sei $\varepsilon > 0$. Da $\sum\limits_{n=1}^{\infty} \|f_n\|_X$ konvergiert, gibt es ein $N \in \mathbb{N}$ mit $\sum\limits_{n=N+1}^{\infty} \|f_n\|_X < \frac{\varepsilon}{3}$.

Damit ist $\sum\limits_{n=N+1}^{\infty} |f_n(x)| < \frac{\varepsilon}{3}$ für alle $x \in X$. Somit haben wir

$$|f(x) - f(p)| \leq \left| \sum_{n=1}^{N} f_n(x) - \sum_{n=1}^{N} f_n(p) \right| + \frac{2}{3}\varepsilon .$$

Wähle nun $\delta > 0$, sodass $\left| \sum\limits_{n=1}^{N} f_n(x) - \sum\limits_{n=1}^{N} f_n(p) \right| < \frac{\varepsilon}{3}$ für alle x mit $d(x, p) < \delta$ ist.

Dann gilt $|f(x) - f(p)| < \varepsilon$ für alle $x \in X$ mit $d(x, p) < \delta$.

Folglich ist f stetig in p. $\qquad\square$

Mit Hilfe von Satz 6.5 können wir zeigen, dass jede Potenzreihe im *Inneren ihres Konvergenzkreises* eine stetige Funktion darstellt. Genauer gilt folgendes:

Korollar 6.6. *Sei $\sum\limits_{k=0}^{\infty} c_k z^k$ eine Potenzreihe mit Konvergenzradius R. Dann ist durch*

$$f(z) := \sum_{k=0}^{\infty} c_k z^k$$

eine in $U_R(0)$ stetige (falls $0 < R < \infty$) bzw. in ganz $\mathbb{C}$ stetige (falls $R = \infty$) Funktion f erklärt.

Beweis. Sei $z \in U_R(0)$. Dann gibt es r mit $|z| < r < R$. Die durch $f_k(z) := c_k z^k$, $k \in \mathbb{N}$, erklärten Funktionen sind auf $X := U_r(0)$ beschränkt und stetig. Ferner gilt $\|f_k\|_X \leq |c_k| r^k$, also ist

$$\sum_{k=0}^{\infty} \|f_k\|_X \leq \sum_{k=0}^{\infty} |c_k| r^k < \infty ,$$

da die Potenzreihe in $U_R(0)$ absolut konvergiert. Nun folgt mit Satz 6.5 die Stetigkeit im Punkt z.

Da dies für jedes $z \in U_R(0)$ gilt, haben wir die Stetigkeit auf ganz $U_R(0)$.

Die Aussage im Fall $R = \infty$ folgt ganz analog, wenn man $\mathbb{C}$ an Stelle von $U_R(0)$ betrachtet. $\qquad\square$

Laut Korollar 6.6 sind u.a. die folgenden Funktionen stetig.

(1)   Die *Exponentialfunktion* ist stetig auf ganz $\mathbb{C}$.

(2)   *Sinus* und *Cosinus* sind stetig auf ganz $\mathbb{C}$.

(3)   Die Binomialreihe zum Exponenten s,

$$B_s(z) = \sum_{k=0}^{\infty} \binom{s}{k} z^k \,,$$

vgl. Kapitel 5.4, Beispiel (6), ist stetig auf $U_1(0)$.

(4)   Die Potenzfunktion $z \mapsto a^z := \exp(z \ln a)$ ist stetig auf ganz $\mathbb{C}$. Diese allgemeinen Potenzen für beliebiges $z \in \mathbb{C}$ werden wir in Kapitel 6.3 noch genauer untersuchen.

Bemerkung: Die im Beweis zu Korollar 6.6 benutzte Einschränkung auf $U_r(0)$ mit $r < R$ ist notwendig, da $\sum_{k=0}^{\infty} \|f_k\|_{U_R(0)}$ möglicherweise divergiert, wie z.B. bei der Potenzreihe $\sum_{k=0}^{\infty} z^k$.

Anwendung: Für $x \neq 0$ gilt $\frac{\sin x}{x} = \frac{1}{x} \sum_{k=0}^{\infty} \frac{(-1)^k}{(2k+1)!} x^{2k+1} = \sum_{k=0}^{\infty} \frac{(-1)^k}{(2k+1)!} x^{2k}$, insbesondere ist die Reihe auf der rechten Seite konvergent. Die Potenzreihe $f(z) := \sum_{k=0}^{\infty} \frac{(-1)^k}{(2k+1)!} z^{2k}$ stellt daher eine auf ganz $\mathbb{C}$ stetige Funktion dar und mit dem Folgenkriterium erhalten wir

$$\lim_{x \to 0} \frac{\sin x}{x} = \lim_{x \to 0} f(x) = f(0) = 1 \,.$$

6.2 Eigenschaften stetiger reellwertiger Funktionen

Wir wenden uns nun stetigen Funktionen zu, die auf Teilmengen von $\mathbb{R}$ definiert und reellwertig sind.

Satz 6.7 (Nullstellensatz). *Sei* $f : [a,b] \to \mathbb{R}$ *stetig mit* $f(a) < 0$ *und* $f(b) > 0$ *oder* $f(a) > 0$, $f(b) < 0$.

Dann existiert mindestens ein $x_0 \in\,]a,b[$ *mit* $f(x_0) = 0$.

Beweis. Im Fall $f(a) < 0$, $f(b) > 0$ konstruieren wir rekursiv eine Intervallschachtelung $(I_n)_{n \in \mathbb{N}_0}$ mit $I_n = [a_n, b_n]$, $f(a_n) < 0$, $f(b_n) \geq 0$ und $|I_n| = \frac{1}{2^n} |I_0|$.

Dazu beginnen wir mit $I_0 := [a,b]$. Sei I_n mit den angegebenen Eigenschaften bereits gefunden. Dann betrachten wir $m := \frac{1}{2}(a_n + b_n)$ und definieren

$$[a_{n+1}, b_{n+1}] := \begin{cases} [a_n, m] \,, & \text{falls } f(m) \geq 0 \,, \\ [m, b_n] \,, & \text{falls } f(m) < 0 \,. \end{cases}$$

Damit haben wir eine Intervallschachtelung und es gibt x_0 mit $\{x_0\} = \bigcap\limits_{n \in \mathbb{N}_0} I_n$.

Nun gilt $\lim\limits_{n \to \infty} a_n = x_0 = \lim\limits_{n \to \infty} b_n$ und, da f stetig ist, erhalten wir mit Satz 6.2

$$0 \geq \lim_{n \to \infty} f(a_n) = f(x_0) = \lim_{n \to \infty} f(b_n) \geq 0 \,,$$

also $f(x_0) = 0$.

Der Beweis im Fall $f(a) > 0$ und $f(b) < 0$ geht ganz analog.   □

Korollar 6.8 (Zwischenwertsatz). *Sei $f : [a,b] \to \mathbb{R}$ stetig.*

Zu jedem $c \in \,]f(a), f(b)[$ (falls $f(a) < f(b)$ gilt) bzw. $c \in \,]f(b), f(a)[$ (falls $f(b) < f(a)$ ist), existiert ein $x_0 \in \,]a, b[$ mit $f(x_0) = c$.

Beweis. Betrachte $g : [a,b] \to \mathbb{R}$, $g(x) := f(x) - c$, und wende Satz 6.7 auf g an.   □

Anschaulich besagt der Zwischenwertsatz, dass f jeden Wert zwischen $f(a)$ und $f(b)$ annimmt:

Im Fall $f(a) < f(b)$ ist $[f(a), f(b)] \subseteq f([a,b])$.

Gilt $f(a) > f(b)$, so ist $[f(b), f(a)] \subseteq f([a,b])$.

Anwendung: Es gibt eine kleinste positive Zahl $x_0 \in \,]0,2[$ mit $\cos(x_0) = 0$.

Beweis. Es gilt $\cos(0) = 1$ und

$$\cos(2) = \sum_{k=0}^{\infty} \frac{(-1)^k}{(2k)!} 2^{2k} = 1 - \frac{4}{2!} + \frac{4^2}{4!}\left(1 - \frac{4}{5 \cdot 6} + \frac{4^2}{5 \cdot 6 \cdot 7 \cdot 8} \mp \cdots\right)$$

$$< -1 + \frac{2}{3}\sum_{n=0}^{\infty}\left(\frac{4}{30}\right)^n = -1 + \frac{2}{3}\frac{1}{1 - \frac{4}{30}} = -\frac{3}{13}\,,$$

also $\cos(0) > 0$ und $\cos(2) < 0$. Mit der Stetigkeit des Cosinus folgt zunächst, dass es *mindestens* eine Zahl $c \in \,]0,2[$ gibt mit $\cos(c) = 0$.

Wir betrachten $M := \{c > 0 : \cos(c) = 0\}$ und setzen $x_0 := \inf M$. Dann gibt es eine Folge $(x_n)_{n \in \mathbb{N}}$ in M mit $x_n \to x_0$ für $n \to \infty$. Mit dem Folgenkriterium erhalten wir $\cos(x_0) = \lim\limits_{n \to \infty} \cos(x_n) = 0$ und wegen $\cos(0) = 1$ gilt $x_0 \neq 0$, also $x_0 \in M$.

Folglich ist x_0 die kleinste positive Nullstelle des Cosinus.   □

Wir sind jetzt in der Lage, weitere wichtige Eigenschaften von Sinus und Cosinus herzuleiten. Aus Kapitel 5.5 wissen wir bereits, dass

$$\sin^2 x + \cos^2 x = 1$$

für alle $x \in \mathbb{R}$ gilt. Dabei sind $\sin^2 x$ und $\cos^2 x$ abkürzende Schreibweisen für $(\sin x)^2$ bzw. $(\cos x)^2$.

Üblicherweise setzt man $\pi := 2x_0$. Es gilt also $\cos\left(\frac{\pi}{2}\right) = 0$ und daher $\sin\left(\frac{\pi}{2}\right) = 1$ oder $\sin\left(\frac{\pi}{2}\right) = -1$.

Behauptung: Für $x \in \,]0,2[$ gilt $\sin x > 0$.

Beweis. Für $x \in {]0,2[}$ ist

$$\frac{\sin(x)}{x} = \frac{1}{x} \sum_{k=0}^{\infty} \frac{(-1)^k}{(2k+1)!} x^{2k+1} = 1 - \frac{x^2}{3!} + \frac{x^4}{5!} - \frac{x^6}{7!} \pm \cdots$$

$$> 1 - \frac{x^2}{3!} \left(1 + \frac{x^2}{4 \cdot 5} + \frac{x^4}{4 \cdot 5 \cdot 6 \cdot 7} + \cdots \right)$$

$$> 1 - \frac{4}{3!} \sum_{n=0}^{\infty} \left(\frac{4}{20} \right)^n = 1 - \frac{4}{3!} \frac{1}{1 - \frac{4}{20}} = \frac{1}{6} > 0,$$

also auch $\sin(x) > 0$.   □

Folglich bleibt nur $\sin\left(\frac{\pi}{2}\right) = 1$. Weiter erhalten wir für alle $z \in \mathbb{C}$ mit den Additionstheoremen (Satz 5.22)

• $\cos\left(z + \frac{\pi}{2}\right) = \cos(z) \cos\left(\frac{\pi}{2}\right) - \sin(z) \sin\left(\frac{\pi}{2}\right) = -\sin(z)$,

• $\sin\left(z + \frac{\pi}{2}\right) = \sin(z) \cos\left(\frac{\pi}{2}\right) + \cos(z) \sin\left(\frac{\pi}{2}\right) = \cos(z)$,

• $\cos(\pi) = \cos\left(\frac{\pi}{2} + \frac{\pi}{2}\right) = -\sin\left(\frac{\pi}{2}\right) = -1$ und damit $\sin(\pi) = 0$,

• $\cos(z + \pi) = \cos(z) \cos(\pi) - \sin(z) \sin(\pi) = -\cos(z)$,

• $\sin(z + \pi) = \sin(z) \cos(\pi) + \cos(z) \sin(\pi) = -\sin(z)$,

• $\cos(z + 2\pi) = \cos(z + \pi) \cos(\pi) - \sin(z + \pi) \sin(\pi) = \cos(z)$,

• $\sin(z + 2\pi) = \sin(z + \pi) \cos(\pi) + \cos(z + \pi) \sin(\pi) = \sin(z)$.

Mit der Eulerschen Formel (5.4) folgt $\exp(\mathrm{i}\pi) = \cos(\pi) + \mathrm{i} \sin(\pi) = -1$ und mit Hilfe der Funktionalgleichung (5.3) erhalten wir schließlich

$$\exp(z + 2\pi\mathrm{i}) = \exp(z) \exp(2\pi\mathrm{i}) = \exp(z) \left(\cos(2\pi) + \mathrm{i} \sin(2\pi) \right) = \exp(z)$$

für alle $z \in \mathbb{C}$.

Als weitere Folgerung aus Satz 6.7 wollen wir noch einen Fixpunktsatz notieren. Fixpunktsätze sind wichtige mathematische Instrumente. So wird uns etwa der so genannte Fixpunktsatz von Banach (Satz 15.4) später noch von großem Nutzen sein.

Korollar 6.9 (Fixpunktsatz). *Sei $f : [a,b] \to [a,b]$ stetig.*

Dann existiert ein $x_0 \in [a,b]$ mit $f(x_0) = x_0$.

Beweis. Nach Voraussetzung gilt $a \le f(x) \le b$ für alle $x \in [a,b]$. Ist $f(a) = a$ oder $f(b) = b$, so bleibt nichts zu zeigen.

Seien also $a < f(a)$ und $f(b) < b$. Die Funktion $g : [a,b] \to \mathbb{R}$, $g(x) := f(x) - x$, ist stetig mit $g(a) > 0$ und $g(b) < 0$. Laut Satz 6.7 existiert $x_0 \in {]a,b[}$ mit $g(x_0) = 0$. Damit gilt $f(x_0) = x_0$.   □

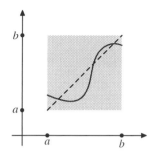

Die stetige Funktion $f : [a,b] \to [a,b]$ besitzt mindestens einen Fixpunkt $x_0 \in [a,b]$, d.h. es gilt $x_0 = f(x_0)$.

Anschaulich bedeutet dies, dass der Graph von f die Winkelhalbierende in mindestens einem Punkt schneidet.

Analog wie bei Folgen heißt eine Funktion $f : [a,b] \to \mathbb{R}$ **monoton wachsend**, wenn aus $y > x$ stets $f(y) \geq f(x)$ folgt. Falls aus $y > x$ sogar immer $f(y) > f(x)$ folgt, so heißt die Funktion **streng monoton wachsend**. Entsprechend definiert man die Eigenschaften **(streng) monoton fallend**.

Satz 6.10. *Seien $I \subseteq \mathbb{R}$ ein Intervall, $f : I \to \mathbb{R}$ streng monoton wachsend oder streng monoton fallend und $M := f(I)$.*

Dann ist $f : I \to M$ bijektiv und die Umkehrfunktion $f^{-1} : M \to I$ ist stetig.

Beweis. Die Injektivität folgt direkt aus der strengen Monotonie. Zu zeigen bleibt die Stetigkeit von f^{-1}.

Sei f streng monoton wachsend. Zu festem $p \in M$ betrachte $a \in I$ mit $f(a) = p$. Wir müssen zeigen: Zu jedem $\varepsilon > 0$ gibt es ein $\delta > 0$ derart, dass

$$|x - a| < \varepsilon \qquad \text{für alle } x \in I \text{ mit } |f(x) - p| < \delta$$

gilt. Dies ist genau dann der Fall, wenn die folgenden Bedingungen beide erfüllt sind.

(i) Zu jedem $\varepsilon > 0$ gibt es ein $\delta_1 > 0$, sodass gilt:

$$a - x < \varepsilon \qquad \text{für alle } x \in I,\ x < a,\ \text{mit } p - f(x) < \delta_1 \,.$$

(ii) Zu jedem $\varepsilon > 0$ gibt es ein $\delta_2 > 0$, sodass gilt:

$$x - a < \varepsilon \qquad \text{für alle } x \in I,\ x > a,\ \text{mit } f(x) - p < \delta_2 \,.$$

Wir wollen nun sehen, dass (i) erfüllt ist.

Ist $a \in I$ linker Randpunkt von I, so ist nichts zu zeigen. Sei also $a \in I$ nicht linker Randpunkt von I. Dann gibt es $b \in I$, $b < a$, mit $a - b < \varepsilon$ und wir setzen $\delta_1 := p - f(b)$.

Ist nun $x \in I$, $x < a$ mit $p - f(x) < \delta_1$, so folgt $f(b) < f(x)$ und damit $b < x$ wegen der Monotonie. Weiter folgt $a - x < a - b < \varepsilon$, also ist (i) nachgewiesen.

Ganz analog zeigt man auch (ii).

Ebenso analog führt man auch den Beweis im Fall einer streng monoton fallenden Funktion. $\qquad\qquad\square$

Bemerkung: Es wird bei Satz 6.10 nicht gefordert, dass f selbst stetig ist. Auch braucht $f(I) = M$ kein Intervall zu sein.

Unter der zusätzlichen Voraussetzung, dass f stetig ist, folgt mit dem Zwischenwertsatz allerdings, dass M ein Intervall ist.

Beispiel: Sei $n \in \mathbb{N}$. Die Funktion $f : [0,\infty[\to [0,\infty[$, $f(x) := x^n$, ist streng monoton wachsend. Die Umkehrfunktion ist die n-te Wurzelfunktion $f^{-1} : [0,\infty[\to [0,\infty[$, $f^{-1}(x) = \sqrt[n]{x}$. Nach Satz 6.10 ist diese stetig.

Wir führen noch einen weiteren Begriff ein.

Seien $D \subseteq \mathbb{R}$, Y ein metrischer Raum und $f : D \to Y$ eine Abbildung. Wenn für jede Folge $(x_n)_{n\in\mathbb{N}}$ in D, die gegen $p \in \mathbb{R}$ konvergiert und $x_n > p\ \forall n$ erfüllt, $f(x_n) \to c$ gilt, so bezeichnet man c als **rechtsseitigen Grenzwert** und schreibt $c = \lim_{x\to p+0} f(x)$. Gebräuchlich sind auch die Schreibweisen $\lim_{x\downarrow p} f(x)$ und $f(p+0)$.

Entsprechend erklärt man ggf. auch einen **linksseitigen Grenzwert** und schreibt dann $\lim_{x\to p-0} f(x)$ oder $\lim_{x\uparrow p} f(x)$ bzw. $f(p-0)$.

Wenn D ein Intervall und $p \in D$ kein Randpunkt von D ist, so ist f offensichtlich stetig in p genau dann, wenn rechts- und linksseitiger Grenzwert existieren und übereinstimmen.

Satz 6.11. *Sei $f : [a,b] \to \mathbb{R}$ monoton wachsend.*

Für jedes $p \in]a,b[$ existieren $f(p+0)$ sowie $f(p-0)$ und es gilt

$$f(p-0) \le f(p) \le f(p+0)\,.$$

Die Grenzwerte $f(a+0)$ und $f(b-0)$ existieren; es gelten $f(a) \le f(a+0)$ sowie $f(b-0) \le f(b)$.

Entsprechende Aussagen gelten für monoton fallende Funktionen.

Beweis. Sei $p \in]a,b[$. Da f monoton wachsend ist, existiert das Supremum $c := \sup\{f(x) : x \in [a,p[\}$ und es gilt $c \le f(p)$.

Zu $\varepsilon > 0$ existiert $x_\varepsilon \in [a,p[$ mit $c - \varepsilon \le f(x_\varepsilon) \le c$. Auf Grund der Monotonie gilt deshalb

$$c - \varepsilon \le f(x) \le c \qquad \text{für alle } x \in [x_\varepsilon, p[\,.$$

Ist nun $(x_n)_{n\in\mathbb{N}}$ eine Folge in $[a,p[$ mit $x_n \to p$, so findet man ein $N \in \mathbb{N}$ derart, dass $x_n \in [x_\varepsilon, p[$ für alle $n \ge N$ gilt. Damit ist $c - f(x_n) < \varepsilon$ für alle $n \ge N$.

Folglich gilt $\lim_{n\to\infty} f(x_n) = c$ und damit $c = f(p-0)$.

Die anderen Nachweise laufen analog.   □

Wir erwähnen noch, dass sich die Rechenregeln für Grenzwerte mit Hilfe von Satz 6.4 auf $\lim_{x\to p} f(x)$, $\lim_{x\to p\pm 0} f(x)$ und $\lim_{x\to\pm\infty} f(x)$ übertragen lassen.

Seien etwa $\lim\limits_{x\to p} f(x) = c$ und $\lim\limits_{x\to p} g(x) = b$, so gelten

$$\lim_{x\to p}(f+g)(x) = c+b\,, \qquad \lim_{x\to p}(fg)(x) = cb\,,$$

und, falls $b \neq 0$ ist, haben wir $\quad \lim\limits_{x\to p}\dfrac{f}{g}(x) = \dfrac{c}{b}$.

6.3 Exponentialfunktion und Logarithmus

Die Exponentialfunktion ist eine auf ganz $\mathbb{C}$ stetige Funktion.

Schränken wir uns auf die reellen Zahlen ein, so erhalten wir eine streng monoton wachsende Funktion $\exp : \mathbb{R} \to\,]0,\infty[$, wie wir aus Kapitel 5.5 bereits wissen.

An Hand der Reihendarstellung sieht man weiter, dass $\exp(x) > x$ für alle $x > 0$ gilt. Daher ist die Bildmenge $\exp(\mathbb{R})$ nach oben unbeschränkt. Weiter gilt $\exp(-x) = \frac{1}{\exp(x)} < \frac{1}{x}$ für $x > 0$. Zu jedem $y \in\,]0,\infty[$ gibt es deshalb ein $x \in \mathbb{R}$ mit $\exp(-x) < y < \exp(x)$. Folglich existiert laut Zwischenwertsatz ein $x_0 \in \mathbb{R}$ mit $\exp(x_0) = y$; also ist $\exp(\mathbb{R}) = \,]0,\infty[$.

Nun können wir mit Satz 6.10 folgern, dass die reelle Exponentialfunktion eine *stetige* Umkehrfunktion $g :\,]0,\infty[\to \mathbb{R}$ besitzt; d.h. wir haben

$$g \circ \exp : \mathbb{R} \to \mathbb{R}\,, \qquad g \circ \exp(x) = x$$

und $\qquad \exp \circ g :\,]0,\infty[\,\to\,]0,\infty[\,, \qquad \exp \circ g(y) = y\,.$

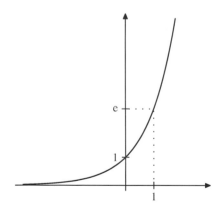

Die Exponentialfunktion bildet $\mathbb{R}$ bijektiv auf das Intervall $]0,\infty[$ ab.

Wir werden sehen, dass g mit dem Logarithmus aus Kapitel 3.4 übereinstimmt. Dazu sind jedoch noch einige Vorüberlegungen nötig.

Zunächst wollen wir eine weitere Charakterisierung der Exponentialfunktion herleiten. Diese wird motiviert durch das Problem der „stetigen Verzinsung". Wächst etwa ein Kapital K durch Zinsen in einem Jahr auf $K(1+x)$, so hat man nach dem

n-ten Teil eines Jahres, z.B. $n = 12$ bei monatlicher Verzinsung, einen Zuwachs auf $K\left(1 + \frac{x}{n}\right)^n$. Man fragt sich nun, ob ein Grenzwert für $n \to \infty$ existiert.

Satz 6.12. *Für alle* $z \in \mathbb{C}$ *gilt* $\lim\limits_{n \to \infty} \left(1 + \frac{z}{n}\right)^n = \exp(z)$.

Für $z = 1$ kennen wir dies schon, vgl. Beispiel (3) in Kapitel 5.1.

Beweis. Wegen

$$\exp(z) - \left(1 + \frac{z}{n}\right)^n = \sum_{k=0}^{\infty} \frac{z^k}{k!} - \sum_{k=0}^{n} \binom{n}{k} \frac{z^k}{n^k}$$

$$= \sum_{k=0}^{n} \underbrace{\left(1 - \frac{n(n-1)\cdots(n-k+1)}{n^k}\right)}_{=:\, c_{nk}} \frac{z^k}{k!} + \sum_{k=n+1}^{\infty} \frac{z^k}{k!}$$

und $\lim\limits_{n \to \infty} \sum\limits_{k=n+1}^{\infty} \frac{z^k}{k!} = 0$ bleibt zu zeigen, dass $\sum\limits_{k=0}^{n} c_{nk} \frac{z^k}{k!} = 0$ gilt.

Dazu halten wir fest, dass $0 < c_{nk} < 1$ für alle $k, n \in \mathbb{N}$ und $\lim\limits_{n \to \infty} c_{nk} = 0$ ist.

Zu $\varepsilon > 0$ finden wir (vgl. Satz 5.1) ein $N \in \mathbb{N}$ derart, dass

$$\sum_{k=m}^{n} \frac{|z|^k}{k!} < \varepsilon \qquad \text{für alle } m, n \text{ mit } N < m < n$$

gilt. Damit erhalten wir

$$\left| \sum_{k=0}^{n} c_{nk} \frac{z^k}{k!} \right| \leq \sum_{k=0}^{N} c_{nk} \frac{|z|^k}{k!} + \sum_{k=N+1}^{n} c_{nk} \frac{|z|^k}{k!} < \sum_{k=0}^{N} c_{nk} \frac{|z|^k}{k!} + \varepsilon \,.$$

Ganz rechts können wir nun den Grenzwert für $n \to \infty$ bilden; die Anzahl der Summanden hängt hier nicht mehr von n ab. Damit folgt

$$\limsup_{n \to \infty} \left| \sum_{k=0}^{n} c_{nk} \frac{z^k}{k!} \right| \leq \lim_{n \to \infty} \sum_{k=0}^{N} c_{nk} \frac{|z|^k}{k!} + \varepsilon = \varepsilon$$

und weiter, da dies für jedes $\varepsilon > 0$ gilt, die Behauptung. $\square$

Nun wenden wir uns dem Logarithmus zu. Für $x > 0$ haben wir den Wert $\ln(x)$ mittels einer Intervallschachtelung definiert.

Lemma 6.13. *Für* $0 < a < b$ *gilt* $1 - \frac{a}{b} \leq \ln(b) - \ln(a) \leq \frac{b}{a} - 1$.

Beweis. Aus Satz 3.12 folgt zunächst $1 - \frac{a}{b} \leq \ln\left(\frac{1}{a}\right) + \ln(b) \leq \frac{b}{a} - 1$ und mit $\ln\left(\frac{1}{a}\right) = -\ln(a)$, siehe Korollar 3.13, erhalten wir die Behauptung. $\square$

Satz 6.14. *Die Funktion* $\ln : \,]0, \infty[\, \to \mathbb{R}$, *definiert wie in Kapitel 3.4, ist stetig.*

Beweis. Seien $p \in \ ]0, \infty[$ und $(x_n)_{n \in \mathbb{N}}$ eine Folge in $]0, \infty[$, die gegen p konvergiert.

Zu $\varepsilon > 0$ gibt es dann ein $N \in \mathbb{N}$ mit $\left| \frac{x_n}{p} - 1 \right| < \varepsilon$ und $\left| \frac{p}{x_n} - 1 \right| < \varepsilon$ für alle $n \geq N$.

Außerdem haben wir aus Lemma 6.13

$$0 \leq \ln(x_n) - \ln(p) \leq \left(\frac{x_n}{p} - 1 \right) \qquad \text{falls } x_n > p \,,$$

$$0 \leq \ln(p) - \ln(x_n) \leq \left(\frac{p}{x_n} - 1 \right) \qquad \text{falls } x_n < p \,.$$

Daher ist $|\ln(x_n) - \ln(p)| < \varepsilon$ für alle $n \geq N$.

Also gilt $\lim\limits_{n \to \infty} \ln(x_n) = \ln(p)$. Mit Satz 6.2 folgt die Stetigkeit. $\qquad \square$

Satz 6.15. *Für alle $x \in \mathbb{R}$ gilt* $\quad \ln(\exp(x)) = x$.

Beweis. Wegen $\exp(x) > 0$ für alle $x \in \mathbb{R}$ ist der Ausdruck $\ln(\exp(x))$ für alle reellen Zahlen x erklärt.

Seien zunächst $x > 0$ und $n \in \mathbb{N}$. Setzt man $a = n$ und $b = x + n$ in die Ungleichung aus Lemma 6.13 ein, so ergibt sich $\frac{x}{n+x} \leq \ln(n + x) - \ln(n) \leq \frac{x}{n}$.

Mit $n(\ln(n + x) - \ln(n)) = n \ln\left(\frac{n+x}{n} \right) = \ln\left(\left(\frac{n+x}{n} \right)^n \right)$, vgl. Korollar 3.13, folgt

$$\frac{nx}{n+x} \leq \ln\left(\left(1 + \frac{x}{n} \right)^n \right) \leq x$$

und Satz 3.7 liefert $\lim\limits_{n \to \infty} \ln\left(\left(1 + \frac{x}{n} \right)^n \right) = x$.

Wegen der Stetigkeit des Logarithmus folgt mit Hilfe von Satz 6.12 nun

$$x = \lim_{n \to \infty} \ln\left(\left(1 + \frac{x}{n} \right)^n \right) = \ln\left(\lim_{n \to \infty} \left(1 + \frac{x}{n} \right)^n \right) = \ln(\exp(x)) \,.$$

Sei nun $x < 0$. Dann ist $-x = \ln(\exp(-x)) = \ln\left(\frac{1}{\exp(x)} \right) = -\ln(\exp(x))$.

Die Behauptung gilt also auch in diesem Fall; für $x = 0$ gilt sie offensichtlich. $\quad \square$

Umgekehrt gilt dann für jedes $x \in \ ]0, \infty[$ auch $\quad \exp(\ln(x)) = x$.

Mit Hilfe von Exponentialfunktion und Logarithmus können wir nun allgemeine **Potenzfunktionen** erklären. Für $x > 0$ und $z \in \mathbb{C}$ setzt man

$$x^z := \exp(z \ln x) \,.$$

Ist speziell $x = e$, so hat man $e^z = \exp(z)$, da $\ln(e) = 1$ ist.

Für $x, y > 0$ und $z, w \in \mathbb{C}$ ergibt sich damit unmittelbar

$$x^1 = x \,, \qquad x^0 = 1 \,, \qquad x^z x^w = x^{z+w} \,, \qquad x^{-z} = \frac{1}{x^z} \,, \qquad (xy)^z = x^z y^z$$

und für $x > 0$, $y \in \mathbb{R}$, $z \in \mathbb{C}$ gilt

$$(x^y)^z = (\exp(y \ln x))^z = \exp(z \ln(\exp(y \ln x))) = \exp(zy \ln x) = x^{yz} \, .$$

Die Wurzelfunktion ist ein Spezialfall der Potenzfunktionen. Ist $z = \alpha > 0$, so ist $x \mapsto x^\alpha$ eine streng monoton wachsende, stetige, bijektive Abbildung $]0, \infty[\, \to \,]0, \infty[$.

Die zugehörige Umkehrfunktion ist $x \mapsto x^{1/\alpha}$, denn $(x^\alpha)^{1/\alpha} = x^{\alpha(1/\alpha)} = x^1 = x$.

Wir wollen noch verifizieren, daß für $n \in \mathbb{N}$ die beiden Definitionen $x^n := x \cdots x$ und $x^n := \exp(n \ln x)$ übereinstimmen. Dies ist der Fall, denn es gilt

$$\exp(n \ln x) = \exp(\underbrace{\ln x + \cdots + \ln x}_{n \text{ Summanden}}) = \underbrace{\exp(\ln x) \cdots \exp(\ln x)}_{n \text{ Faktoren}} = x \cdots x = x^n \, .$$

Damit stimmt die Umkehrfunktion $x \mapsto x^{1/n}$ auch mit $x \mapsto \sqrt[n]{x}$ überein.

6.4 Stetige Funktionen auf $[a, b]$

Wir leiten noch einige Eigenschaften für stetige Funktionen her, die auf Intervallen der Form $[a, b]$ definiert sind. Wir werden diese in Kapitel 12 noch verallgemeinern, wenn wir stetige Funktionen auf so genannten *kompakten* Mengen untersuchen.

Satz 6.16. *Sei $f : [a, b] \to \mathbb{R}$ stetig.*

Dann ist $f([a, b])$ eine beschränkte Teilmenge von $\mathbb{R}$ und f nimmt Maximum und Minimum an. Das heißt, es existieren ein $p \in [a, b]$ mit $f(p) = \sup\{f(x) : x \in [a, b]\}$ und ein $q \in [a, b]$ mit $f(q) = \inf\{f(x) : x \in [a, b]\}$.

Beweis. Wir führen den Nachweis nur für das Maximum. Sei

$$M := \begin{cases} \sup\{f(x) \, : \, x \in [a, b]\} \, , & \text{falls } f([a, b]) \text{ nach oben beschränkt ist,} \\ \infty \, , & \text{falls nicht.} \end{cases}$$

Dann existiert eine Folge $(x_n)_{n \in \mathbb{N}}$ in $[a, b]$ mit $\lim\limits_{n \to \infty} f(x_n) = M$.

Da $(x_n)_{n \in \mathbb{N}}$ beschränkt ist, existiert nach Satz 4.19 eine Teilfolge $(x_{n_k})_{k \in \mathbb{N}}$ mit $\lim\limits_{k \to \infty} x_{n_k} = p \in [a, b]$. Mit der Stetigkeit von f folgt $f(p) = \lim\limits_{k \to \infty} f(x_{n_k}) = M$. $\qquad\square$

Definition 6.17. Seien (X, d_X) und (Y, d_Y) zwei metrische Räume. Eine Funktion $f : X \to Y$ heißt **gleichmäßig stetig** auf X, falls zu jedem $\varepsilon > 0$ ein $\delta > 0$ existiert, sodass gilt:

$$d_Y(f(x), f(x')) < \varepsilon \qquad \text{für alle } x, x' \in X \text{ mit } d_X(x, x') < \delta \, .$$

Ist $f : X \to Y$ gleichmäßig stetig, so ist f offensichtlich in jedem Punkt $p \in X$ stetig.

Satz 6.18. *Seien* (Y, d_Y) *ein metrischer Raum und* $f : [a, b] \to Y$ *stetig.*

  Dann ist f *auch gleichmäßig stetig.*

Beweis. Angenommen, f ist nicht gleichmäßig stetig. Dann gibt es ein $\varepsilon > 0$ derart, dass für jedes $n \in \mathbb{N}$ zwei Punkte $x_n, x'_n \in [a, b]$ existieren mit

$$|x_n - x'_n| < \frac{1}{n} \quad \text{und} \quad d_Y(f(x_n), f(x'_n)) \geq \varepsilon \,.$$

Laut Satz 4.19 existiert nun eine konvergente Teilfolge $(x_{n_k})_{k \in \mathbb{N}}$ von $(x_n)_{n \in \mathbb{N}}$ mit $\lim_{k \to \infty} x_{n_k} = p \in [a, b]$. Mit $|x_{n_k} - x'_{n_k}| < \frac{1}{n_k}$ gilt auch $\lim_{k \to \infty} x'_{n_k} = p$. Da f stetig ist, folgt

$$\lim_{k \to \infty} d_Y(f(x_{n_k}), f(x'_{n_k})) = d_Y(f(p), f(p)) = 0$$

im Widerspruch zu $d_Y(f(x_{n_k}), f(x'_{n_k})) \geq \varepsilon$ für alle $k \in \mathbb{N}$. Die Annahme ist demnach nicht erfüllbar. $\qquad\qquad\qquad\qquad\qquad\qquad\qquad\qquad\qquad\qquad\qquad\qquad\qquad\quad\square$

Beispiel: Die Funktion $f :]0, \infty[\to \mathbb{R}$, $f(x) := \frac{1}{x}$, ist auf jedem Intervall $[c, 1]$ mit $0 < c < 1$ gleichmäßig stetig, aber sie ist nicht gleichmäßig stetig auf $]0, 1]$.

Beweis. Für festes c mit $0 < c < 1$ ist f nach Satz 6.18 gleichmäßig stetig auf $[c, 1]$.

Um zu zeigen, dass f im Intervall $]0, 1]$ nicht gleichmäßig stetig ist, betrachte etwa $\varepsilon = 1$. Wir nehmen an, es gibt ein $\delta > 0$ mit

$$|f(x) - f(y)| < 1 \qquad \text{für alle } x, y \in]0, 1] \text{ mit } |x - y| < \delta \,.$$

Nun wählen wir $a \in]0, \frac{1}{2}[$ mit $a < \delta$.

  Mit $x := a$ und $y := 2a$ gilt dann $x, y \in]0, 1]$ sowie $|y - x| < \delta$ und weiter

$$|f(x) - f(y)| = \frac{1}{a} - \frac{1}{2a} = \frac{1}{2a} > 1 = \varepsilon$$

im Widerspruch zur Annahme; es gibt also kein solches δ.

  Folglich ist f nicht gleichmäßig stetig auf $]0, 1]$. $\qquad\qquad\qquad\qquad\qquad\qquad\quad\square$

6.5 Aufgaben

1. Zeigen Sie, dass

$$z \mapsto \operatorname{Re}(z), \quad z \mapsto \operatorname{Im}(z), \quad z \mapsto \bar{z} \quad \text{und} \quad z \mapsto |z|$$

in ganz $\mathbb{C}$ stetig sind. Folgern Sie

$$\exp(\bar{z}) = \overline{\exp(z)} \qquad \text{für alle } z \in \mathbb{C} \,.$$

2. Begründen Sie, dass $\lim\limits_{x \to 0} \frac{\cos(x) - 1}{x}$ existiert, und berechnen Sie diesen Grenzwert.

3. Zeigen Sie, dass die Funktion $f : \mathbb{R} \to \mathbb{R}$,

$$f(x) := \begin{cases} \sin\left(\frac{1}{x}\right) & \text{für } x \neq 0\,, \\ 0 & \text{für } x = 0\,, \end{cases}$$

   im Punkt $x = 0$ nicht stetig ist:

   a. direkt an Hand der Definition; zeigen Sie, dass man beispielsweise zu $\varepsilon = \frac{1}{2}$ kein „passendes" δ finden kann;

   b. mit dem Folgenkriterium (Satz 6.2).

4. Zeigen Sie, dass die Funktion $f : \mathbb{R} \to \mathbb{R}$,

$$f(x) := \begin{cases} x \sin\left(\frac{1}{x}\right) & \text{für } x \neq 0\,, \\ 0 & \text{für } x = 0\,, \end{cases}$$

   auf ganz $\mathbb{R}$ stetig ist.

   Hinweis: Um die Stetigkeit im Nullpunkt zu zeigen, können Sie z.B. das Folgenkriterium und die Abschätzung $|f(x) - f(0)| \leq |x - 0|$ verwenden.

5. Seien $f, g : \mathbb{R} \to \mathbb{R}$ stetige Funktionen mit $f(x) = g(x)$ für alle $x \in \mathbb{Q}$. Zeigen Sie, dass $f(x) = g(x)$ für alle $x \in \mathbb{R}$ gilt.

6. Seien (X, d_X) und (Y, d_Y) metrische Räume. Eine Funktion $f : X \to Y$ heißt **Lipschitz-stetig**, wenn es ein $L > 0$ gibt mit

$$d_Y(f(x), f(y)) \leq L\, d_X(x, y) \qquad \text{für alle } x, y \in X\,.$$

   a. Zeigen Sie: Jede Lipschitz-stetige Funktion ist gleichmäßig stetig.

   b. Geben Sie eine Funktion $f : \mathbb{R} \to \mathbb{R}$ an, die in ganz $\mathbb{R}$ stetig, aber nicht Lipschitz-stetig ist.

7. Seien $p \in \mathbb{R}$ und $f : \mathbb{R} \to \mathbb{R}$ eine stetige Funktion derart, dass $f(x + p) = f(x)$ für alle $x \in \mathbb{R}$ gilt. Zeigen Sie, dass f gleichmäßig stetig ist.

8. Zeigen Sie, dass die Funktion $f : \mathbb{R} \to \mathbb{R}$, $f(x) := \cos(x^2)$, nicht gleichmäßig stetig ist.

   Hinweis: Betrachten Sie $f(\sqrt{k\pi}\,)$ für $k \in \mathbb{N}$.

9. Zeigen Sie, dass es genau eine reelle Zahl x gibt, die die Gleichung $x = e^{-x}$ löst.

10. Seien M eine nicht-leere Menge und $d : M \times M \to \mathbb{R}$ definiert durch

$$d(x,y) := \begin{cases} 0 & \text{falls } x = y, \\ 1 & \text{sonst} . \end{cases}$$

   a. Zeigen Sie, dass (M,d) ein metrischer Raum ist.

   b. Bestimmen Sie alle *stetigen* Abbildungen $f : (M,d) \to (M,d)$.

11. Sei $f : \mathbb{R} \to \mathbb{C}$ eine im Punkt $x = 0$ stetige Funktion derart, dass

$$f(x+y) = f(x) + f(y) \qquad \text{für alle } x, y \in \mathbb{R}$$

gilt. Zeigen Sie, dass eine Zahl $c \in \mathbb{C}$ existiert mit

$$f(x) = cx \qquad \text{für alle } x \in \mathbb{R} .$$

Kapitel 7
Differentiation

Die Differentiation, mit der wir uns in diesem Kapitel beschäftigen werden, stellt ein weiteres wichtiges Werkzeug der Analysis dar. Sie wird unter anderem durch folgende Problemstellungen motiviert:

- Konstruktion einer Tangente an den Graphen einer Funktion in einem vorgegebenen Punkt
- Lokale Approximation einer Funktion durch eine möglichst einfache Funktion, nämlich ein Polynom ersten Grades
- Bestimmung der Momentangeschwindigkeit eines Teilchens
- als „Gegenspieler der Integration" (vgl. Kapitel 8)

Trotz der vielen Gesichter finden wir einen einfachen Zugang mittels Grenzwerten.

7.1 Differenzierbarkeit

Definition 7.1. Seien $I \subseteq \mathbb{R}$ ein Intervall und $x \in I$. Eine Funktion $f : I \to \mathbb{K}$ nennt man **differenzierbar in** x, falls der Grenzwert

$$\lim_{\substack{t \to x \\ t \in I, \, t \neq x}} \frac{f(t) - f(x)}{t - x}$$

existiert. Wir bezeichnen diesen Grenzwert dann mit $f'(x)$ oder $\dfrac{\mathrm{d}f}{\mathrm{d}t}(x)$.

Weiter heißt $f'(x)$ die **Ableitung** (oder **Differentialquotient**) von f in x.

Ist die Funktion f in jedem $x \in I$ differenzierbar, so heißt f **differenzierbar**.

Falls x ein Randpunkt von I ist, wollen wir den Limes als rechts- bzw. linksseitigen Grenzwert verstehen. Die Angabe $t \in I, t \neq x$ werden wir künftig nicht mehr explizit ausschreiben. Man sollte aber im Kopf behalten, welche t für die Grenzwertbildung zugelassen sind.

R. Lasser, F. Hofmaier, *Analysis 1 + 2*, Springer-Lehrbuch,
DOI 10.1007/978-3-642-28644-5_7, © Springer-Verlag Berlin Heidelberg 2012

Bemerkung: Man kann Differenzierbarkeit analog auch für Funktionen $f : I \to X$ definieren, wobei X ein beliebiger normierter Raum ist, und zwar als Grenzwert in X. Wir verzichten darauf an dieser Stelle, merken aber an, dass wir komplexwertige Funktionen zulassen.

Satz 7.2. *Sei* $f : I \to \mathbb{K}$ *im Punkt* $x \in I$ *differenzierbar. Dann ist* f *stetig in* x.

Beweis. Für $t \in I, t \neq x$ haben wir

$$f(t) - f(x) = \frac{f(t) - f(x)}{t - x} (t - x) \to f'(x) \cdot 0 = 0 \qquad \text{mit } t \to x.$$

Demnach ist f laut Folgenkriterium (Satz 6.2) stetig in x. $\qquad\qquad\qquad\square$

Die Umkehrung von Satz 7.2 gilt nicht; siehe etwa Beispiel (6).

Schreibt man die Gleichung des Beweises etwas um, erhält man folgendes. Mit $P(t) := f(x) + f'(x) (t - x)$ gilt

$$\lim_{t \to x} \frac{f(t) - P(t)}{t - x} = 0,$$

d.h. die lokale Approximation von $f(t)$ durch $P(t)$ ist „schneller" als die, mit der t gegen x strebt. Man bezeichnet $P(t)$ auch als **lineare Approximation** von f in x.

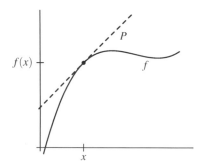

Die Abbildung zeigt die Graphen einer differenzierbaren Funktion f sowie der durch $P(t) := f(x) + f'(x) (t - x)$ erklärten linearen Approximation.

Die durch die Abbildung P beschriebene Gerade trifft den Graph von f an der Stelle $(x, f(x))$ tangential.

Bevor wir einige Ableitungen berechnen, zeigen wir grundlegende Rechenregeln.

Satz 7.3. *Seien* $f : I \to \mathbb{K}$ *und* $g : I \to \mathbb{K}$ *im Punkt* $x \in I$ *differenzierbar und* $c \in \mathbb{K}$.

Dann sind cf, $f + g$ *und* fg *in* x *differenzierbar. Ist* $g(x) \neq 0$, *so ist auch* $\frac{f}{g}$ *in* x *differenzierbar. Dabei gelten:*

- $(cf)'(x) = cf'(x)$

- $(f + g)'(x) = f'(x) + g'(x)$

- $(fg)'(x) = f'(x) g(x) + f(x) g'(x)$ ***(Produktregel)***

- $\left(\dfrac{f}{g}\right)'(x) = \dfrac{g(x) f'(x) - g'(x) f(x)}{g(x)^2}$ ***(Quotientenregel)***

Beweis. Die ersten beiden Aussagen folgen direkt aus den Rechenregeln für Grenzwerte. Zur Produktregel betrachten wir

$$\frac{f(t)g(t) - f(x)g(x)}{t-x} = f(t)\frac{g(t) - g(x)}{t-x} + g(x)\frac{f(t) - f(x)}{t-x}.$$

Grenzwertbildung $t \to x$ liefert nun $(fg)'(x) = f'(x)g(x) + f(x)g'(x)$.

Zu zeigen bleibt die Quotientenregel. Dazu sei $h := \frac{f}{g}$. Wir haben dann

$$\frac{h(t) - h(x)}{t-x} = \frac{1}{g(t)g(x)}\left(g(x)\frac{f(t) - f(x)}{t-x} - f(x)\frac{g(t) - g(x)}{t-x}\right).$$

Mit $g(t) \to g(x)$ für $t \to x$ erhalten wir im Grenzwert

$$h'(x) = \frac{g(x)f'(x) - f(x)g'(x)}{g(x)^2}.$$

Die Behauptungen zur Differenzierbarkeit sind mit der Bestimmung der Formeln auch bewiesen. $\qquad\square$

Beispiele:

(1)   Sei $f : \mathbb{R} \to \mathbb{K}$, $f(x) := cx$ mit $c \in \mathbb{K}$, so gilt $f'(x) = \lim\limits_{t \to x}\dfrac{ct - cx}{t-x} = c$.

(2)   Seien $n \in \mathbb{N}_0$ und $f : \mathbb{R} \to \mathbb{R}$, $f(x) := x^n$. Es gilt $f'(x) = nx^{n-1}$.

   Beweis.   Für $n = 0$ gilt die Aussage offensichtlich. Gilt sie für ein n, so setze $h : \mathbb{R} \to \mathbb{R}$, $h(x) := x^{n+1} = xf(x)$. Mit Induktionsvoraussetzung und Produktregel folgt $h'(x) = 1 \cdot f(x) + xf'(x) = x^n + nx^{n-1} = (n+1)x^n$. $\quad\square$

Damit sind auch alle Polynome differenzierbar und alle rationalen Funktionen sind differenzierbar, außer an den Punkten, an welchen der Nenner $= 0$ ist. Die Ableitungen bestimmt man gemäß Satz 7.3.

   Insbesondere erhalten wir nun mit der Quotientenregel für $f : \mathbb{R} \setminus \{0\} \to \mathbb{R}$, $f(x) := \frac{1}{x^n}$, dass die Ableitung $f'(x) = \frac{0 - nx^{n-1}}{x^{2n}} = \frac{-n}{x^{n+1}}$ ist. Also haben wir insgesamt

$$(x^n)' = nx^{n-1} \qquad \text{für alle } n \in \mathbb{Z}.$$

Es folgt eine weitere wichtige Regel, die wir oft nutzen werden. Sie betrifft die Komposition von differenzierbaren Funktionen.

Satz 7.4 (Kettenregel). *Seien I und J zwei Intervalle.*

   Wenn die Funktionen $f : I \to J$ im Punkt $x \in I$ sowie $g : J \to \mathbb{K}$ in $y = f(x) \in J$ differenzierbar sind, so ist $g \circ f : I \to \mathbb{K}$ in x differenzierbar und es gilt

$$(g \circ f)'(x) = g'(y)f'(x).$$

Beweis. Da g in y differenzierbar ist, ist die Funktion $G : J \to \mathbb{K}$,

$$G(s) := \begin{cases} \dfrac{g(s) - g(y)}{s - y} & \text{für } s \neq y, \\[2mm] g'(y) & \text{für } s = y, \end{cases}$$

stetig im Punkt y und es gilt $g(s) - g(y) = (s - y) G(s)$.

Man erhält weiter, da f stetig in x ist,

$$\lim_{t \to x} \frac{g(f(t)) - g(f(x))}{t - x} = \lim_{t \to x} \frac{(f(t) - f(x)) G(f(t))}{t - x} = f'(x) G(f(x)) = f'(x) g'(y)$$

wie behauptet.   □

Weitere Beispiele:

(3)   Sei $f : \mathbb{R} \to \mathbb{K}$, $f(x) := \exp(cx)$, mit $c \in \mathbb{K}$. Aus der Funktionalgleichung der Exponentialfunktion erhalten wir

$$f'(x) = \lim_{t \to x} \frac{\exp(ct) - \exp(cx)}{t - x} = \lim_{h \to 0} \frac{\exp(c(x + h)) - \exp(cx)}{h}$$

$$= \exp(cx) \lim_{h \to 0} \frac{\exp(ch) - 1}{h} = c \exp(cx) \lim_{h \to 0} \frac{\exp(ch) - 1}{ch} = c \exp(cx) \, .$$

(4)   Ist $f : I \to \mathbb{C}$ in $x \in I$ differenzierbar, so sind $\operatorname{Re} f : I \to \mathbb{R}$ und $\operatorname{Im} f : I \to \mathbb{R}$ in x differenzierbar und es gilt

$$(\operatorname{Re} f)'(x) = \operatorname{Re} f'(x) \, , \qquad (\operatorname{Im} f)'(x) = \operatorname{Im} f'(x) \, .$$

Dies folgt direkt aus $f = \operatorname{Re} f + \mathrm{i} \operatorname{Im} f$ und der Tatsache, dass eine Folge komplexer Zahlen genau dann konvergent ist, wenn die Folgen der Real- und der Imaginärteile beide konvergent sind.

Betrachten wir nun $f : \mathbb{R} \to \mathbb{C}$, $f(t) := \exp(\mathrm{i}t) = \cos t + \mathrm{i} \sin t$, so erhalten wir aus (1) als Ableitung $f'(t) = \mathrm{i} \exp(\mathrm{i}t) = \mathrm{i}(\cos t + \mathrm{i} \sin t) = -\sin t + \mathrm{i} \cos t$. Somit haben wir

$$\cos'(t) = -\sin t \qquad \text{und} \qquad \sin'(t) = \cos t \, .$$

(5)   Aus Lemma 6.13 erhalten wir $\dfrac{1}{t} \leq \dfrac{\ln(t) - \ln(x)}{t - x} \leq \dfrac{1}{x}$ für $0 < x < t$.

Vertauscht man die Rollen von t und x, so ergibt sich

$$\frac{1}{x} \leq \frac{\ln(t) - \ln(x)}{t - x} \leq \frac{1}{t} \qquad \text{für } 0 < t < x \, .$$

Insgesamt erhalten wir daraus mit $t \to x$ die Ableitung des Logarithmus,

$$\ln'(x) = \frac{1}{x} \, .$$

(6)   Die Funktion $f : \mathbb{R} \to \mathbb{R}$,

$$f(x) := \begin{cases} x \sin\left(\frac{1}{x}\right) & \text{für } x \neq 0\,, \\ 0 & \text{für } x = 0\,, \end{cases}$$

ist auf ganz $\mathbb{R}$ stetig, vgl. Kapitel 6.5, Aufgabe 4. Für $x \neq 0$ erhalten wir mit Produkt- und Kettenregel

$$f'(x) = \sin\left(\frac{1}{x}\right) - \frac{1}{x} \cos\left(\frac{1}{x}\right)\,.$$

Im Fall $x = 0$ sind beide Sätze nicht anwendbar. Wir betrachten

$$\frac{f(t) - f(0)}{t - 0} = \sin\left(\frac{1}{t}\right)\,.$$

Ein Grenzwert für $t \to 0$ existiert nicht. Daher ist f in $x = 0$ nicht differenzierbar. Wir haben hier also ein Beispiel einer Funktion, die im Nullpunkt *stetig aber nicht differenzierbar* ist.

(7)   Die Funktion $f : [0, \infty[\to [0, \infty[$, $f(x) := x^2$, ist bijektiv und differenzierbar. Ihre Umkehrabbildung $f^{-1} : [0, \infty[\to [0, \infty[$, $f^{-1}(x) = \sqrt{x}$, ist im Nullpunkt nicht differenzierbar, denn sonst müsste laut Kettenregel

$$1 = \left(f^{-1} \circ f\right)'(0) = \left(f^{-1}\right)'(f(0))\ f'(0)$$

gelten, was wegen $f'(0) = 0$ nicht möglich ist.

Die Überlegung in Beispiel (7) kann man für jede bijektive differenzierbare Funktion f durchführen. Sie belegt, dass für die Differenzierbarkeit von f^{-1} in $y = f(x)$ die Ableitung $f'(x)$ notwendigerweise ungleich Null sein muss. In Kapitel 7.3 werden wir sehen, dass diese Bedingung auch hinreichend für die Differenzierbarkeit der Umkehrfunktion ist.

Wenn die Ableitung f' einer differenzierbaren Funktion selbst wieder differenzierbar ist, so bezeichnet man $f'' := (f')'$ als die **zweite Ableitung** von f. Entsprechend erklärt man gegebenenfalls auch eine dritte Ableitung usw.

Statt $f'', f''', \ldots$ schreibt man auch $f^{(2)}, f^{(3)}, \ldots$

Definition 7.5. Eine differenzierbare Funktion $f : I \to \mathbb{K}$ heißt **stetig differenzierbar**, wenn $f' : I \to \mathbb{K}$ stetig ist.

Falls die Ableitungen $f^{(1)}, \ldots, f^{(n)}$ existieren und stetig sind, so sagt man, f ist **n-mal stetig differenzierbar**.

Man beachte, dass jede differenzierbare Funktion stetig ist; daher folgt aus der Existenz von $f^{(k)}$ bereits die Stetigkeit von $f^{(k-1)}$.

Den Raum der n-mal stetig differenzierbaren Funktionen $f : I \to \mathbb{K}$ bezeichnen wir mit $C^n(I)$. Weiter schreiben wir $C^\infty(I)$ für den Raum der beliebig oft (stetig) differenzierbaren Funktionen.

Beispielsweise sind die Exponentialfunktion, Sinus und Cosinus sowie auch alle Polynomfunktionen beliebig oft stetig differenzierbar.

Wir wollen ein Beispiel einer differenzierbaren, aber nicht stetig differenzierbaren, Funktion angeben. Die Funktion $f : \mathbb{R} \to \mathbb{R}$,

$$f(x) := \begin{cases} x^2 \sin\left(\frac{1}{x}\right) & \text{für } x \neq 0 \,, \\ 0 & \text{für } x = 0 \,, \end{cases}$$

ist in allen Punkten $x \neq 0$ differenzierbar. Die Ableitung erhalten wir mittels Produkt- und Kettenregel; dort gilt

$$f'(x) = 2x \sin\left(\frac{1}{x}\right) + x^2 \left(-\frac{1}{x^2} \cos\left(\frac{1}{x}\right)\right) = 2x \sin\left(\frac{1}{x}\right) - \cos\left(\frac{1}{x}\right) \,.$$

Wir zeigen nun, dass f auch in $x = 0$ differenzierbar ist. Dazu betrachten wir

$$\frac{f(t) - f(0)}{t - 0} = t \sin\left(\frac{1}{t}\right) \,.$$

Da die Abbildung $t \mapsto t \sin\left(\frac{1}{t}\right)$ an der Stelle $t = 0$ stetig ist, erhalten wir mit dem Folgenkriterium

$$\lim_{t \to 0} \frac{f(t) - f(0)}{t - 0} = \lim_{t \to 0} t \sin\left(\frac{1}{t}\right) = 0 \,,$$

also ist f im Nullpunkt differenzierbar mit $f'(0) = 0$.

Allerdings kann man (etwa wiederum mit dem Folgenkriterium) leicht sehen, dass f' am Punkt $x = 0$ nicht stetig ist. Daher ist f' dort auch nicht differenzierbar, eine zweite Ableitung existiert hier also nicht.

7.2 Mittelwertsatz und lokale Extrema

Definition 7.6. Sei $f : X \to \mathbb{R}$ eine Funktion auf einem metrischen Raum X. Man sagt, dass f ein **lokales Maximum** (bzw. **lokales Minimum**) im Punkt $p \in X$ besitzt, wenn ein $r > 0$ existiert derart, dass $f(x) \leq f(p)$ für alle $x \in U_r(p)$ gilt (bzw. $f(x) \geq f(p)$ für alle $x \in U_r(p)$ gilt).

Lokale Maxima oder Minima nennen wir **lokale Extrema**.

Satz 7.7. *Sei* $f : [a,b] \to \mathbb{R}$ *eine Funktion, die im Punkt* $x \in]a,b[$ *ein lokales Extremum besitzt.*

Wenn $f'(x)$ *existiert, dann gilt* $f'(x) = 0$.

Beweis. Wir betrachten nur den Fall eines lokalen Maximums; die Aussage für das Minimum beweist man ganz analog.

Sei $r > 0$ gemäß Definition 7.6. Ohne Einschränkung können wir annehmen, dass $U_r(x) =]x - r, x + r[\subseteq]a, b[$ gilt.

Für $x - r < t < x$ gilt $\dfrac{f(t) - f(x)}{t - x} \geq 0$ und mit $t \to x$ folgt $f'(x) \geq 0$.

Für $x < t < x + r$ gilt $\dfrac{f(t) - f(x)}{t - x} \leq 0$ und mit $t \to x$ gilt nun $f'(x) \leq 0$.

Es bleibt also nur $f'(x) = 0$. $\qquad\qquad\square$

Die Umkehrung von Satz 7.7 gilt nicht. Beispielsweise hat die Funktion $x \mapsto x^3$ an der Stelle $x = 0$ kein lokales Extremum, obwohl ihre Ableitung dort den Wert 0 hat.

Man beachte auch, dass Satz 7.7 nur eine Aussage über Extrema im Inneren des Intervalls, also in $]a, b[$, ermöglicht und auch nur an Punkten, wo f differenzierbar ist. So hat etwa die Funktion $f : [-1, 1] \to \mathbb{R}$, $f(x) := |x|$, ein Minimum im Punkt $x = 0$, ist dort aber nicht differenzierbar, und sie hat Maxima jeweils bei $x = 1$ und bei $x = -1$.

Als eine erste Folgerung erhalten wir ein Resultat, welches nach Michel Rolle (1652-1719, Paris) benannt ist.

Satz 7.8 (Rolle). *Sei $f : [a, b] \to \mathbb{R}$ eine stetige Funktion mit $f(a) = f(b)$, die auf $]a, b[$ differenzierbar ist.*

Dann gibt es ein $x \in]a, b[$ mit $f'(x) = 0$.

Beweis. Ist f konstant, so ist nichts zu zeigen. Sei also f eine nicht-konstante Funktion. Laut Satz 6.16 gibt es nun $c, d \in [a, b]$ mit $f(c) = \max f([a, b])$ und $f(d) = \min f([a, b])$.

Wegen $f(a) = f(b)$ und da f nicht-konstant ist, muss mindestens einer der beiden Punkte c oder d in $]a, b[$ liegen, d.h. es gibt $x \in]a, b[$ derart, dass f in x ein lokales Extremum hat. Nach Satz 7.7 gilt $f'(x) = 0$. $\qquad\square$

Man beachte, dass Differenzierbarkeit in den Randpunkten nicht erforderlich ist.

Nun können wir den so genannten Mittelwertsatz einfach herleiten. Wir formulieren gleich eine leicht verallgemeinerte Version.

Satz 7.9. *Seien $f : [a, b] \to \mathbb{R}$ und $g : [a, b] \to \mathbb{R}$ stetige Funktionen, die auf $]a, b[$ differenzierbar sind. Dann gibt es ein $x \in]a, b[$ mit*

$$(f(b) - f(a)) g'(x) = (g(b) - g(a)) f'(x) .$$

Beweis. Die Funktion $h : [a, b] \to \mathbb{R}$, $h(x) := (f(b) - f(a)) g(x) - (g(b) - g(a)) f(x)$, ist stetig, auf $]a, b[$ differenzierbar, und es gilt

$$h(a) = f(b) g(a) \quad f(a) g(b) = h(b) .$$

Nach Satz 7.8 existiert ein $x \in]a, b[$ mit $h'(x) = 0$, woraus direkt die Behauptung folgt. $\qquad\square$

Der Sonderfall $g(x) = x$ wird Mittelwertsatz (der Differentialrechnung) genannt:

Satz 7.10 (Mittelwertsatz). *Ist* $f : [a,b] \to \mathbb{R}$ *eine stetige Funktion, die auf* $]a,b[$ *differenzierbar ist, so gibt es ein* $x \in]a,b[$ *mit*

$$f'(x) = \frac{f(b) - f(a)}{b - a}.$$

Eine physikalische Interpretation lautet wie folgt. Läuft man etwa 100 Meter in 10 Sekunden, so beträgt die Durchschnittsgeschwindigkeit 36 km/h. Laut dem Mittelwertsatz gibt es dabei mindestens einen Zeitpunkt, an dem die Momentangeschwindigkeit (aufgefasst als Ableitung, also der „Grenzwert der durchschnittlichen Geschwindigkeit, wenn die zurückgelegte Wegstrecke gegen 0 geht") genau 36 km/h ist.

Aus dem Mittelwertsatz erhalten wir eine Reihe interessanter Ergebnisse zum Verhalten von differenzierbaren Funktionen.

Korollar 7.11. *Sei* $f : [a,b] \to \mathbb{R}$ *stetig und auf* $]a,b[$ *differenzierbar. Dann gelten:*

(i)   *Ist* $f'(x) \geq 0$ *für alle* $x \in]a,b[$, *so ist* f *monoton wachsend.*

(ii)   *Ist* $f'(x) = 0$ *für alle* $x \in]a,b[$, *so ist* f *konstant.*

(iii)   *Ist* $f'(x) \leq 0$ *für alle* $x \in]a,b[$, *so ist* f *monoton fallend.*

Beweis. Für alle drei Aussagen ziehen wir die Gleichung

$$f(x_2) - f(x_1) = f'(x)\,(x_2 - x_1)$$

heran, die laut dem Mittelwertsatz für beliebige $x_1, x_2 \in [a,b]$, $x_1 < x_2$, mit einem geeigneten $x \in]x_1, x_2[$ gilt.

Ist nun $f'(x) \geq 0$ für alle $x \in]a,b[$, so folgt $f(x_1) \leq f(x_2)$, d.h. f wächst monoton. Entsprechend geht man auch für die anderen beiden Aussagen vor. □

Bemerkungen:

(1)   In Korollar 7.11 gelten jeweils auch die Umgekehrten Implikationen. Ist etwa f monoton wachsend, so gilt $\frac{f(t)-f(x)}{t-x} \geq 0$ für alle $x,t \in]a,b[$ und damit auch $f'(x) \geq 0$, falls f in x differenzierbar ist.

(2)   Gilt sogar $f'(x) > 0$ für alle $x \in]a,b[$ (oder $f'(x) < 0$), so ist f streng monoton wachsend (bzw. streng monoton fallend), wie sofort aus dem Nachweis von Korollar 7.11 folgt.

Hier gilt die Umkehrung allerdings nicht! Die durch $f(x) := x^3$ erklärte Funktion ist zwar auf ganz $\mathbb{R}$ streng monoton wachsend, aber ihre Ableitung nicht überall positiv: Es gilt $f'(0) = 0$.

(3)   Mit Korollar 7.11(ii) gilt auch folgendes. Seien $f,g : [a,b] \to \mathbb{K}$ stetig und auf $]a,b[$ differenzierbar mit $f'(x) = g'(x)$ für alle $x \in]a,b[$. Dann existiert eine Konstante $c \in \mathbb{K}$ mit $f(x) = g(x) + c$ für alle $x \in [a,b]$. Zum Nachweis braucht man nur $h := f - g$ zu betrachten.

Definition 7.12. Sei $f : I \to \mathbb{K}$ gegeben. Eine differenzierbare Funktion $F : I \to \mathbb{K}$ heißt **Stammfunktion** von f, falls $F' = f$ gilt.

Laut Bemerkung (3) ist F bis auf eine additive Konstante durch f eindeutig bestimmt.

Korollar 7.13. *Seien* $\lambda \in \mathbb{K}$ *sowie* $f : [a,b] \to \mathbb{K}$ *stetig und in* $]a,b[$ *differenzierbar derart, dass* $f'(x) = \lambda f(x)$ *für alle* $x \in]a,b[$ *ist.*

Dann gilt

$$f(x) = c \exp(\lambda x) \qquad \text{für alle } x \in [a,b] \,,$$

wobei $c \in \mathbb{K}$ *eine Konstante ist.*

Beweis. Setze $g(x) := f(x) \exp(-\lambda x)$. Für alle $x \in]a,b[$ gilt damit

$$g'(x) = f'(x) \exp(-\lambda x) - \lambda f(x) \exp(-\lambda x) = 0 \,.$$

Folglich ist g eine Konstante, also gilt $f(x) = c \exp(\lambda x)$ mit einem $c \in \mathbb{K}$ zunächst für alle $x \in]a,b[$ und wegen der Stetigkeit dann auch für alle $x \in [a,b]$. $\square$

Die Exponentialfunktion ist also die *einzige* differenzierbare Funktion $f : \mathbb{R} \to \mathbb{R}$, die den Bedingungen

- $f' = f$
- $f(0) = 1$

genügt.

Wir geben noch weitere Ergänzungen zum Mittelwertsatz an. Das nächste Resultat ist benannt nach Jean Gaston Darboux (1842-1917, Paris).

Korollar 7.14 (Darboux). *Seien* $f : [a,b] \to \mathbb{R}$ *differenzierbar und* $c \in]f'(a), f'(b)[$, *falls* $f'(a) < f'(b)$ *gilt (bzw.* $c \in]f'(b), f'(a)[$, *falls* $f'(b) < f'(a)$ *gilt).*

Dann existiert $x_0 \in]a,b[$ *mit* $f'(x_0) = c$.

Beweis. Sei $f'(a) < c < f'(b)$. Mit $g(x) := f(x) - cx$ gilt $g'(a) < 0$ und $g'(b) > 0$. Wegen

$$0 > g'(a) = \lim_{t \to a+} \frac{g(t) - g(a)}{t - a}$$

gibt es ein $t_1 \in]a,b[$ mit $g(t_1) < g(a)$. Ebenso folgt, dass ein $t_2 \in]a,b[$ existiert mit $g(t_2) < g(b)$.

Laut Satz 6.16 nimmt g auf $[a,b]$ sein Minimum an, und wegen der vorangehenden Überlegungen nimmt g dieses Minimum an einer Stelle in $x_0 \in]a,b[$ an. Mit Satz 7.7 folgt $g'(x_0) = 0$. Daher gilt $f'(x_0) = c$. $\square$

Unter Verwendung des verallgemeinerten Mittelwertsatzes können einige Grenzwerte recht einfach bestimmt werden. Wir leiten die so genannte L'Hospitalsche Regel her (L'Hospital, Marquis de Sainte-Mesme, 1661-1704, Paris; die L'Hospitalsche Regel stammt von Johann Bernoulli I, 1667-1748, Basel).

Satz 7.15. *Seien* $f, g :]a,b[\to \mathbb{R}$ *differenzierbare Funktionen. Weiter sei* $g'(x) \neq 0$ *für alle* $x \in]a,b[$ *und es gelte* $\lim\limits_{x \to b} f(x) = 0 = \lim\limits_{x \to b} g(x)$.

Dann ist $g(x) \neq 0$ *für alle* $x \in]a,b[$. *Wenn* $\lim\limits_{x \to b} \dfrac{f'(x)}{g'(x)} =: \lambda$ *existiert, so gilt*

$$\lim_{x \to b} \frac{f'(x)}{g'(x)} = \lambda = \lim_{x \to b} \frac{f(x)}{g(x)} \; .$$

Eine entsprechende Aussage gilt für $x \to a$.

Dies gilt auch im Fall eines uneigentlichen Grenzwertes $\lambda = \pm\infty$ *und auch bei* $a = -\infty$ *oder* $b = \infty$.

Beweis. Sei zunächst $b \in \mathbb{R}$. Nach Voraussetzung kann man f und g fortsetzen zu stetigen Funktionen auf $]a,b]$ und es gilt $f(b) = 0 = g(b)$. Zu $c \in]a,b[$ gibt es nach dem Mittelwertsatz ein $x \in]c,b[$ mit $g(c) = g(c) - g(b) = g'(x)(c-b)$. Dann ist auch $g(c) \neq 0$ für alle $c \in]a,b[$.

Laut Satz 7.9 existiert zu jedem $c \in]a,b[$ ein $x = x(c) \in]c,b[$ mit

$$\frac{f(c)}{g(c)} = \frac{f(c) - f(b)}{g(c) - g(b)} = \frac{f'(x)}{g'(x)} \; .$$

Mit $c \to b$ gilt auch $x(c) \to b$ und es folgt die Behauptung.

Die Aussage für $x \to a$ beweist man ganz analog (zunächst für $a \in \mathbb{R}$).

Nun betrachten wir den Fall $b = \infty$. Ohne Einschränkung können wir $a > 0$ annehmen. Wir setzen $\varphi :]0,\frac{1}{a}[\to \mathbb{R}, \varphi(t) := f\left(\frac{1}{t}\right)$ und $\psi :]0,\frac{1}{a}[\to \mathbb{R}, \psi(t) := g\left(\frac{1}{t}\right)$. Die Funktion ψ ist differenzierbar mit

$$\psi'(t) = \frac{-g'\left(\frac{1}{t}\right)}{t^2} \neq 0$$

für alle $t \in]0,\frac{1}{a}[$ und es gilt $\lim\limits_{t \to 0} \varphi(t) = 0 = \lim\limits_{t \to 0} \psi(t)$. Schließlich haben wir

$$\lim_{t \to 0} \frac{\varphi'(t)}{\psi'(t)} = \lim_{t \to 0} \frac{t^2 f'\left(\frac{1}{t}\right)}{t^2 g'\left(\frac{1}{t}\right)} = \lim_{t \to 0} \frac{f'\left(\frac{1}{t}\right)}{g'\left(\frac{1}{t}\right)} = \lim_{x \to \infty} \frac{f'(x)}{g'(x)} = \lambda$$

und mit dem bereits Bewiesenen folgt

$$\lambda = \lim_{t \to 0} \frac{\varphi(t)}{\psi(t)} = \lim_{t \to 0} \frac{f\left(\frac{1}{t}\right)}{g\left(\frac{1}{t}\right)} = \lim_{x \to \infty} \frac{f(x)}{g(x)}$$

wie behauptet. $\qquad\qquad\qquad\qquad\qquad\qquad\qquad\qquad\qquad\qquad\qquad\qquad\square$

Beispiele:

(1)   Es gilt $\lim\limits_{x \to 0} \dfrac{\sin x}{x} = \lim\limits_{x \to 0} \dfrac{\cos x}{1} = 1$.

(2) Wir bestimmen $\lim\limits_{x\to 0}\left(\dfrac{1}{\sin x}-\dfrac{1}{x}\right)=\lim\limits_{x\to 0}\dfrac{x-\sin x}{x\sin x}$.

Mit $f(x):=x-\sin x$ und $g(x):=x\sin x$ sind die Voraussetzungen von Satz 7.15 erfüllt; man beachte, dass $g'(x)\neq 0$ in einem Intervall $]0,b[$ mit einem geeigneten b gilt. Wir erhalten

$$\lim_{x\to 0}\frac{x-\sin x}{x\sin x}=\lim_{x\to 0}\frac{1-\cos x}{x\cos x+\sin x}=\lim_{x\to 0}\frac{\sin x}{-x\sin x+2\cos x}=0\,,$$

wobei wir ein zweites Mal Satz 7.15 angewendet haben (nachdem wir uns überzeugt haben, dass die Voraussetzungen wiederum erfüllt sind).

Eine zweite Regel von L'Hospital befasst sich mit dem Fall $\lim\limits_{t\to b}g(t)=\pm\infty$.

Satz 7.16. *Seien $f,g:]a,b[\to\mathbb{R}$ differenzierbare Funktionen. Weiter sei $g'(x)\neq 0$ für alle $x\in]a,b[$ und es gelte $\lim\limits_{x\to b}g(x)=\infty$.*

Wenn $\lim\limits_{x\to b}\dfrac{f'(x)}{g'(x)}=:\lambda$ existiert, so gilt

$$\lim_{x\to b}\frac{f'(x)}{g'(x)}=\lambda=\lim_{x\to b}\frac{f(x)}{g(x)}\,.$$

Eine entsprechende Aussage gilt für $x\to a$.

Dies gilt auch im Fall eines uneigentlichen Grenzwertes $\lambda=\pm\infty$ und auch bei $a=-\infty$ oder $b=\infty$.

Beweis. Sei zunächst $\lambda\in\mathbb{R}$. Zu $\varepsilon>0$ gibt es $s\in]a,b[$ mit

$$\left|\frac{f'(x)}{g'(x)}-\lambda\right|<\varepsilon\quad\text{und}\quad g(x)>0\qquad\text{für alle }x\in[s,b[\,.$$

Nun wähle $t\in]s,b[$, sodass $|g(x)|>\frac{|f(s)|}{\varepsilon}$ und $|g(x)|>\frac{|g(s)|}{\varepsilon}$ für alle $x\in[t,b[$ gilt.

Für beliebiges $x\in]t,b[$ gibt es laut Satz 7.9 ein $\xi\in]s,x[$ mit

$$g'(\xi)\left(f(x)-f(s)\right)=f'(\xi)\left(g(x)-g(s)\right)\,.$$

Dies können wir umformen zu

$$\frac{f(x)}{g(x)}=\frac{f'(\xi)}{g'(\xi)}\left(1-\frac{g(s)}{g(x)}\right)+\frac{f(s)}{g(x)}\,.$$

Man erhält daraus

$$\left|\frac{f(x)}{g(x)}-\lambda\right|\leq\left|\frac{f'(\xi)}{g'(\xi)}-\lambda\right|+\left|\frac{f'(\xi)}{g'(\xi)}\frac{g(s)}{g(x)}\right|+\left|\frac{f(s)}{g(x)}\right|<\varepsilon+(|\lambda|+\varepsilon)\,\varepsilon+\varepsilon\,.$$

Damit gilt $\lim\limits_{x\to b}\dfrac{f(x)}{g(x)}=\lambda$.

Nun sei $\lambda = \infty$. Zu $M > 0$ gibt es dann $s \in]a,b[$ mit $\frac{f'(x)}{g'(x)} \geq M$ und $g(x) > 0$ für alle $x \in [s,b[$. Wähle $t \in]s,b[$ mit $g(x) > -f(s)$ und $g(x) > 2g(s)$ für alle $x \in [t,b[$.

Für beliebiges $x \in]t,b[$ erhält man wiederum mit Hilfe von Satz 7.9 ein $\xi \in]s,x[$, sodass

$$\frac{f(x)}{g(x)} = \frac{f'(\xi)}{g'(\xi)} \left(1 - \frac{g(s)}{g(x)}\right) + \frac{f(s)}{g(x)} > \frac{1}{2}M - 1$$

gilt. Damit folgt $\lim\limits_{x \to b} \dfrac{f(x)}{g(x)} = \infty$. $\qquad\qquad\qquad\qquad\qquad\qquad\qquad\qquad\qquad$ □

Beispiele:

(1)   Es gilt $\lim\limits_{x \to 0} x \ln x = \lim\limits_{x \to 0} \dfrac{\ln x}{\frac{1}{x}} = \lim\limits_{x \to 0} \dfrac{\frac{1}{x}}{-\frac{1}{x^2}} = 0.$

(2)   Dieses Beispiel soll zeigen, dass man bei den L'Hospitalschen Regeln auf die Voraussetzung $g'(x) \neq 0$ nicht verzichten kann. Es stammt von O. Stolz (1842-1905, Innsbruck).

Seien $f(x) := x + \sin x \cos x$ und $g(x) := f(x) \exp(\sin x)$. Ein Grenzwert

$$\lim\limits_{x \to \infty} \frac{f(x)}{g(x)} = \lim\limits_{x \to \infty} \exp(-\sin x) \qquad \text{existiert nicht!}$$

Hingegen ist

$$\lim\limits_{x \to \infty} \frac{f'(x)}{g'(x)} = \lim\limits_{x \to \infty} \frac{2\cos^2 x}{\cos x \, \exp(\sin x)\,(2\cos x + f(x))}$$

$$= \lim\limits_{x \to \infty} \frac{2\cos x \, \exp(-\sin x)}{f(x) + 2\cos x} = 0\,,$$

da der Zähler beschränkt bleibt und $f(x) \to \infty$ mit $x \to \infty$ gilt.

Von den Voraussetzungen ist zwar $\lim\limits_{x \to \infty} g(x) = \infty$ erfüllt, aber $g'(x) \neq 0$ ist nicht möglich, auch nicht nach eventueller Einschränkung des Definitionsbereichs, wegen

$$g'(x) = \cos x \, \exp(\sin x)\,(2\cos x + f(x)) = 0 \quad \text{für alle } x = \frac{\pi}{2} + k\pi\,, \ k \in \mathbb{Z}\,.$$

7.3 Ableitung der Umkehrfunktion

Satz 7.17. *Sei $f : I \to \mathbb{R}$ streng monoton und differenzierbar in $x \in I$ mit $f'(x) \neq 0$. Setze $J := f(I)$.*

Dann ist $f^{-1} : J \to I$ in $y = f(x)$ differenzierbar und es gilt $\left(f^{-1}\right)'(y) = \dfrac{1}{f'(x)}.$

Beweis. Sei $(s_n)_{n\in\mathbb{N}}$ eine Folge in J mit $s_n \to y = f(x)$ und $s_n \neq y\,\forall n$. Bezeichnet $t_n := f^{-1}(s_n)$, so ist $t_n \neq x$ und es gilt $t_n \to x$, da f^{-1} laut Satz 6.10 stetig ist. Folglich haben wir

$$\lim_{n\to\infty} \frac{f^{-1}(s_n) - f^{-1}(y)}{s_n - y} = \lim_{n\to\infty} \frac{t_n - x}{f(t_n) - f(x)} = \frac{1}{f'(x)}$$

wie behauptet. □

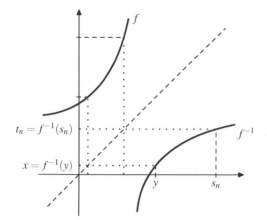

Grafisch erhält man die Umkehr-abbildung durch Spiegelung an der Winkelhalbierenden.

Die Steigung der Tangente an den Graph von f^{-1} im Punkt $(y, f^{-1}(y))$ ist gleich dem Kehr-wert der Steigung der Tangente an den Graph von f im Punkt $(x, f(x)) = (f^{-1}(y), y)$.

Beispiele:

(1) Die Funktion $f : \left[-\frac{\pi}{2}, \frac{\pi}{2}\right] \to [-1,1]$, $f(x) := \sin x$, ist differenzierbar mit $f'(x) = \cos x$.

Wir wissen bereits, dass $\cos$ im Intervall $\left]-\frac{\pi}{2}, \frac{\pi}{2}\right[$ positiv ist, also ist $\sin$ laut Korollar 7.11 dort streng monoton wachsend. Man sieht unmittelbar, dass f auch auf $\left[-\frac{\pi}{2}, \frac{\pi}{2}\right]$ streng monoton wachsend ist, denn für alle $x \in \left]-\frac{\pi}{2}, \frac{\pi}{2}\right[$ gilt schließlich $-1 = f\left(-\frac{\pi}{2}\right) < f(x) < f\left(\frac{\pi}{2}\right) = 1$.

Die Umkehrfunktion $f^{-1} : [-1,1] \to \left[-\frac{\pi}{2}, \frac{\pi}{2}\right]$ heißt **Arcus-Sinus** und wird mit arcsin bezeichnet. Diese ist für alle $y \in \left]-1,1\right[$ differenzierbar, und mit $y = \sin x$ gilt

$$\arcsin'(y) = \frac{1}{\cos x} = \frac{1}{\cos(\arcsin y)} = \frac{1}{\sqrt{1 - \sin^2(\arcsin y)}} = \frac{1}{\sqrt{1 - y^2}}\,.$$

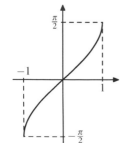

Die Abbildung zeigt den Graphen der Funktion $\arcsin : [-1,1] \to \left[-\frac{\pi}{2}, \frac{\pi}{2}\right]$.

(2)   Die Funktion $\tan : \mathbb{R} \setminus \left\{ (2k+1)\frac{\pi}{2} : k \in \mathbb{Z} \right\} \to \mathbb{R}$, $\tan(x) := \frac{\sin(x)}{\cos(x)}$, ist differenzierbar mit

$$\tan'(x) = \frac{\cos^2(x) + \sin^2(x)}{\cos^2(x)} = \frac{1}{\cos^2(x)} = 1 + \tan^2(x)\,.$$

Insbesondere ist $f : \left] -\frac{\pi}{2}, \frac{\pi}{2} \right[\to \mathbb{R}$, $f(x) := \tan(x)$, streng monoton wachsend und mit $\lim\limits_{x \to \frac{\pi}{2}} \tan(x) = \infty$, $\lim\limits_{x \to -\frac{\pi}{2}} \tan(x) = -\infty$ folgt $f\left(\left] -\frac{\pi}{2}, \frac{\pi}{2} \right[\right) = \mathbb{R}$.

Nach Satz 7.17 existiert eine Umkehrfunktion $f^{-1} : \mathbb{R} \to \left] -\frac{\pi}{2}, \frac{\pi}{2} \right[$; wir bezeichnen diese mit arctan. Für die Ableitung gilt

$$\arctan'(\tan(x)) = \frac{1}{\tan'(x)}\,.$$

Mit $y = \tan(x)$ erhalten wir schließlich

$$\arctan'(y) = \frac{1}{\tan'(\arctan(y))} = \frac{1}{1 + (\tan(\arctan(y))^2} = \frac{1}{1 + y^2}\,.$$

7.4 Aufgaben

1. Ist die Funktion $f : \mathbb{R} \to \mathbb{R}$,

$$f(x) := \begin{cases} x^2 \cos\left(\ln(x^2)\right) & \text{für } x \neq 0\,, \\ 0 & \text{für } x = 0\,, \end{cases}$$

differenzierbar? Bestimmen Sie gegebenenfalls die Ableitung f' und untersuchen Sie diese ebenfalls auf Stetigkeit.

2. Zeigen Sie, dass die Funktion $f : \mathbb{R} \to \mathbb{R}$, $f(x) := |x|^3$, zwei Mal differenzierbar ist. Bestimmen Sie f' und f''. Zeigen Sie weiter, dass f'' an der Stelle $x = 0$ nicht differenzierbar ist.

3. Seien $I \subseteq \mathbb{R}$ ein Intervall und $f : I \to \mathbb{R}$ differenzierbar derart, dass f' beschränkt ist. Zeigen Sie, dass f Lipschitz-stetig ist.

4. Seien I ein offenes Intervall und $f : I \to \mathbb{R}$ eine zwei Mal differenzierbare Funktion. Zeigen Sie:

   a. Ist $x_0 \in I$ mit $f'(x_0) = 0$ und $f''(x_0) < 0$, so hat f in x_0 ein lokales Maximum.

   b. Ist $x_0 \in I$ mit $f'(x_0) = 0$ und $f''(x_0) > 0$, so hat f in x_0 ein lokales Minimum.

   Hinweis: Wenden Sie Korollar 7.11 zunächst auf f' an Stelle von f an.

5. Seien I ein Intervall und $f : I \to \mathbb{R}$ eine monoton wachsende differenzierbare Funktion.

   Zeigen Sie, dass f genau dann *streng* monoton wachsend ist, wenn es *kein* Intervall $J \subseteq I$ positiver Länge gibt mit $f'(x) = 0 \ \forall x \in J$.

6. Bestimmen Sie alle lokalen Extrema von $f : \mathbb{R} \to \mathbb{R}$, $f(x) := x^3 + ax^2 + bx$, in Abhängigkeit von $a, b \in \mathbb{R}$ und entscheiden Sie jeweils, ob es sich um ein Maximum oder Minimum handelt.

7. Bestimmen Sie alle lokalen Extrema der Funktion $f : \mathbb{R} \to \mathbb{R}$,

$$f(x) := \begin{cases} |x| \ \ln(|x|) & \text{für } x \neq 0 \, , \\ 0 & \text{für } x = 0 \, , \end{cases}$$

   und entscheiden Sie jeweils, ob es sich um ein Maximum oder Minimum handelt.

8. Bestimmen Sie die folgenden Grenzwerte.

   a. $\displaystyle \lim_{x \to 0} \left(\frac{1}{x} - \frac{1}{\ln(x+1)} \right)$

   b. $\displaystyle \lim_{x \to 1} \frac{\ln(x) - x + 1}{(x-1)^2}$

   c. $\displaystyle \lim_{x \to 0} \frac{\ln(\cos(ax))}{\ln(\cos(bx))} \qquad (a, b \in \mathbb{R},\ b \neq 0)$

   d. $\displaystyle \lim_{x \to 0} \exp\left(\frac{\cos(x) - 1}{x^2} \right)$

9. Sei I ein Intervall. Eine Funktion $f : I \to \mathbb{R}$ heißt **konvex**, wenn

$$f(\lambda x_1 + (1-\lambda)x_2) \leq \lambda f(x_1) + (1-\lambda)f(x_2)$$

   für alle $x_1, x_2 \in I$ und für alle $\lambda \in [0,1]$ gilt. Eine konvexe Funktion f heißt **streng konvex**, wenn in obiger Ungleichung Gleichheit nur in den Trivialfällen $x_1 = x_2$ oder $\lambda \in \{0,1\}$ gilt.

   a. Sei $f : I \to \mathbb{R}$ differenzierbar. Zeigen Sie: Die Funktion f ist genau dann (streng) konvex, wenn f' (streng) monoton wachsend ist.

   b. Sei nun $f : I \to \mathbb{R}$ zwei Mal differenzierbar. Zeigen Sie: Die Funktion f ist genau dann konvex, wenn $f''(x) \geq 0$ für alle $x \in I$ ist.

   c. Zeigen Sie weiter, dass für eine zwei Mal differenzierbare, streng konvexe Funktion f nicht notwendigerweise $f''(x) > 0$ für alle $x \in I$ folgt.

10. Gegeben sei die Funktion $f : \mathbb{R} \to \mathbb{R}$, $f(x) := \arcsin\left(\frac{2x}{1+x^2}\right)$.

    a. Bestimmen Sie alle lokalen Extrema von f und entscheiden Sie jeweils, ob es sich um ein Maximum oder Minimum handelt.

    b. Zeigen Sie: Für $-1 < x < 1$ gilt $f(x) = 2\arctan(x)$. Gilt eine ähnliche Identität auch für $|x| > 1$?

11. Die Funktionen **Sinus Hyperbolicus** und **Cosinus Hyperbolicus** sind wie folgt definiert:

$$\sinh : \mathbb{R} \to \mathbb{R}, \qquad \sinh(x) := \frac{1}{2}\left(e^x - e^{-x}\right),$$

$$\cosh : \mathbb{R} \to \mathbb{R}, \qquad \cosh(x) := \frac{1}{2}\left(e^x + e^{-x}\right).$$

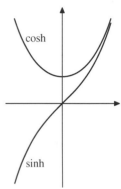

Zeigen Sie:

    a. Für alle $x, y \in \mathbb{R}$ gilt

$$\sinh(x+y) = \cosh(x)\sinh(y) + \sinh(x)\cosh(y),$$

$$\cosh(x+y) = \cosh(x)\cosh(y) + \sinh(x)\sinh(y).$$

    b. Für alle $x \in \mathbb{R}$ gilt $\cosh^2(x) - \sinh^2(x) = 1$.

    c. Die Funktionen sinh und cosh sind differenzierbar mit

$$\sinh'(x) = \cosh(x) \quad \text{und} \quad \cosh'(x) = \sinh(x).$$

    d. Die Funktion sinh besitzt eine differenzierbare Umkehrabbildung arsinh : $\mathbb{R} \to \mathbb{R}$ mit

$$\operatorname{arsinh}'(x) = \frac{1}{\sqrt{x^2+1}}.$$

    e. Die Einschränkung von cosh auf das Intervall $[0,\infty[$ besitzt eine in $]0,\infty[$ differenzierbare Umkehrabbildung arcosh : $[1,\infty[\to [0,\infty[$ mit

$$\operatorname{arcosh}'(x) = \frac{1}{\sqrt{x^2-1}}.$$

    f. Es gilt

$$\operatorname{arsinh}(x) = \ln\left(x + \sqrt{x^2+1}\right) \qquad \text{für alle } x \in \mathbb{R},$$

$$\operatorname{arcosh}(x) = \ln\left(x + \sqrt{x^2-1}\right) \qquad \text{für alle } x \in [1,\infty[.$$

Kapitel 8
Integration

Die Grundidee der Integration ist es, den Inhalt der Fläche, die zwischen Graph einer Funktion $f : [a,b] \to \mathbb{R}$ und x-Achse innerhalb der Intervallgrenzen liegt, zu berechnen. Für so genannte Treppenfunktionen bereitet uns dies keine Probleme. Mittels eines Grenzübergangs werden wir das Integral auf allgemeinere Funktionen erweitern. Die anschauliche Vorstellung als Flächeninhalt gilt zwar für reellwertige Funktionen, wir werden dennoch auch $\mathbb{C}$-wertige Funktionen zulassen.

Neben dem *Regel-Integral*, welches wir in diesem Kapitel einführen, existieren einige weitere Arten von Integralen, wie etwa das *Riemann-Integral* oder das *Lebesgue-Integral*.

8.1 Regelfunktionen

Definition 8.1. Eine Funktion $f : [a,b] \to \mathbb{K}$ heißt **Treppenfunktion**, wenn es $a_0,\dots,a_n \in [a,b]$ mit $a = a_0 < a_1 < \dots < a_n = b$ und $c_1,\dots,c_n \in \mathbb{K}$ gibt, sodass

$$f(x) = c_k \qquad \text{für alle } x \in {]}a_{k-1},a_k{[} \qquad (k = 1,\dots,n)$$

gilt. Für die Werte $f(a_0),\dots,f(a_n)$ wird nichts weiter vorausgesetzt.

Wir nennen $a = a_0 < a_1 < \dots < a_n = b$ eine **Teilung** (oder **Partition**) von $[a,b]$ und bezeichnen

$$\int_a^b f(x)\,\mathrm{d}x := \sum_{k=1}^n c_k(a_k - a_{k-1}) \in \mathbb{K}$$

als das **Integral** von f.

Man beachte, dass an jeder „Sprungstelle" von f ein Teilungspunkt liegt, aber nicht jeder Teilungspunkt eine Sprungstelle zu sein braucht. Als **Feinheit** der Teilung bezeichnet man das Maximum $\max\{a_k - a_{k-1} : k = 1,\dots,n\}$. Ist $a_{j-1} < a' < a_j$ für ein $j = 1,\dots,n$, so heißt die Teilung $a = a_0 < \dots < a_{j-1} < a' < a_j < \dots < a_n = b$ **feiner** als $a = a_0 < \dots < a_n = b$.

R. Lasser, F. Hofmaier, *Analysis 1 + 2*, Springer-Lehrbuch,
DOI 10.1007/978-3-642-28644-5_8, © Springer-Verlag Berlin Heidelberg 2012

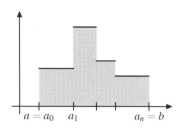

Anschaulich liefert das Integral einer nicht-
negativen Treppenfunktion den Inhalt der
Fläche zwischen Graph und x-Achse.

Der Wert des Integrals ändert sich nicht
bei verschiedenen Teilungen, die durch Hin-
zufügen oder Fortnehmen von passenden
Punkten auseinander hervorgehen.

Mit $T([a,b])$ bezeichnen wir die Menge aller Treppenfunktionen $f : [a,b] \to \mathbb{K}$.. Mit
zwei Treppenfunktionen f und g ist auch deren Summe eine Treppenfunktion; durch
Verfeinerung einer Teilung zu f und einer Teilung zu g erhält man eine gemeinsame
Teilung zu f und g. Offensichtlich ist auch $\lambda f \in T([a,b])$, falls $f \in T([a,b])$ und
$\lambda \in \mathbb{K}$. Daher ist $T([a,b])$ ein $\mathbb{K}$-Vektorraum.

Weiter ist der Raum der Treppenfunktionen ein Untervektorraum von $B([a,b])$,
dem Raum der beschränkten Funktionen $[a,b] \to \mathbb{K}$. Dieser ist laut Satz 4.9 mit der
so genannten Supremumsnorm $\| \cdot \|_\infty$ ein Banachraum.

Wir halten einige Eigenschaften des Integrals von Treppenfunktionen fest:

(1)   Für $f,g \in T([a,b])$ gilt $\displaystyle \int_a^b (f(x) + g(x))\,\mathrm{d}x = \int_a^b f(x)\,\mathrm{d}x + \int_a^b g(x)\,\mathrm{d}x.$

(2)   Für $f \in T([a,b])$ und $\lambda \in \mathbb{K}$ gilt $\displaystyle \int_a^b \lambda f(x)\,\mathrm{d}x = \lambda \int_a^b f(x)\,\mathrm{d}x.$

(3)   Sind $f,g \in T([a,b])$ reellwertig und ist $f(x) \le g(x)$ für alle $x \in [a,b]$, so gilt

$$\int_a^b f(x)\,\mathrm{d}x \le \int_a^b g(x)\,\mathrm{d}x.$$

(4)   Für $f \in T([a,b])$ gilt $\displaystyle \left| \int_a^b f(x)\,\mathrm{d}x \right| \le \int_a^b |f(x)|\,\mathrm{d}x \le \|f\|_\infty\,(b-a).$

Beweis. Für (1) brauchen wir nur eine gemeinsame Teilung zu f und g zu wählen
und (2) folgt direkt aus der Definition. Zum Nachweis von (3) sei zunächst $f \in$
$T([a,b])$ mit $f(x) \ge 0 \; \forall x \in [a,b]$. Hier gilt $\int_a^b f(x)\,\mathrm{d}x \ge 0$ und der allgemeine Fall
folgt mit Hilfe von (1), wenn wir $f - g$ betrachten.

Aus einer Teilung $a = a_0 < \ldots < a_n = b$ zu f erhalten wir schließlich noch

$$\left| \sum_{k=1}^n c_k(x_k - x_{k-1}) \right| \le \sum_{k=1}^n |c_k|\,(x_k - x_{k-1}) \le \max_{k=1,\ldots,n} |c_k|\,(b-a) \le \|f\|_\infty\,(b-a),$$

womit auch (4) gezeigt ist.   □

Wir merken noch an, dass der Wert des Integrals *nicht* von den Funktionswerten
$f(a_j)$ an den Sprungstellen abhängt, die Norm $\|f\|_\infty$ hingegen schon.

Bei der Erweiterung des Integrals auf größere Funktionsklassen als die der Treppenfunktionen ist die Vorgehensweise nicht mehr ganz so offensichtlich. Der einfachste

Weg ist der, den Cauchy (1823) gewählt hat. Er lässt sich kurz wie folgt beschreiben: Man dehne das Integral, das eine lineare (1), (2) und stetige (4) Abbildung $T([a,b]) \to \mathbb{K}$ darstellt, aus auf den Abschluss (vgl. Kapitel 12) des Raumes der Treppenfunktionen im Banachraum $(B([a,b]), \|\cdot\|_\infty)$.

Definition 8.2. Eine Funktion $f : [a,b] \to \mathbb{K}$ heißt **Regelfunktion** (oder **integrierbar im Cauchyschen Sinn**), wenn eine Folge $(f_n)_{n\in\mathbb{N}}$ in $T([a,b])$ existiert, die im Raum $(B([a,b]), \|\cdot\|_\infty)$ gegen f konvergiert (d.h. $\lim_{n\to\infty} \|f_n - f\|_\infty = 0$).

Man sagt dann, dass man f **gleichmäßig** durch Treppenfunktionen **approximieren** kann. Den Raum der Regelfunktionen bezeichnen wir mit $R([a,b])$.

Wir haben $R([a,b])$ so gewählt, damit wir das Integral, das bisher für $f \in T([a,b])$ erklärt ist, auch für $f \in R([a,b])$ einfach definieren können.

Seien $f \in R([a,b])$ eine Regelfunktion, und $f_n \in T([a,b])$ mit $\lim_{n\to\infty} \|f_n - f\|_\infty = 0$. Dann heißt

$$\int_a^b f(x)\, dx := \lim_{n\to\infty} \int_a^b f_n(x)\, dx$$

das **Regel-Integral** von f.

Wir müssen uns noch klar machen, dass dieser Grenzwert überhaupt existiert und unabhängig von der gewählten Folge $(f_n)_{n\in\mathbb{N}}$ ist.

Laut den Eigenschaften (1) und (4) des Integrals für Treppenfunktionen gilt

$$\left| \int_a^b f_n(x)\, dx - \int_a^b f_m(x)\, dx \right| \leq \|f_n - f_m\|_\infty\, (b-a)$$

$$\leq (\|f_n - f\|_\infty + \|f - f_m\|_\infty)\, (b-a)$$

und mit $\|f_n - f\|_\infty \to 0$ folgt, dass $\left(\int_a^b f_n(x)\, dx \right)_{n\in\mathbb{N}}$ eine Cauchyfolge in $\mathbb{K}$ ist.

Damit ist die Existenz des Grenzwertes gesichert.

Ist $(g_n)_{n\in\mathbb{N}}$ eine weitere Folge in $T([a,b])$ mit $\lim_{n\to\infty} \|g_n - f\|_\infty = 0$, so gilt

$$\left| \int_a^b f_n(x)\, dx - \int_a^b g_n(x)\, dx \right| \leq \|f_n - g_n\|_\infty\, (b-a)$$

$$\leq (\|f_n - f\|_\infty + \|f - g_n\|_\infty)\, (b-a)$$

und es folgt $\lim_{n\to\infty} \int_a^b g_n(x)\, dx = \lim_{n\to\infty} \int_a^b f_n(x)\, dx$.

Nun haben wir belegt, dass die Definition widerspruchsfrei ist.

Bemerkungen:

(1) Wir werden in Kürze eine Charakterisierung der Regelfunktionen geben, aus der unmittelbar folgt, dass jede stetige Funktion $f : [a,b] \to \mathbb{K}$ eine Regelfunktion ist. Also existiert für jede stetige Funktion das Regel-Integral.

(2)   Wenn eine Folge $(f_n)_{n \in \mathbb{N}}$ von Regelfunktionen eine Cauchyfolge bezüglich $\| \cdot \|_\infty$ ist, dann konvergiert diese im Banachraum $(B([a,b]), \| \cdot \|_\infty)$ gegen eine Funktion f, vgl. Satz 4.9. Man kann leicht einsehen, dass dann auch f wieder durch Treppenfunktionen approximiert werden kann, also eine Regelfunktion ist. Folglich ist $(R([a,b]), \| \cdot \|_\infty)$ ein Banachraum.

(3)   Auf Konvergenz von Funktionsfolgen bezüglich $\| \cdot \|_\infty$ (gleichmäßige Konvergenz) werden wir in Kapitel 9 noch ausführlicher zu sprechen kommen.

Beispiel: Sei $f : [0,1] \to \mathbb{R}$, $f(x) := x$.

Wir zeigen, dass $f \in R([0,1])$ gilt und berechnen $\int_0^1 f(x)\, dx$.

Zu $n \in \mathbb{N}$ betrachten wir $f_n : [0,1] \to \mathbb{R}$ mit $f_n(0) = 0$ und

$$f_n(x) := \frac{k}{n} \quad \text{für } x \in \left]\frac{k-1}{n}, \frac{k}{n}\right] \qquad (k = 1, \ldots, n)\,.$$

Für $x \in \left]\frac{k-1}{n}, \frac{k}{n}\right]$ gilt damit $|f_n(x) - f(x)| < \frac{k}{n} - \frac{k-1}{n} = \frac{1}{n}$, also $\|f_n - f\|_\infty \leq \frac{1}{n}$.

Somit ist $f \in R([0,1])$ und

$$\int_0^1 f(x)\, dx = \lim_{n \to \infty} \int_0^1 f_n(x)\, dx = \lim_{n \to \infty} \sum_{k=1}^n \frac{k}{n}\frac{1}{n} = \lim_{n \to \infty} \frac{1}{n^2} \sum_{k=1}^n k = \lim_{n \to \infty} \frac{n(n+1)}{2n^2} = \frac{1}{2}\,.$$

Satz 8.3. *Seien $f, g \in R([a,b])$ und $\lambda \in \mathbb{K}$. Dann gelten:*

(1) $\displaystyle\int_a^b (f(x) + g(x))\, dx = \int_a^b f(x)\, dx + \int_a^b g(x)\, dx.$

(2) $\displaystyle\int_a^b \lambda\, f(x)\, dx = \lambda \int_a^b f(x)\, dx.$

(3)   *Sind f, g reellwertig und $f \leq g$, so gilt $\displaystyle\int_a^b f(x)\, dx \leq \int_a^b g(x)\, dx.$*

(4)   *Auch $|f|$ ist eine Regelfunktion und*

$$\left| \int_a^b f(x)\, dx \right| \leq \int_a^b |f(x)|\, dx \leq \|f\|_\infty\, (b - a)\,.$$

Beweis. Die Behauptungen (1) und (2) folgen mit den Rechenregeln für Grenzwerte direkt aus den entsprechenden Eigenschaften des Integrals für Treppenfunktionen.

Zum Nachweis von (3) genügt es wiederum zu zeigen, dass aus $f \geq 0$ stets $\int_a^b f(x)\, dx \geq 0$ folgt.

Sei also $f \in R([a,b])$ mit $f(x) \geq 0$ für alle $x \in [a,b]$. Dann gibt es eine Folge $(f_n)_{n \in \mathbb{N}}$ von Treppenfunktionen mit $\|f - f_n\|_\infty \to 0$. Mit $f_n^+(x) := \max\{f_n(x), 0\}$ ist auch $f_n^+ \in T([a,b])$ und es gilt $\|f_n^+ - f\|_\infty \to 0$.

Nun ist $\int_a^b f_n^+(x)\, dx \geq 0$ für alle $n \in \mathbb{N}$ und damit auch $\int_a^b f(x)\, dx \geq 0$.

Im Hinblick auf (4) halten wir fest, dass $|\,|f(x)| - |f_n(x)|\,| \leq |f(x) - f_n(x)|$ für alle $x \in [a,b]$ ist. Also gilt $\|\,|f| - |f_n|\,\|_\infty \leq \|f - f_n\|_\infty$.

Da mit $f_n \in T([a,b])$ auch $|f_n| \in T([a,b])$ ist, folgt $|f| \in R([a,b])$. Für die Treppenfunktionen f_n wissen wir

$$\left| \int_a^b f_n(x)\,\mathrm{d}x \right| \leq \int_a^b |f_n(x)|\,\mathrm{d}x \leq \|f_n\|_\infty\,(b-a)$$

und $\lim_{n\to\infty} \|f - f_n\|_\infty = 0$. Mit

$$\lim_{n\to\infty} \left| \int_a^b f_n(x)\,\mathrm{d}x \right| = \left| \int_a^b f(x)\,\mathrm{d}x \right|, \qquad \lim_{n\to\infty} \int_a^b |f_n(x)|\,\mathrm{d}x = \int_a^b |f(x)|\,\mathrm{d}x$$

und $\lim_{n\to\infty} \|f_n\|_\infty = \|f\|_\infty$ folgen die Ungleichungen auch für f. $\qquad\square$

Bemerkung: Für $f : [a,b] \to \mathbb{C}$, $f \in R([a,b])$ gilt stets auch $\mathrm{Re}\,f, \mathrm{Im}\,f \in R([a,b])$. Außerdem ist

$$\int_a^b \mathrm{Re}\,f(x)\,\mathrm{d}x = \mathrm{Re} \int_a^b f(x)\,\mathrm{d}x \quad \text{und} \quad \int_a^b \mathrm{Im}\,f(x)\,\mathrm{d}x = \mathrm{Im} \int_a^b f(x)\,\mathrm{d}x\,.$$

Schreibweise: Seien I, X zwei Mengen und $f : I \to X$ eine Abbildung. Ist weiter $J \subseteq I$, so bezeichnen wir mit $f|J$ die Einschränkung von f auf J, d.h. $f|J$ ist diejenige Funktion $J \to X$, die mit f auf J übereinstimmt.

Satz 8.4. *Seien $a < b < c$ reelle Zahlen und $f : [a,c] \to \mathrm{I\!K}$ eine Abbildung.*

Es gilt $f \in R([a,c])$ genau dann, wenn $f|[a,b] \in R([a,b])$ und $f|[b,c] \in R([b,c])$ ist. Gegebenenfalls ist dann

$$\int_a^c f(x)\,\mathrm{d}x = \int_a^b f(x)\,\mathrm{d}x + \int_b^c f(x)\,\mathrm{d}x\,.$$

Beweis. Man braucht nur $f|[a,b]$ und $f|[b,c]$ mit Treppenfunktionen zu approximieren und nehme diese Treppenfunktionen zur Approximation von f.

Umgekehrt liefert jede Approximation von f mit Treppenfunktionen, eventuell nach Hinzunahme von b als weiterer Teilungspunkt, Approximationen von $f|[a,b]$ und $f|[b,c]$. $\qquad\square$

Vereinbarungsgemäß setzt man

$$\int_a^b f(x)\,\mathrm{d}x := - \int_b^a f(x)\,\mathrm{d}x \quad \text{für } a > b \qquad \text{und} \qquad \int_a^a f(x)\,\mathrm{d}x := 0\,.$$

Satz 8.5. *Sei $f : [a,b] \to \mathrm{I\!K}$ eine Abbildung.*

Es gilt $f \in R([a,b])$ genau dann, wenn für jedes $x \in\,]a,b[$ sowohl der linksseitige Grenzwert $f(x-)$ als auch der rechtsseitige Grenzwert $f(x+)$, für $x = a$ der rechtsseitige Grenzwert $f(a+)$ und für $x = b$ der linksseitige Grenzwert $f(b-)$ existieren.

Beweis. Sei $f \in R([a,b])$. Zu $x_0 \in [a,b[$ und $\varepsilon > 0$ finden wir eine Treppenfunktion $g \in T([a,b])$ mit $\|f-g\|_\infty < \frac{\varepsilon}{2}$.

Dann existiert ein Intervall $]x_0,a_j[$, sodass $g|\,]x_0,a_j[$ konstant ist, wobei a_j aus einer Teilung von g ist. Für beliebige $x,y \in]x_0,a_j[$ gilt damit

$$|f(x)-f(y)| \leq |f(x)-g(x)| + |g(y)-f(y)| < \varepsilon \,.$$

Ist nun $(x_n)_{n\in\mathbb{N}}$ eine gegen x_0 konvergente Folge mit $x_n > x_0 \; \forall n$, so gibt es ein $N \in \mathbb{N}$ mit $x_n \in]x_0,a_j[$ für alle $n \geq N$. Mit obiger Abschätzung folgt, dass $(f(x_n))_{n\in\mathbb{N}}$ eine Cauchyfolge ist. Daher existiert der Grenzwert $f(x_0+)$.

Analog argumentiert man für $x_0 \in]a,b]$, um Existenz von $f(x_0-)$ zu begründen.

Für die umgekehrte Beweisrichtung sei vorausgesetzt, dass $f(x_0+)$ für $x_0 \in [a,b[$ und $f(x_0-)$ für $x_0 \in]a,b]$ existieren. Wir nehmen an, dass f *nicht* durch Treppenfunktionen approximiert werden kann.

Dann gibt es also ein $\varepsilon > 0$, sodass $\|f-g\|_\infty \geq \varepsilon$ für alle $g \in T([a,b])$ gilt. Wir konstruieren daraus induktiv eine Intervallschachtelung $([a_n,b_n])_{n\in\mathbb{N}_0}$ mit

$$\sup_{x\in[a_n,b_n]} |f(x)-g(x)| \geq \varepsilon \qquad \text{für alle } g \in T([a_n,b_n]) \,.$$

Dazu beginnen wir mit $[a_0,b_0] := [a,b]$. Sind $[a_0,b_0],[a_1,b_1],\dots,[a_n,b_n]$ bereits erklärt, so setzen wir $M := \frac{1}{2}(a_n+b_n)$. Dann müssen auch auf mindestens einer der Hälften $[a_n,M]$ oder $[M,b_n]$ alle Treppenfunktionen einen $\|\cdot\|_\infty$-Abstand von f haben, der größer oder gleich ε ist. Wir können nun $[a_{n+1},b_{n+1}]$ entsprechend wählen. Sei $x_0 = \bigcap_{n\in\mathbb{N}_0} [a_n,b_n]$.

Wir betrachten den Fall, dass $x_0 \in]a,b[$ ist (für die Fälle $x_0 = a$ oder $x_0 = b$ kann man die Argumentation leicht anpassen). Da $f(x_0+)$ und $f(x_0-)$ existieren, gibt es zu beliebigem $\varepsilon > 0$ eine Zahl $\delta > 0$ mit

$$|f(x)-f(x_0+)| < \varepsilon \qquad \text{für alle } x \in]x_0,x_0+\delta[$$

und

$$|f(x)-f(x_0-)| < \varepsilon \qquad \text{für alle } x \in]x_0-\delta,x_0[\,.$$

Schließlich gibt es $n \in \mathbb{N}$ mit $[a_n,b_n] \subseteq]x_0-\delta,x_0+\delta[$. Definiert man die Treppenfunktion $g: [a_n,b_n] \to \mathbb{K}$ durch

$$g(x) := \begin{cases} f(x_0-) & \text{für } x \in [a_n,x_0[\,, \\ f(x_0) & \text{für } x = x_0 \,, \\ f(x_0+) & \text{für } x \in]x_0,b_n] \,, \end{cases}$$

so gilt $\sup_{x\in[a_n,b_n]} |f(x)-g(x)| < \varepsilon$ im Widerspruch zu oben.

Damit ist gezeigt, dass $f \in R([a,b])$ ist. $\qquad\square$

Korollar 8.6. *Es gilt $C([a,b]) \subseteq R([a,b])$, d.h. jede stetige Funktion ist eine Regelfunktion. Auch jede monotone Funktion ist Regelfunktion.*

Beweis. Ist $f \in C([a,b])$, so gilt $f(x+) = f(x) = f(x-)$ für jedes $x \in \,]a,b[$ sowie $f(a+) = f(a)$ und $f(b-) = f(b)$. Mit Satz 8.5 folgt $f \in R([a,b])$.

Ist f monoton, so benutze Satz 6.11. $\qquad\qquad\qquad\qquad\qquad\qquad\qquad\qquad$ $\square$

8.2 Der Hauptsatz der Differential- und Integralrechnung

Satz 8.7. *Sei $f \in R([a,b])$. Für $x \in [a,b]$ setze $\quad F(x) := \displaystyle\int_a^x f(t)\,\mathrm{d}t$.*

Dann ist $F : [a,b] \to \mathbb{K}$ gleichmäßig stetig. Ist f stetig in $x_0 \in [a,b]$, so ist F im Punkt x_0 differenzierbar, und es gilt

$$F'(x_0) = f(x_0)\,.$$

Beweis. Falls f die Nullfunktion ist, ist nichts zu zeigen. Andernfalls ist $\|f\|_\infty > 0$ und für $a \le x < y \le b$ folgt mit Satz 8.3(4) sowie Satz 8.4

$$|F(y) - F(x)| = \left| \int_x^y f(t)\,\mathrm{d}t \right| \le \|f\|_\infty\,(y-x)\,.$$

Zu $\varepsilon > 0$ wählt man $\delta = \frac{\varepsilon}{\|f\|_\infty}$ und sieht, dass F gleichmäßig stetig ist.

Sei nun f stetig in x_0. Zu beliebigem $\varepsilon > 0$ gibt es $\delta > 0$ mit $|f(t) - f(x_0)| < \varepsilon$ für alle $t \in \,]x_0 - \delta, x_0 + \delta[\,\cap\, [a,b]$. Für solche t mit $t \ne x_0$ gilt dann

$$\left| \frac{F(t) - F(x_0)}{t - x_0} - f(x_0) \right| = \left| \frac{1}{t-x_0} \int_{x_0}^t f(s)\,\mathrm{d}s - \frac{1}{t-x_0} \int_{x_0}^t f(x_0)\,\mathrm{d}s \right|$$

$$= \left| \frac{1}{t-x_0} \int_{x_0}^t (f(s) - f(x_0))\,\mathrm{d}s \right| < \varepsilon\,.$$

Daraus folgt $F'(x_0) = f(x_0)$. $\qquad\qquad\qquad\qquad\qquad\qquad\qquad\qquad\qquad\qquad$ $\square$

Der folgende Satz zeigt uns, wie die meisten Integrale zu lösen sind, nämlich über Stammfunktionen, vgl. Definition 7.12. Man nennt diesen zusammen mit Satz 8.7 auch **Hauptsatz der Differential- und Integralrechnung**, da Differenzieren und Integrieren in Beziehung gesetzt werden.

Satz 8.8. *Ist $f \in R([a,b])$ und existiert eine differenzierbare Funktion $F : [a,b] \to \mathbb{K}$ mit $F'(x) = f(x)$ für alle $x \in [a,b]$, so gilt*

$$\int_a^b f(x)\,\mathrm{d}x = F(b) - F(a)\,.$$

Beweis. Sei $m \in \mathbb{N}$. Es gibt $g_m \in T([a,b])$ mit $\|f - g_m\|_\infty < \frac{1}{m(b-a)}$ und dazu eine Teilung $a = a_0 < a_1 < \ldots < a_{n_m} = b$, sodass $g_m|\,]a_{k-1}, a_k[= c_k$ für $k = 1, \ldots, n_m$.

Da F differenzierbar ist, gibt es laut dem Mittelwertsatz (Satz 7.10) nun Punkte $\xi_k \in \,]a_{k-1}, a_k[$ mit $F(a_k) - F(a_{k-1}) = f(\xi_k)\,(a_k - a_{k-1})$. Damit haben wir

$$\left| \sum_{k=1}^{n_m} f(\xi_k)\,(a_k - a_{k-1}) - \sum_{k=1}^{n_m} c_k(a_k - a_{k-1}) \right| \leq \sum_{k=1}^{n_m} |f(\xi_k) - c_k|\,(a_k - a_{k-1})$$

$$< \frac{1}{m(b-a)} \sum_{k=1}^{n_m} (a_k - a_{k-1}) = \frac{1}{m}$$

und andererseits $\quad \displaystyle\sum_{k=1}^{n_m} f(\xi_k)\,(a_k - a_{k-1}) = \sum_{k=1}^{n_m} (F(a_k) - F(a_{k-1})) = F(b) - F(a)$.

Daraus folgt

$$\left| (F(b) - F(a)) - \sum_{k=1}^{n_m} c_k(a_k - a_{k-1}) \right| < \frac{1}{m}.$$

Mit $m \to \infty$ erhalten wir schließlich die Behauptung, da

$$\lim_{m \to \infty} \sum_{k=1}^{n_m} c_k(a_k - a_{k-1}) = \lim_{m \to \infty} \int_a^b g_m(x)\mathrm{d}x = \int_a^b f(x)\mathrm{d}x$$

(laut Definition des Integrals) ist.   □

Bemerkung: Wenn eine solche Stammfunktion F existiert, so ist sie bis auf eine additive Konstante eindeutig, siehe auch Bemerkung (3) zu Korollar 7.11.

Setzt man in Satz 8.8 sogar $f \in C([a,b])$ voraus, so folgt die Behauptung sofort aus Satz 8.7, denn mit $G(x) := \int_a^x f(t)\,\mathrm{d}t$ gilt dann $G'(x) = f(x)$.

Damit haben wir $F'(x) = G'(x)$ für alle $x \in [a,b]$ und folglich ist $G - F$ eine Konstante. Wegen $G(a) = 0$ hat diese Konstante nun den Wert $-F(a)$. Somit gilt $G(x) = F(x) - F(a)$ und $\int_a^b f(t)\,\mathrm{d}t = G(b) = F(b) - F(a)$.

Mit Satz 8.8 hat man nun eine sehr praktische Methode, das Integral $\int_a^b f(x)\,\mathrm{d}x$ zu berechnen, vorausgesetzt man kennt eine Stammfunktion von f. Satz 8.7 sagt uns weiter, dass zumindest jedes stetige f eine Stammfunktion besitzt.

Wir wollen noch einige Beispiele von Funktionen f angeben, für die wir bereits eine Stammfunktion F kennen.

(1) $\qquad f : \mathbb{R} \to \mathbb{R}, \quad f(x) := x^n \quad (n \in \mathbb{N}), \qquad F(x) = \dfrac{x^{n+1}}{n+1}.$

(2) $\qquad f : \,]0, \infty[\to \mathbb{R}, \quad f(x) := x^a \quad (a \in \mathbb{R}, a \neq -1), \qquad F(x) = \dfrac{x^{a+1}}{a+1}.$

(3) $\qquad f : \,]0, \infty[\to \mathbb{R}, \quad f(x) := \dfrac{1}{x}, \qquad F(x) = \ln x.$

(4) $f : \mathbb{R} \to \mathbb{R}$, $f(x) := e^x$, $F(x) = e^x$.

(5) $f : \mathbb{R} \to \mathbb{R}$, $f(x) := \sin x$, $F(x) = -\cos x$.

(6) $f : \mathbb{R} \to \mathbb{R}$, $f(x) := \cos x$, $F(x) = \sin x$.

(7) $f : \mathbb{R} \to \mathbb{R}$, $f(x) := \dfrac{1}{1 + x^2}$, $F(x) = \arctan x$.

Schreibweise: Oft schreibt man für die Stammfunktionen von f einfach das Symbol

$$\int f(x) \, dx.$$

Man nennt dies das **unbestimmte Integral** von f. Natürlich ist dieses auch nur bis auf eine additive Konstante festgelegt.

Weiter schreibt man auch $F(x)|_{x=a}^{x=b}$ oder $F(x)|_a^b$ an Stelle von $F(b) - F(a)$.

8.3 Methoden zur Berechnung von Integralen

Satz 8.9 (Partielle Integration). *Seien $f, g \in R([a,b])$, zu denen differenzierbare Funktionen F und G existieren mit $F'(x) = f(x)$ und $G'(x) = g(x)$ für alle $x \in [a,b]$.*

Dann gilt

$$\int_a^b F(x)g(x) \, dx = F(b)G(b) - F(a)G(a) - \int_a^b f(x)G(x) \, dx \, .$$

Beweis. Durch $H(x) := F(x)G(x)$ ist eine differenzierbare Funktion erklärt und die Produktregel liefert $H'(x) = f(x)G(x) + F(x)g(x)$. Man beachte weiter, dass H' eine Regelfunktion ist (dies folgt etwa mit Satz 8.5). Mit Satz 8.8 erhalten wir nun

$$F(b)G(b) - F(a)G(a) = H(b) - H(a) = \int_a^b H'(x) \, dx$$

$$= \int_a^b f(x)G(x) \, dx + \int_a^b F(x)g(x) \, dx$$

wie behauptet. $\square$

Beispiel: Seien $0 < a < b$. Wir berechnen das Integral $\displaystyle\int_a^b \ln x \, dx$.

Dazu setzen wir $F(x) = \ln x$ und $g(x) = 1$. Dann gilt $f(x) = \frac{1}{x}$ und als Stammfunktion zu g wählen wir $G(x) = x$. Mittels partieller Integration erhalten wir

$$\int_a^b \ln x \, dx = b \ln b - a \ln a - \int_a^b 1 \, dx = b \ln b - b - (a \ln a - a) \, .$$

Damit haben wir auch gleich eine Stammfunktion des Logarithmus gefunden: Die Funktion $L:]0, \infty[\to \mathbb{R}, L(x) := x \ln x - x$, ist differenzierbar mit $L'(x) = \ln x$, oder, als unbestimmtes Integral geschrieben,

$$\int \ln x \, dx = x \ln x - x.$$

Als weitere Anwendung der partiellen Integration leiten wir eine Rekursionsformel zur Berechnung von

$$\int \cos^n x \, dx \qquad \text{und} \qquad \int \sin^n x \, dx$$

her. (Hier steht wie üblich $\cos^n x$ als Abkürzung für $(\cos x)^n$, entsprechend bei sin.)

Mit $F(x) = \cos^{n-1} x$ und $G(x) = \sin x$ in Satz 8.9 erhalten wir

$$\int \cos^n x \, dx = \cos^{n-1} x \, \sin x + (n-1) \int \cos^{n-2} x \, \sin^2 x \, dx$$

$$= \cos^{n-1} x \, \sin x + (n-1) \int \cos^{n-2} x \, (1 - \cos^2 x) \, dx$$

und daraus $\quad n \int \cos^n x \, dx = \cos^{n-1} x \, \sin x + (n-1) \int \cos^{n-2} x \, dx.$

Analog zeigt man auch $\quad n \int \sin^n x \, dx = -\sin^{n-1} x \, \cos x + (n-1) \int \sin^{n-2} x \, dx.$

Mit den Grenzen $a = 0$ und $b = \frac{\pi}{2}$ ergibt sich nun für die durch $c_n := \int_0^{\pi/2} \cos^n \, dx$ erklärte Folge $(c_n)_{n \in \mathbb{N}}$ die folgende Rekursionsformel:

$$2n \, c_{2n} = 2n \int_0^{\pi/2} \cos^{2n} x \, dx = (2n-1) \int_0^{\pi/2} \cos^{2n-2} x \, dx = (2n-1) c_{2n-2}.$$

Also haben wir

$$c_{2n} = \frac{2n-1}{2n} c_{2n-2} = \frac{2n-1}{2n} \frac{2n-3}{2n-2} \cdots \frac{1}{2} \int_0^{\pi/2} 1 \, dx = \frac{2n-1}{2n} \frac{2n-3}{2n-2} \cdots \frac{1}{2} \frac{\pi}{2}.$$

Ebenso gilt auch $(2n+1)c_{2n+1} = 2n \, c_{2n-1}$ und folglich

$$c_{2n+1} = \frac{2n}{2n+1} \frac{2n-2}{2n-1} \cdots \frac{2}{3} \int_0^{\pi/2} \cos x \, dx = \frac{2n}{2n+1} \frac{2n-2}{2n-1} \cdots \frac{2}{3}.$$

Dies wollen wir nun noch benutzen, um das **Wallissche Produkt** zu berechnen. In Beispiel 3.9 haben wir die Folge $(p_n)_{n \in \mathbb{N}}$ mit

$$p_n = \prod_{k=1}^n \frac{2k}{2k-1}$$

untersucht. Wir zeigen noch, dass $\lim\limits_{n \to \infty} \frac{p_n}{\sqrt{n}} = \sqrt{\pi}$ gilt.

Zunächst erhalten wir aus $\cos^{2n} x \geq \cos^{2n+1} x \geq \cos^{2n+2} x$ für $x \in \left[0, \frac{\pi}{2}\right]$, dass $(c_n)_{n \in \mathbb{N}}$ monoton fallend ist, und weiter

$$1 \geq \frac{c_{2n+1}}{c_{2n}} \geq \frac{c_{2n+2}}{c_{2n}} = \frac{2n+1}{2n+2} \to 1 \qquad \text{mit } n \to \infty \,,$$

also gilt $\lim\limits_{n \to \infty} \dfrac{c_{2n+1}}{c_{2n}} = 1$.

Andererseits folgt aus den Gleichungen (3.1) und (3.2), dass

$$\lim_{n \to \infty} \frac{p_n^2}{2n+1} = \frac{\alpha^2}{2}$$

mit einer Zahl $\sqrt{2} \leq \alpha \leq 2$ ist. Wegen $\dfrac{p_n^2}{2n+1} = \dfrac{\pi}{2} \dfrac{c_{2n+1}}{c_{2n}}$ ergibt sich $\alpha^2 = \pi$, also

$$\lim_{n \to \infty} \frac{1}{\sqrt{n}} \prod_{k=1}^{n} \frac{2k}{2k-1} = \sqrt{\pi} \,.$$

Der nächste Satz liefert uns noch ein weiteres nützliches Hilfsmittel zu Berechnung von Integralen.

Satz 8.10 (Substitutionsregel). *Seien* $f : [A, B] \to \mathbb{K}$ *stetig und* $\varphi : [a, b] \to [A, B]$ *stetig differenzierbar.*

Dann gilt

$$\int_a^b f(\varphi(y)) \, \varphi'(y) \, \mathrm{d}y = \int_{\varphi(a)}^{\varphi(b)} f(x) \, \mathrm{d}x \,.$$

Beweis. Die stetige Funktion f besitzt laut Satz 8.7 eine Stammfunktion F. Nun ist $F \circ \varphi$ differenzierbar; die Kettenregel (Satz 7.4) liefert $(F \circ \varphi)'(y) = f(\varphi(y)) \, \varphi'(y)$.

Nach Voraussetzung ist φ' stetig. Damit ist $y \mapsto f(\varphi(y)) \, \varphi'(y)$ insbesondere eine Regelfunktion und mit Satz 8.8 ergibt sich

$$\int_a^b f(\varphi(y)) \, \varphi'(y) \, \mathrm{d}y = F(\varphi(b)) - F(\varphi(a)) = \int_{\varphi(a)}^{\varphi(b)} f(x) \, \mathrm{d}x$$

wie behauptet. □

Beispiele:

(1) Die Funktion $\varphi : \mathbb{R} \to \mathbb{R}$, $\varphi(y) := \sin(y)$, ist stetig differenzierbar mit $\varphi'(y) = \cos(y)$ und es gilt $\varphi\left(\left[0, \frac{\pi}{2}\right]\right) = [0, 1]$. Damit ist

$$\int_0^1 \sqrt{1 - x^2} \, \mathrm{d}x = \int_{\varphi(0)}^{\varphi(\pi/2)} \sqrt{1 - x^2} \, \mathrm{d}x = \int_0^{\pi/2} \sqrt{1 - \sin^2 y} \, \cos y \, \mathrm{d}y$$

$$= \int_0^{\pi/2} \cos^2 y \, \mathrm{d}y = c_2 = \frac{\pi}{4} \,.$$

(2)   Das Integral $\displaystyle\int_0^{\pi^2} \sin\left(\sqrt{x}\right) \, dx$.

Wir setzen $\varphi : \mathbb{R} \to \mathbb{R}$, $\varphi(y) := y^2$. Die Abbildung φ ist stetig differenzierbar und bildet das Intervall $[0, \pi]$ auf $[0, \pi^2]$ ab. Weiter gilt $\varphi'(y) = 2y$ und damit

$$\int_0^{\pi^2} \sin\left(\sqrt{x}\right) \, dx = \int_{\varphi(0)}^{\varphi(\pi)} \sin\left(\sqrt{x}\right) \, dx = \int_0^{\pi} \sin\left(\sqrt{\varphi(y)}\right) \varphi'(y) \, dy$$

$$= \int_0^{\pi} 2y \sin y \, dy \, .$$

Mit Hilfe partieller Integration erhalten wir schließlich

$$\int_0^{\pi} 2y \sin y \, dy = 2y(-\cos y)\Big|_0^{\pi} - \int_0^{\pi} 2(-\cos y) \, dy$$

$$= -2\pi \cos \pi + 0 \cos 0 + 2 \sin \pi - 2 \sin 0 = 2\pi \, .$$

8.4 Uneigentliche Integrale

Definition 8.11. Eine Funktion $f : {]}\alpha, \beta{[} \to \mathbb{R}$, die auf jedem Intervall $[a, b] \subseteq {]}\alpha, \beta{[}$ integrierbar ist, heißt **uneigentlich integrierbar**, wenn für ein (und damit für jedes) $c \in {]}\alpha, \beta{[}$ die Grenzwerte

$$\lim_{a \downarrow \alpha} \int_a^c f(x) \, dx \qquad \text{und} \qquad \lim_{b \uparrow \beta} \int_c^b f(x) \, dx$$

existieren. Man nennt dann

$$\int_\alpha^\beta f(x) \, dx := \lim_{a \downarrow \alpha} \int_a^c f(x) \, dx + \lim_{b \uparrow \beta} \int_c^b f(x) \, dx$$

das **uneigentliche Integral** von f über ${]}\alpha, \beta{[}$.

Diese Definition gilt sinngemäß auch in den Fällen $\alpha = -\infty$ und $\beta = \infty$.

Ist f auch auf dem abgeschlossenen Intervall $[\alpha, \beta]$ integrierbar, so stimmt das uneigentliche Integral natürlich mit dem gewöhnlichen Integral überein. Dies folgt direkt mit Satz 8.7.

Beispiele:

(1)   Das Integral $\displaystyle\int_{-\infty}^{\infty} \frac{1}{1+x^2} \, dx$.

Eine Stammfunktion zu $x \mapsto \frac{1}{1+x^2}$ kennen wir bereits. Es gilt

$$\lim_{a \to -\infty} \int_a^0 \frac{1}{1+x^2} \, dx + \lim_{b \to \infty} \int_0^b \frac{1}{1+x^2} \, dx = \lim_{a \to -\infty} (-\arctan a) + \lim_{b \to \infty} \arctan b = \pi \, .$$

(2)   Das Integral $\int_{-\infty}^{0} e^x \, dx$.

Hier genügt es, den Grenzwert für $a \to -\infty$ zu betrachten, denn die Exponentialfunktion ist auf jedem Intervall $[a, 0]$ stetig und damit dort auch integrierbar. Wir erhalten

$$\int_{-\infty}^{0} e^x \, dx = \lim_{a \to -\infty} \int_{a}^{0} e^x \, dx = \lim_{a \to -\infty} (e^0 - e^a) = 1 .$$

(3)   Das Integral $\int_{0}^{1} \frac{1}{x^s} \, dx \quad (s > 0)$.

Für $a \in \,]0, 1[$ gilt

$$\int_{a}^{1} \frac{1}{x^s} \, dx = \int_{a}^{1} x^{-s} \, dx = \begin{cases} \frac{1}{-s+1} x^{-s+1} \Big|_{a}^{1} , & \text{falls } s \neq 1 , \\[2mm] \ln(x) \Big|_{a}^{1} , & \text{falls } s = 1 . \end{cases}$$

Im Fall $s = 1$ existiert das Integral nicht, denn es ist $\lim\limits_{a \downarrow 0} \ln(a) = -\infty$.

Im Fall $s > 1$ ist $\lim\limits_{a \downarrow 0} a^{-s+1} = \infty$, also existiert das Integral hier ebenfalls nicht.

Gilt $0 < s < 1$, so ist $-s + 1 > 0$ und wir haben $\lim\limits_{a \downarrow 0} a^{-s+1} = 0$, also

$$\int_{0}^{1} \frac{1}{x^s} \, dx = \lim_{a \downarrow 0} \int_{a}^{1} \frac{1}{x^s} \, dx = \lim_{a \downarrow 0} \frac{1}{-s+1} \left(1^{-s+1} - a^{-s+1}\right) = \frac{1}{1-s} .$$

8.5 Aufgaben

1. Berechnen Sie die folgenden Integrale.

a. $\int_{0}^{\pi/4} \cos(3x - \pi) \, dx$ b. $\int_{1}^{4} \frac{x^2 - 3x + 4}{\sqrt{x}} \, dx$ c. $\int_{0}^{3} \frac{x^2}{\sqrt{1+x^2}} \, dx$

d. $\int_{1}^{2} \ln x \, dx$ e. $\int_{0}^{1} x e^x \, dx$ f. $\int_{0}^{1} \frac{x}{x+1} \, dx$

2. a. Sei $g : [a, b] \to \mathbb{R}$ differenzierbar mit $g(x) \neq 0 \; \forall x \in [a, b]$. Zeigen Sie: Es gilt

$$\int_{a}^{b} \frac{g'(x)}{g(x)} \, dx = \ln \left| \frac{g(b)}{g(a)} \right| .$$

b. Berechnen Sie $\int_{0}^{\pi/2} \frac{\cos x - \sin x}{\cos x + \sin x} \, dx$.

c. Bestimmen Sie eine Stammfunktion von $f : \mathbb{R} \to \mathbb{R}$, $f(x) := \frac{2x}{x^2+1}$.

3. Seien $m, n \in \mathbb{Z}$. Zeigen Sie: Es gilt $\displaystyle\int_0^{2\pi} e^{inx} e^{-imx} \, dx = \begin{cases} 2\pi & \text{für } m = n \,, \\ 0 & \text{für } m \neq n \,. \end{cases}$

4. Zeigen Sie: Für $s > 1$ gilt $\displaystyle\int_1^\infty \frac{1}{x^s} \, dx = \frac{1}{1-s}$.

5. Begründen Sie, warum der Grenzwert

$$\lim_{a \to \infty} \int_{-a}^a \sin x \, dx$$

   existiert, nicht aber das uneigentliche Integral

$$\int_{-\infty}^\infty \sin x \, dx \,.$$

6. Prüfen Sie, ob die folgenden uneigentlichen Integrale existieren und berechnen Sie gegebenenfalls deren Wert.

   a. $\displaystyle\int_{-1}^1 \frac{1}{\sqrt{1-x^2}} \, dx$ b. $\displaystyle\int_0^1 \ln x \, dx$ c. $\displaystyle\int_0^\infty \ln x \, dx$

7. a. Zeigen Sie, dass $(R([a,b]), \|\cdot\|_\infty)$ ein Banachraum ist.

   b. Sei nun $(f_n)_{n \in \mathbb{N}}$ eine Folge, die in $(R([a,b]), \|\cdot\|_\infty)$ gegen f konvergiert. Zeigen Sie: Es gilt

$$\lim_{n \to \infty} \int_a^b f_n(x) \, dx = \int_a^b f(x) \, dx \,.$$

   c. Konstruieren Sie eine Folge $(f_n)_{n \in \mathbb{N}}$ in $R([0,1])$, welche punktweise gegen $f \in R([0,1])$ konvergiert, d.h. $\displaystyle\lim_{n \to \infty} f_n(x) = f(x) \; \forall x \in [0,1]$, aber dass

$$\lim_{n \to \infty} \int_0^1 f_n(x) \, dx \neq \int_0^1 f(x) \, dx$$

   gilt.

8. Zeigen Sie, dass

$$f : [0,1] \to \mathbb{R} \,, \qquad f(x) := \begin{cases} 1 & \text{für } x \in \mathbb{Q} \,, \\ 0 & \text{für } x \notin \mathbb{Q} \,, \end{cases}$$

   keine Regelfunktion ist.

9. Zeigen Sie: Ist $f : [a,b] \to \mathbb{C}$ eine stetige Funktion mit

$$\int_a^b |f(x)|\, dx = 0 ,$$

so gilt $f(x) = 0$ für alle $x \in [a,b]$.

10. Die so genannte **Gammafunktion** wird wie folgt erklärt:

$$\Gamma :]0,\infty[\to \mathbb{R} , \qquad \Gamma(x) := \int_0^\infty t^{x-1} e^{-t}\, dt .$$

a. Zeigen Sie, dass dieses uneigentliche Integral existiert.

Hinweis: Für $0 \le t < 1$ gilt $t^{x-1} e^{-t} \le t^{x-1}$. Weiter existiert eine positive Zahl c mit $t^{x-1} \le c e^{-t/2}$ für $t \ge 1$.

b. Zeigen Sie
$$\Gamma(x+1) = x\Gamma(x) \qquad \text{für alle } x \in]0,\infty[.$$

c. Folgern Sie
$$\Gamma(n+1) = n! \qquad \text{für alle } n \in \mathbb{N} .$$

Kapitel 9
Funktionenfolgen und gleichmäßige Konvergenz

Wir wollen eine Problemstellung bezüglich Folgen von Funktionen zunächst an Hand von einigen Beispielen erörtern.

(1)   Für $n \in \mathbb{N}$ sei $f_n : \mathbb{R} \to \mathbb{R}$, $f_n(x) := \dfrac{\sin(nx)}{\sqrt{n}}$.

Offensichtlich existiert eine Grenzfunktion $f(x) := \lim\limits_{n\to\infty} f_n(x) = 0$.

Weiter ist auch jedes f_n differenzierbar mit $f_n'(x) = \sqrt{n}\cos(nx)$. Andererseits gilt $f'(x) = 0$. Somit konvergiert f_n' keinesfalls gegen f'.

(2)   Sei $f_n : [0,1] \to \mathbb{R}$, $f_n(x) := n^2 x (1-x^2)^n$. Hier haben wir $f_n(0) = 0 = f_n(1)$ für alle $n \in \mathbb{N}$ und für $x \in \,]0,1[$ gilt $\lim\limits_{n\to\infty} f_n(x) = 0$. Hingegen gilt

$$\int_0^1 x(1-x^2)^n \, \mathrm{d}x = \frac{1}{2}\int_0^1 y^n \, \mathrm{d}y = \frac{1}{2}\left. \frac{y^{n+1}}{n+1}\right|_0^1 = \frac{1}{2n+2}$$

und folglich $\displaystyle\int_0^1 f_n(x)\,\mathrm{d}x = n^2\,\frac{1}{2n+2} \to \infty.$

Somit konvergiert $\displaystyle\int_0^1 f_n(x)\,\mathrm{d}x$ nicht gegen $\displaystyle\int_0^1 \lim_{n\to\infty} f_n(x)\,\mathrm{d}x = 0$.

(3)   Setzt man $g_n(x) := nx(1-x^2)^n$, so gilt

$$\lim_{n\to\infty}\int_0^1 g_n(x)\,\mathrm{d}x = \frac{1}{2} \neq \int_0^1 \lim_{n\to\infty} g_n(x)\,\mathrm{d}x = 0\,.$$

(4)   Für $n \in \mathbb{N}$ sei

$$f_n(x) := \begin{cases} 1\,, & \text{falls } x = \frac{k}{n!} \text{ für ein } k \in \mathbb{Z}\,, \\ 0\,, & \text{sonst.} \end{cases}$$

Damit ist $f_n|\,[0,1]$ laut Definition 8.1 eine Treppenfunktion und folglich auch integrierbar.

R. Lasser, F. Hofmaier, *Analysis 1 + 2*, Springer-Lehrbuch,
DOI 10.1007/978-3-642-28644-5_9, © Springer-Verlag Berlin Heidelberg 2012

Als Grenzfunktion $f(x) := \lim_{n\to\infty} f_n(x)$ ergibt sich

$$f(x) = \begin{cases} 1 \,, & \text{falls } x \in \mathbb{Q} \,, \\ 0 \,, & \text{falls } x \in \mathbb{R} \setminus \mathbb{Q} \,, \end{cases}$$

denn für $x \in \mathbb{R} \setminus \mathbb{Q}$ gilt $f_n(x) = 0$ für alle $n \in \mathbb{N}$; ist $x \in \mathbb{Q}$, etwa $x = \frac{p}{q}$ mit $p \in \mathbb{Z}$, $q \in \mathbb{N}$, so haben wir für $n \geq q$ auch $n! \, x \in \mathbb{Z}$, also $f_n(x) = 1 \; \forall n \geq q$.

Damit ist $f | [0,1] \notin R([0,1])$.

An diesen Beispielen sehen wir, dass bei (punktweiser) Konvergenz von Folgen $(f_n(x))_{n\in\mathbb{N}}$ die Differentiation oder Integration mit der Limesbildung nicht vertauscht werden dürfen. Das letzte Beispiel zeigt sogar, dass für die Grenzfunktion das Integral gar nicht gebildet werden kann. Mit anderen Worten: $R([a,b])$ ist nicht abgeschlossen unter punktweiser Konvergenz.

9.1 Gleichmäßige Konvergenz

Wir kennen inzwischen einen Konvergenzbegriff für beschränkte Funktionen. Ist M eine Menge, so ist der Raum $(B(M), \| \cdot \|_\infty)$ der beschränkten Funktionen mit der durch $\|f\|_\infty = \sup_{x\in M} |f(x)|$ erklärten Norm ein Banachraum und es gilt

$$f_n \xrightarrow{\|\cdot\|_\infty} f \iff \sup_{x\in M} |f_n(x) - f(x)| \to 0 \,,$$

vgl. auch Satz 4.9. Störend ist hierbei noch, dass wir prinzipiell nur beschränkte Funktionen betrachten können.

Definition 9.1. Sei M eine Menge. Eine Folge $(f_n)_{n\in\mathbb{N}}$ von Funktionen $f_n : M \to \mathbb{K}$ heißt **gleichmäßig konvergent** gegen $f : M \to \mathbb{K}$, falls gilt:
  Zu jedem $\varepsilon > 0$ existiert ein $N \in \mathbb{N}$ mit

$$|f_n(x) - f(x)| < \varepsilon \qquad \text{für alle } n \geq N \text{ und alle } x \in M \,.$$

Letzteres ist äquivalent zu $\sup_{x\in M} |f_n(x) - f(x)| \to 0$ mit $n \to \infty$.

  Wir schreiben: $f_n \to f$ gleichmäßig auf M.

Sind f und alle f_n beschränkt, so gilt $f_n \to f$ gleichmäßig auf M genau dann, wenn $f_n \to f$ bezüglich $\| \cdot \|_\infty$ gilt.

Der folgende Satz behandelt gleichmäßige Konvergenz und Stetigkeit.

Satz 9.2. *Seien (M,d) ein metrischer Raum und $(f_n)_{n\in\mathbb{N}}$ eine Folge von Funktionen $f_n : M \to \mathbb{K}$, die gleichmäßig auf M gegen $f : M \to \mathbb{K}$ konvergiert.*

  Sind alle f_n in einem Punkt $a \in M$ stetig, so ist auch f stetig in a.

Beweis. Sei $\varepsilon > 0$. Auf Grund der gleichmäßigen Konvergenz gibt es ein $N \in \mathbb{N}$ mit $|f_n(x) - f(x)| < \frac{\varepsilon}{3}$ für alle $x \in M$ und alle $n \geq N$.

Wegen der Stetigkeit von f_N in a gibt es $\delta > 0$ derart, dass $|f_N(x) - f_N(a)| < \frac{\varepsilon}{3}$ für alle $x \in M$ mit $d(x,a) < \delta$ gilt. Die Grenzfunktion f erfüllt dann

$$|f(x) - f(a)| \leq |f(x) - f_N(x)| + |f_N(x) - f_N(a)| + |f_N(a) - f(a)| < \varepsilon$$

für alle $x \in M$ mit $d(x,a) < \delta$. Folglich ist f stetig in a.   □

Bemerkung: Es muss nicht notwendigerweise gleichmäßige Konvergenz vorliegen, damit eine punktweise Grenzfunktion stetiger Funktionen stetig ist. Die Folge von Beispiel (2) konvergiert gegen die stetige Nullfunktion. Sie konvergiert aber nicht gleichmäßig, denn wegen $\left(1 - \frac{1}{n}\right)^n \to \exp(-1)$ gilt $f_n\left(\frac{1}{\sqrt{n}}\right) = n^{3/2}\left(1 - \frac{1}{n}\right)^n \to \infty$. Demnach haben wir hier sogar $\|f_n - 0\|_\infty \to \infty$.

Der Raum $C([a,b])$ der stetigen Funktionen $f : [a,b] \to \mathbb{K}$ ist ein Untervektorraum des normierten Raumes $(B([a,b]), \|\cdot\|_\infty)$, da jede auf $[a,b]$ stetige $\mathbb{K}$-wertige Funktion beschränkt ist, vgl. Satz 6.16.

Korollar 9.3. *Der Raum $(C([a,b]), \|\cdot\|_\infty)$ ist ein Banachraum.*

Beweis. Zu zeigen bleibt nur die Vollständigkeit.

Sei $(f_n)_{n\in\mathbb{N}}$ eine Cauchyfolge bezüglich $\|\cdot\|_\infty$ in $C([a,b])$. Dann ist diese auch Cauchyfolge in $B([a,b])$ und konvergiert, da $(B([a,b]), \|\cdot\|_\infty)$ ein Banachraum ist (siehe Satz 4.9), gegen eine Funktion $f \in B([a,b])$.

Weiter folgt nun mit Satz 9.2, dass $f \in C([a,b])$ ist. Also ist $(C([a,b]), \|\cdot\|_\infty)$ ein Banachraum wie behauptet.   □

Das nächste Resultat behandelt gleichmäßige Konvergenz und Integration.

Satz 9.4. *Sei $(f_n)_{n\in\mathbb{N}}$ eine Folge in $R([a,b])$, die gleichmäßig gegen eine Funktion $f : [a,b] \to \mathbb{K}$ konvergiert.*

Dann ist $f \in R([a,b])$ und es gilt

$$\int_a^b f(x)\,\mathrm{d}x = \lim_{n\to\infty} \int_a^b f_n(x)\,\mathrm{d}x.$$

Insbesondere ist auch die Folge $\left(\displaystyle\int_a^b f_n(x)\,\mathrm{d}x\right)_{n\in\mathbb{N}}$ konvergent.

Beweis. Zu $\varepsilon > 0$ gibt es nach Definition der Regelfunktionen für jedes $n \in \mathbb{N}$ eine Treppenfunktion $g_n : [a,b] \to \mathbb{K}$ mit $\|g_n - f_n\|_\infty < \frac{\varepsilon}{2}$.

Nach Voraussetzung gibt es ein $N \in \mathbb{N}$ mit $\|f_n - f\|_\infty < \frac{\varepsilon}{2}$ für alle $n \geq N$. Damit haben wir

$$\|g_n - f\|_\infty \leq \|g_n - f_n\|_\infty + \|f_n - f\|_\infty < \varepsilon$$

für alle $n \geq N$.

Folglich gilt $g_n \to f$ bezüglich der $\|\cdot\|_\infty$-Norm, also gleichmäßig auf $[a,b]$. Mit anderen Worten: Die Funktion f ist durch Treppenfunktionen approximierbar und somit eine Regelfunktion. Für das Integral gilt mit Satz 8.3 (4) nun

$$\left| \int_a^b f(x)\,dx - \int_a^b f_n(x)\,dx \right| = \left| \int_a^b (f(x) - f_n(x))\,dx \right| \le \|f - f_n\|_\infty\,(b-a)$$

und mit $n \to \infty$ folgt die Behauptung. $\qquad\qquad\qquad\qquad\qquad\qquad\qquad\square$

Die Aussage von Satz 9.4 beinhaltet auch, dass $(R([a,b]), \|\cdot\|_\infty)$ ein Banachraum ist, vgl. auch Bemerkung (2) zu Definition 8.2. Wir notieren noch eine unmittelbare Folgerung.

Korollar 9.5. *Sei $(f_n)_{n\in\mathbb{N}}$ eine Folge in $R([a,b])$ derart, dass die Reihe*

$$f(x) = \sum_{n=1}^\infty f_n(x)$$

gleichmäßig auf $[a,b]$ konvergiert, d.h. $\sum_{n=1}^N f_n(x) \xrightarrow{N\to\infty} f(x)$ gleichmäßig auf $[a,b]$.

Dann ist $f \in R([a,b])$ und es gilt $\int_a^b f(x)\,dx = \sum_{n=1}^\infty \int_a^b f_n(x)\,dx$.

Nun wenden wir uns den Beziehungen zwischen gleichmäßiger Konvergenz und Differentiation zu. An Hand von Beispiel (1) sehen wir, dass gleichmäßige Konvergenz es nicht immer ermöglicht, Differentiation und Grenzwert zu vertauschen.

Satz 9.6. *Sei $(f_n)_{n\in\mathbb{N}}$ eine Folge stetig differenzierbarer Funktionen $f_n : [a,b] \to \mathbb{K}$, die punktweise gegen eine Funktion $f : [a,b] \to \mathbb{K}$ konvergiert. Weiter konvergiere die Folge $(f_n')_{n\in\mathbb{N}}$ der Ableitungen gleichmäßig auf $[a,b]$.*

Dann ist f differenzierbar und es gilt

$$f'(x) = \lim_{n\to\infty} f_n'(x) \qquad \text{für alle } x \in [a,b]\,.$$

Beweis. Setze $g(x) := \lim_{n\to\infty} f_n'(x)$. Nach Satz 9.2 ist $g : [a,b] \to \mathbb{K}$ stetig.

Laut dem Hauptsatz der Differential- und Integralrechnung gilt

$$f_n(x) = f_n(a) + \int_a^x f_n'(t)\,dt \qquad \text{für alle } x \in [a,b] \text{ und alle } n \in \mathbb{N}\,.$$

Satz 9.4 liefert $\int_a^x f_n'(t)\,dt \xrightarrow{n\to\infty} \int_a^x g(t)\,dt$; damit ist $f(x) = f(a) + \int_a^x g(t)\,dt$.

Durch Differentiation erhalten wir schließlich $f'(x) = g(x)$. $\qquad\qquad\qquad\square$

9.2 Differentiation und Integration von Potenzreihen

In Kapitel 5.4 haben wir Potenzreihen eingeführt und untersucht; in Korollar 6.6 haben wir die Stetigkeit einer Potenzreihe im Inneren des Konvergenzkreises hergeleitet, und zwar mittels eines Satzes über Majoranten (Satz 6.5). Zur Differentiation von Potenzreihen benötigen wir ein Resultat zur gleichmäßigen Konvergenz, um Satz 9.6 anwenden zu können.

Satz 9.7. *Seien M eine Menge und $f_k : M \to \mathbb{K}$ beschränkte Funktionen ($k \in \mathbb{N}$) mit*

$$\|f_k\|_M := \sup_{x \in M} |f_k(x)|. \text{ Weiter gelte } \sum_{k=1}^{\infty} \|f_k\|_M < \infty.$$

Dann konvergiert die Reihe $\sum_{k=1}^{\infty} f_k$ absolut und gleichmäßig auf M gegen eine

beschränkte Funktion $f : M \to \mathbb{K}$ mit $\|f\|_M \leq \sum_{k=1}^{\infty} \|f_k\|_M$.

Beweis. Wie im Beweis von Satz 6.5 gilt, dass $f(x) := \sum_{k=1}^{\infty} f_k(x)$ wohldefiniert ist; die Reihe konvergiert absolut in jedem $x \in M$ mit

$$|f(x)| \leq \sum_{k=1}^{\infty} |f_k(x)| \leq \sum_{k=1}^{\infty} \|f_k\|_M.$$

Also ist $\|f\|_M \leq \sum_{k=1}^{\infty} \|f_k\|_M$. Zu zeigen bleibt die gleichmäßige Konvergenz.

Dazu betrachten wir die Partialsummen $s_n(x) := \sum_{k=1}^{n} f_k(x)$.

Zu $\varepsilon > 0$ existiert $N \in \mathbb{N}$, sodass $\sum_{k=n+1}^{\infty} \|f_k\|_M < \varepsilon$ für alle $n \geq N$ gilt.

Für alle $x \in M$ und $n \geq N$ ist dann

$$|s_n(x) - f(x)| = \left| \sum_{k=n+1}^{\infty} f_k(x) \right| \leq \sum_{k=n+1}^{\infty} |f_k(x)| \leq \sum_{k=n+1}^{\infty} \|f_k\|_M < \varepsilon.$$

Daher konvergiert $(s_n)_{n \in \mathbb{N}}$ gleichmäßig gegen f. □

Anwendung: Durch $f(x) := \sum_{n=1}^{\infty} \dfrac{1}{n^2 + x^2}$ ist eine stetige Funktion $f : \mathbb{R} \to \mathbb{R}$ erklärt.

Beweis. Für $n \in \mathbb{N}$ betrachte $f_n : \mathbb{R} \to \mathbb{R}$, $f_n(x) := \frac{1}{n^2+x^2}$. Es gilt $\sup_{x \in \mathbb{R}} |f_n(x)| = \frac{1}{n^2}$.

Da $\sum_{n=1}^{\infty} \frac{1}{n^2}$ konvergent ist, folgt mit Satz 9.7 gleichmäßige Konvergenz von $\sum_{n=1}^{\infty} f_n(x)$.

Weiter ist jedes f_n stetig; mit Satz 9.2 folgt jetzt die Stetigkeit von f. □

Wir wollen nun den vorangehenden Satz in Zusammenhang mit Potenzreihen stellen. Für $z_0 \in \mathbb{C}$ und $\rho \geq 0$ bezeichne wie üblich $K_\rho(z_0) = \{z \in \mathbb{C} : |z - z_0| \leq \rho\}$ die abgeschlossene Kreisscheibe mit Mittelpunkt z_0 und Radius ρ.

Satz 9.8. *Sei $\sum\limits_{k=0}^{\infty} c_k z^k$ eine Potenzreihe mit Konvergenzradius $R > 0$.*

Weiter sei $0 < \rho < R$. Dann konvergiert die Potenzreihe absolut und gleichmäßig auf $K_\rho(0)$.

Die Reihe $\sum\limits_{k=1}^{\infty} k\, c_k z^{k-1}$ konvergiert ebenfalls absolut und gleichmäßig auf $K_\rho(0)$.

Insbesondere ist die Funktion $f :\,]-R, R[\, \to \mathbb{K}$, $f(x) := \sum\limits_{k=0}^{\infty} c_k x^k$, differenzierbar mit

$$f'(x) = \sum_{k=1}^{\infty} k\, c_k x^{k-1} \; .$$

Mehr noch, f ist beliebig oft differenzierbar mit

$$f^{(n)}(x) = \sum_{k=n}^{\infty} k(k-1)\cdots(k-n+1)\, c_k x^{k-n} \; .$$

Beweis. Betrachte $f_k(z) := c_k z^k$. Für $|z| \le \rho$ gilt $|f_k(z)| \le |c_k \rho^k|$. Damit erhalten wir $\|f_k\|_{K_\rho(0)} \le |c_k \rho^k|$. Wegen $\rho < R$ ist die Reihe

$$\sum_{k=0}^{\infty} c_k \rho^k$$

absolut konvergent, siehe Satz 5.19.

Mit Satz 9.7 folgt die gleichmäßige Konvergenz von $\sum\limits_{k=0}^{\infty} c_k z^k$ auf $K_\rho(0)$.

Aus $\sqrt[k]{k} \to 1$ folgt $\limsup\limits_{k\to\infty} \sqrt[k]{k|c_k|} = \limsup\limits_{k\to\infty} \sqrt[k]{|c_k|} = \frac{1}{R}$. Die Reihe

$$\sum_{k=1}^{\infty} k\, c_k z^{k-1}$$

hat also ebenfalls den Konvergenzradius R. Mit der gleichen Argumentation wie eben erhält man, dass auch diese gleichmäßig auf $K_\rho(0)$ konvergiert.

Für die Aussagen zu den Ableitungen wählen wir zu $x \in\,]-R, R[$ eine Zahl $\rho > 0$ mit $|x| < \rho < R$. Fasst man die Partialsummen

$$s_n(x) := \sum_{k=0}^{n} c_k\, x^k$$

als Funktionen $s_n : [-\rho, \rho] \to \mathbb{K}$ auf, so erhält man die Behauptung zu f' nun mit Satz 9.6. Durch Wiederholung dieser Beweisführung folgt schließlich auch die allgemeine Behauptung.   □

Bemerkung: Eine Potenzreihe mit Konvergenzradius R konvergiert zwar gleichmäßig auf jeder abgeschlossenen Kreisscheibe $K_\rho(0)$ mit $0 < \rho < R$, aber eventuell nicht gleichmäßig auf der offenen Kreisscheibe $U_R(0) = \{z \in \mathbb{C} : |z| < R\}$.

Auch ist mit Satz 9.8 keine allgemeine Aussage über Konvergenz oder Divergenz auf dem Rand des Konvergenzkreises, also für diejenigen z mit $|z| = R$, möglich. Das Konvergenzverhalten für $|z| = R$ der ursprünglichen und der differenzierten Reihe kann verschieden sein, wie etwa das Beispiel zu Beginn von Kapitel 10.3 zeigt.

Satz 9.8 beinhaltet speziell

$$f^{(n)}(0) = n!\, c_n \qquad \forall n \in \mathbb{N}_0 \qquad (9.1)$$

(dabei sei $f^{(0)} := f$). Diese Formel ist bemerkenswert: Man erhält die Koeffizienten der Potenzreihe von f durch Ableitungen $f^{(n)}$ an einer einzigen Stelle. Umgekehrt lassen sich die Ableitungen an dieser Stelle direkt aus den Koeffizienten bestimmen. Man beachte aber, dass es Funktionen f gibt, die beliebig oft differenzierbar sind, bildet man jedoch die Potenzreihe $\sum\limits_{n=0}^{\infty} c_n z^n$ mit $c_n = \frac{f^{(n)}(0)}{n!}$ gemäß (9.1), so konvergiert diese Reihe für *kein* $z \neq 0$ gegen $f(z)$.

Eine solche werden wir in Kapitel 10.1, Beispiel (2) finden.

Korollar 9.9. *Sei $\sum\limits_{k=0}^{\infty} c_k z^k$ eine Potenzreihe mit Konvergenzradius $R > 0$.*

Dann ist die Funktion

$$F : \,]-R, R[\, \to \mathbb{K}, \qquad F(x) := \sum_{k=0}^{\infty} \frac{c_k}{k+1} x^{k+1},$$

differenzierbar mit $F'(x) = \sum\limits_{k=0}^{\infty} c_k x^k$.

Beweis. Wegen $\limsup\limits_{k\to\infty} \sqrt[k]{\left|\frac{c_k}{k+1}\right|} = \limsup\limits_{k\to\infty} \sqrt[k]{|c_k|} = \frac{1}{R}$ hat auch die Reihe

$$\sum_{k=0}^{\infty} \frac{c_k}{k+1} z^{k+1}$$

den Konvergenzradius R. Die Behauptung folgt direkt mit Satz 9.8.   □

Beispiel: Die **Potenzreihenentwicklung des Arcus-Tangens**.

Wir wissen bereits aus Kapitel 7.3, Beispiel (2), dass arctan differenzierbar ist mit $\arctan'(x) = \frac{1}{1+x^2}$.

Für $|x| < 1$ gilt weiter $\frac{1}{1+x^2} = \sum\limits_{k=0}^{\infty} (-x^2)^k = \sum\limits_{k=0}^{\infty} (-1)^k x^{2k}$ (Geometrische Reihe).

Eine Stammfunktion dieser Reihe erhalten wir laut Korollar 9.9 durch

$$F : \,]-1, 1[\, \to \mathbb{R}, \qquad F(x) := \sum_{k=0}^{\infty} \frac{(-1)^k}{2k+1} x^{2k+1}.$$

Folglich gilt $F'(x) = \arctan'(x)$ für $|x| < 1$ und damit $\arctan x = F(x) + c$ mit einem noch zu bestimmenden c. Einsetzen von etwa $x = 0$ liefert schließlich $c = 0$.

Also haben wir $\arctan x = F(x)$, zunächst für $x \in\,]-1, 1[$. Die Reihe $F(x)$ konvergiert laut Leibniz-Kriterium allerdings auch für $x = \pm 1$. Wir wollen noch zeigen, dass ihr Wert auch dort mit dem Arcus-Tangens übereinstimmt.

Für $x \in\,]-1, 1[$ gilt (vgl. auch Kapitel 5.7, Aufgabe 6) die Abschätzung

$$\left| \arctan(x) - \sum_{k=0}^{n} \frac{(-1)^k}{2k+1} x^{2k+1} \right| \leq \frac{|x|^{2n+3}}{2n+3} \ .$$

Wegen der Stetigkeit aller beteiligten Ausdrücke gilt dies auch für $x = \pm 1$, also

$$\left| \arctan(1) - \sum_{k=0}^{n} \frac{(-1)^k}{2k+1} \right| \leq \frac{1}{2n+3} \ .$$

Grenzwertbildung $n \to \infty$ liefert die Behauptung. Insgesamt haben wir damit

$$\arctan(x) = \sum_{k=0}^{\infty} \frac{(-1)^k}{2k+1} x^{2k+1} \qquad \text{für } x \in [-1, 1] \ .$$

Insbesondere gilt $\quad \dfrac{\pi}{4} = \arctan(1) = \displaystyle\sum_{k=0}^{\infty} \frac{(-1)^k}{2k+1} = 1 - \frac{1}{3} + \frac{1}{5} - \frac{1}{7} \pm \cdots$

9.3 Der Approximationssatz von Weierstraß

Wie wir gezeigt haben, kann jede Potenzreihe mit Konvergenzradius $R > 0$ auf abgeschlossenen Intervallen $[-\rho, \rho]$ mit $0 < \rho < R$ gleichmäßig durch eine Folge von Polynomen, nämlich den Partialsummen der Reihe, approximiert werden.

Wir wollen nun den Weierstraßschen Approximationssatz herleiten, der besagt, dass sogar jede auf einem Intervall $[a, b]$ stetige IK-wertige Funktion der Grenzwert einer gleichmäßig konvergenten Folge von Polynomen ist. Dazu betrachten wir das so genannte n-te **Bernsteinpolynom** zu einer Funktion $f : [0, 1] \to$ IK, welches wie folgt definiert ist:

$$B_n(t; f) := \sum_{k=0}^{n} f\left(\frac{k}{n} \right) \binom{n}{k} t^k (1-t)^{n-k} \ .$$

Unser Ziel ist, zu zeigen, dass für $f \in C([0, 1])$ stets

$$\|B_n(\cdot; f) - f\|_\infty = \sup_{t \in [0,1]} |B_n(t; f) - f(t)| \to 0$$

mit $n \to \infty$ gilt.

Zunächst bestimmen wir $B_n(t; f_j)$ für $f_j(t) := t^j$, $j = 0, 1, 2$.

Es gilt

$$B_n(t; f_0) = \sum_{k=0}^{n} \binom{n}{k} t^k (1-t)^{n-k} = (t + (1-t))^n = 1 \qquad (9.2)$$

und für $n \geq 1$ erhalten wir mit $\frac{k}{n} \binom{n}{k} = \binom{n-1}{k-1}$ nun

$$B_n(t; f_1) = \sum_{k=0}^{n} \frac{k}{n} \binom{n}{k} t^k (1-t)^{n-k} = \sum_{k=1}^{n} \binom{n-1}{k-1} t^k (1-t)^{n-k}$$

$$= \sum_{k=0}^{n-1} \binom{n-1}{k} t^{k+1} (1-t)^{n-(k+1)} = t \, (t + (1-t))^{n-1} = t \, . \qquad (9.3)$$

Für $n \geq 2$ haben wir schließlich

$$B_n(t; f_2) = \sum_{k=0}^{n} \left(\frac{k}{n}\right)^2 \binom{n}{k} t^k (1-t)^{n-k} = \sum_{k=0}^{n-1} \frac{k+1}{n} \binom{n-1}{k} t^{k+1} (1-t)^{n-(k+1)}$$

$$= \frac{1}{n} \sum_{k=0}^{n-1} \binom{n-1}{k} t^{k+1} (1-t)^{n-1-k} + \sum_{k=0}^{n-1} \frac{k}{n} t \binom{n-1}{k} t^k (1-t)^{n-1-k}$$

$$= \frac{t}{n} + \frac{t(n-1)}{n} \sum_{k=0}^{n-1} \frac{k}{n-1} \binom{n-1}{k} t^k (1-t)^{n-1-k}$$

$$= \frac{t}{n} + \frac{t(n-1)}{n} t = \frac{t(1-t)}{n} + t^2 \, . \qquad (9.4)$$

Weiter gilt $B_n(t; f+g) = B_n(t; f) + B_n(t; g)$ sowie $B_n(t; \lambda f) = \lambda \, B_n(t; f)$ für $\lambda \in \mathbb{K}$ und $f, g : [0, 1] \to \mathbb{K}$. Falls f und g reellwertige Funktionen sind mit $f \leq g$, so ist auch $B_n(t; f) \leq B_n(t; g)$.

Satz 9.10 (Weierstraßscher Approximationssatz). *Sei $f \in C([a, b])$.*

Es existiert eine Folge von Polynomen $(P_n)_{n \in \mathbb{N}}$ derart, dass

$$\lim_{n \to \infty} \|P_n - f\|_\infty = 0$$

gilt. Ist f reellwertig, so können die P_n reell gewählt werden. Für $a = 0$ und $b = 1$ kann man $P_n(t) = B_n(t; f)$ wählen.

Beweis. Wir können $[a, b] = [0, 1]$ annehmen. Die allgemeine Aussage folgt dann, indem wir $f\left(\frac{t-a}{b-a}\right)$ betrachten.

Sei also $f \in C([0, 1])$. Da f nach Satz 6.18 gleichmäßig stetig ist, gibt es zu beliebigem $\varepsilon > 0$ ein $\delta > 0$ derart, dass $|f(s) - f(t)| < \varepsilon$ für alle $s, t \in [0, 1]$ mit $|s - t| < \sqrt{\delta}$ gilt.

Sei $\alpha := \frac{2\|f\|_\infty}{\delta}$. Als nächstes zeigen wir

$$|f(s) - f(t)| \le \varepsilon + \alpha\,(s-t)^2 \qquad \text{für alle } s,t \in [0,1]\,. \tag{9.5}$$

Im Fall $|s-t| < \delta$ gilt dies wegen der speziellen Wahl von δ; andernfalls ist

$$\varepsilon + \alpha\,(s-t)^2 \ge \varepsilon + \alpha\delta = \varepsilon + 2\|f\|_\infty > |f(s)| + |f(t)| \ge |f(s) - f(t)|\,.$$

Damit ist (9.5) bewiesen.

Wir betrachten die Funktion $g_s : [0,1] \to \mathbb{R}$, $g_s(t) := (s-t)^2$. Aus (9.5) erhalten wir $-\varepsilon - \alpha g_s \le f(s) - f \le \varepsilon + \alpha g_s$ für alle $s \in [0,1]$. Es folgt

$$-B_n(\,\cdot\,;\varepsilon + \alpha g_s) = B_n(\,\cdot\,;-\varepsilon - \alpha g_s) \le B_n(\,\cdot\,;f(s) - f) \le B_n(\,\cdot\,;\varepsilon + \alpha g_s)$$

und weiter

$$|f(s) - B_n(t;f)| \overset{(9.2)}{=} |B_n(t;f(s) - f)| \le B_n(t;\varepsilon + \alpha g_s)$$
$$= \varepsilon + \alpha B_n(t;g_s) \overset{(9.3),(9.4)}{=} \varepsilon + \alpha s^2 - 2\alpha s t + \alpha\left(\frac{t(1-t)}{n} + t^2\right)$$

für alle $s,t \in [0,1]$. Setzt man $s = t$, so folgt

$$|f(t) - B_n(t;f)| \le \varepsilon + \alpha\,\frac{t(1-t)}{n} \le \varepsilon + \frac{\alpha}{n}$$

für alle $t \in [0,1]$. Mit $n \to \infty$ folgt schließlich die Behauptung, da $\varepsilon > 0$ beliebig wählbar ist. $\qquad\square$

9.4 Aufgaben

1. Zeigen Sie, dass die mittels $f_n(x) := \frac{\sin(nx)}{\sqrt{n}}$ erklärte Funktionenfolge $(f_n)_{n\in\mathbb{N}}$ gleichmäßig auf $\mathbb{R}$ konvergiert.

2. Für $x \in \mathbb{R}$ seien

$$f_n(x) := \frac{nx^4}{1+nx^2}, \qquad g_n(x) := e^{-nx^2} \qquad \text{und} \qquad h_n(x) := \frac{nx}{1+n^2x^2}\,.$$

Untersuchen Sie, ob die Funktionenfolgen $(f_n)_{n\in\mathbb{N}}$, $(g_n)_{n\in\mathbb{N}}$ bzw. $(h_n)_{n\in\mathbb{N}}$ gleichmäßig konvergent auf $\mathbb{R}$ sind.

3. Seien I,J Intervalle und $(f_n)_{n\in\mathbb{N}}$ eine Folge von Funktionen $f_n : I \to J$, die gleichmäßig gegen $f : I \to J$ konvergiert. Weiter sei $g : J \to \mathbb{R}$ gleichmäßig stetig.
   Zeigen Sie, dass die Folge $(g \circ f_n)_{n\in\mathbb{N}}$ ebenfalls gleichmäßig konvergent ist.

4. Untersuchen Sie, ob die gegebenen Funktionenfolgen

    (i)   gleichmäßig konvergent sind,

    (ii)   einen stetigen Grenzwert haben.

    a. $f_n : [0,1] \to \mathbb{R}, \quad f_n(x) := x^n,$

    b. $g_n : [0, \frac{1}{2}] \to \mathbb{R}, \quad g_n(x) := x^n,$

    c. $h_n : [0,1] \to \mathbb{R},$

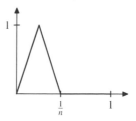

$$h_n(x) := \begin{cases} 2nx, & \text{für } 0 \le x \le \frac{1}{2n}, \\ 2 - 2nx, & \text{für } \frac{1}{2n} < x \le \frac{1}{n}, \\ 0, & \text{sonst}. \end{cases}$$

Die Abbildung zeigt den Graph der Funktion h_n.

5.   a. Zeigen Sie, dass durch

$$f(x) := \sum_{n=1}^{\infty} \frac{1}{(n+x)^2} \qquad \text{für } x \ge 0$$

    eine stetige Funktion $f : [0, \infty[\to \mathbb{R}$ erklärt ist.

    b. Begründen Sie, dass f differenzierbar ist.

    c. Berechnen Sie $\displaystyle\int_0^1 f(x)\,dx$.

6. Eine Folge $(f_n)_{n \in \mathbb{N}}$ von Funktionen $f_n \in R([a,b])$ heißt **konvergent im quadratischen Mittel** gegen $f \in R([a,b])$, falls

$$\lim_{n \to \infty} \int_a^b |f_n(x) - f(x)|^2 \, dx = 0.$$

    a. Zeigen Sie: Wenn eine Folge $(f_n)_{n \in \mathbb{N}}$ von Regelfunktionen gleichmäßig auf $[a,b]$ gegen f konvergiert, dann konvergiert die Folge auch im quadratischen Mittel gegen f.

    b. Geben Sie ein Beispiel einer Folge an, die im quadratischen Mittel aber nicht gleichmäßig konvergent ist.

    c. Zeigen Sie, dass mittels

$$\int_a^b f(x)\,\overline{g(x)}\,dx$$

    ein Skalarprodukt auf $C([a,b])$ definiert ist. Warum ist dies *kein* Skalarprodukt auf $R([a,b])$?

    Zeigen Sie ferner, dass $C([a,b])$ mit der durch dieses Skalarprodukt erklärten Norm nicht vollständig ist.

7. Der **Integralsinus** (oder **Sinus Integralis**) ist definiert durch

$$\mathrm{Si}: \mathbb{R} \to \mathbb{R}, \qquad \mathrm{Si}(x) := \int_0^x \frac{\sin t}{t}\, dt\ .$$

Zeigen Sie: Für $x \in \mathbb{R}$ gilt $\quad \mathrm{Si}(x) = \sum_{k=0}^{\infty} \frac{(-1)^k}{(2k+1)!\,(2k+1)} x^{2k+1}.$

Kapitel 10
Taylorreihen

Aus der Gleichung (9.1) wissen wir, dass eine Funktion, die durch eine Potenzreihe dargestellt wird, durch die Werte ihrer Ableitungen an einem einzigen Punkt eindeutig bestimmt ist. Wir wollen uns nun überlegen, inwiefern man allgemein eine beliebig oft differenzierbare Funktion rekonstruieren kann, wenn man die Ableitungen an einer bestimmten Stelle kennt. Ist eine Funktion nur n-mal differenzierbar, so kann man sich immerhin fragen, ob man mit Kenntnis der Ableitungen an einer Stelle wenigstens in der Lage ist, diese Funktion näherungsweise zu bestimmen. Dies führt uns zu den so genannten Taylorpolynomen und Taylorreihen (Brook Taylor, 1685-1731, Cambridge).

10.1 Der Satz von Taylor

Satz 10.1 (Taylor). *Sei* $f : [a,b] \to \mathbb{K}$ *eine Funktion derart, dass* $f^{(n-1)}$ *stetig auf* $[a,b]$ *ist und* $f^{(n)}(t)$ *für alle* $t \in]a,b[$ *existiert. Ferner seien* $c,x \in [a,b]$, $c \neq x$.

Dann existiert eine Zahl ξ *zwischen* x *und* c *mit*

$$f(x) = \sum_{k=0}^{n-1} \frac{f^{(k)}(c)}{k!} (x-c)^k + \frac{f^{(n)}(\xi)}{n!} (x-c)^n .$$

Beweis. Für $t \in [a,b]$ bezeichne $T_{n-1}(t;f) := \sum_{k=0}^{n-1} \frac{f^{(k)}(c)}{k!} (t-c)^k$.

Mit $M := \dfrac{f(x) - T_{n-1}(x;f)}{(x-c)^n}$ haben wir $f(x) = T_{n-1}(x;f) + M (x-c)^n$.

Es bleibt zu zeigen, dass $n! M = f^{(n)}(\xi)$ für ein $\xi \in]c,x[$ bzw. $\xi \in]x,c[$ gilt.

Die Funktion $g : [a,b] \to \mathbb{K}$, $g(t) := f(t) - T_{n-1}(t;f) - M (t-c)^n$, ist in $]a,b[$ n-mal differenzierbar mit

$$g^{(n)}(t) = f^{(n)}(t) - n! M .$$

R. Lasser, F. Hofmaier, *Analysis 1 + 2*, Springer-Lehrbuch,
DOI 10.1007/978-3-642-28644-5_10, © Springer-Verlag Berlin Heidelberg 2012

Somit ist nur noch zu zeigen, dass es ξ zwischen x und c gibt mit $g^{(n)}(\xi) = 0$.

Für $k = 0,\ldots,n-1$ gilt $T_{n-1}^{(k)}(c;f) = f^{(k)}(c)$ und damit $g^{(k)}(c) = 0$.

Nach Wahl von M ist $g(x) = 0$; laut dem Mittelwertsatz gibt es ein x_1 zwischen x und c mit $g'(x_1) = 0$. Mit dem Paar c,x_1 folgt analog, dass ein x_2 zwischen x_1 und c existiert mit $g''(x_2) = 0$. Nach n Schritten kommt man zu einem x_n zwischen x_{n-1} und c mit $g^{(n)}(x_n) = 0$. Mit $\xi := x_n$ folgt nun die Behauptung. $\square$

Bemerkung: Für $n = 1$ ist der Satz von Taylor genau der Mittelwertsatz.

Man bezeichnet den letzten Summanden $R_n(x) := \dfrac{f^{(n)}(\xi)}{n!}\,(x-c)^n$ in Satz 10.1

als **Lagrange-Restglied** (Joseph Louis Lagrange, 1736-1813, Berlin, Paris). Der Satz zeigt, dass f durch ein Polynom vom Grad $n-1$ näherungsweise beschrieben werden kann; eine mögliche Fehlerabschätzung erhält man etwa, wenn man eine Schranke für $|f^{(n)}|$ kennt. Die Polynome

$$T_{n-1}(t;f) := \sum_{k=0}^{n-1} \frac{f^{(k)}(c)}{k!}\,(t-c)^k$$

nennt man **Taylorpolynome** mit **Entwicklungspunkt** c. Ist f beliebig oft differenzierbar, so heißt

$$T_f(t) := \sum_{k=0}^{\infty} \frac{f^{(k)}(c)}{k!}\,(t-c)^k$$

die **Taylorreihe** von f mit Entwicklungspunkt c. Ob die Taylorreihe von f mit f übereinstimmt, kann nur über Abschätzung der Restglieder erfolgen. Verschärft man die Voraussetzung an f, so erhält man ein Restglied in Integralform.

Satz 10.2. *Sei* $f : [a,b] \to \mathbb{K}$ *eine n-mal stetig differenzierbare Funktion. Ferner seien* $c,x \in [a,b]$.

   Dann gilt

$$f(x) = \sum_{k=0}^{n-1} \frac{f^{(k)}(c)}{k!}\,(x-c)^k + \frac{1}{(n-1)!}\int_c^x (x-t)^{n-1} f^{(n)}(t)\,\mathrm{d}t\ .$$

Beweis. Bezeichne $R_n(t) := f(t) - T_{n-1}(t;f)$.

   Dann ist $R_n : [a,b] \to \mathbb{K}$ auch n-mal stetig differenzierbar und $R_n^{(n)}(t) = f^{(n)}(t)$. Wegen $T_{n-1}^{(k)}(c;f) = f^{(k)}(c)$ gilt weiter $R_n^{(k)}(c) = 0$ für $k = 0,\ldots,n-1$. Mit partieller Integration erhalten wir

$$\int_c^x (x-t)^{n-1} f^{(n)}(t)\,\mathrm{d}t = \int_c^x (x-t)^{n-1} R_n^{(n)}(t)\,\mathrm{d}t$$

$$= (x-t)^{n-1} R_n^{(n-1)}(t)\,\Big|_{t=c}^{t=x} + (n-1)\int_c^x (x-t)^{n-2} R_n^{(n-1)}(t)\,\mathrm{d}t$$

$$= (n-1)\int_c^x (x-t)^{n-2} R_n^{(n-1)}(t)\,\mathrm{d}t\ .$$

Wiederholung der partiellen Integration führt schließlich zu

$$(n-1)(n-2)\cdots 1\int_c^x (x-t)^0 R_n'(t)\,\mathrm{d}t = (n-1)!\,(R_n(x)-R_n(c)) = (n-1)!\,R_n(x)\,,$$

womit die Behauptung bewiesen ist.   □

Beispiele:

(1)   Sei $f:\mathbb{R}\to\mathbb{R}$, $f(x):=\exp(x)$. Mit $c=0$ erhalten wir für beliebiges $x\neq 0$, da $f^{(k)}(0)=1\;\forall k\in\mathbb{N}$ ist,

$$\left| f(x)-\sum_{k=0}^{n-1}\frac{x^k}{k!}\right| = \left|\frac{f^{(n)}(\xi)}{n!}\,x^n\right| \leq \frac{\mathrm{e}^{|x|}|x|^n}{n!}$$

mit einem ξ zwischen 0 und x.

Damit kann man zeigen, dass e nicht rational ist:

Angenommen, es gelte $\mathrm{e}=\frac{p}{q}$ mit $p,q\in\mathbb{N}$. Dann folgt $q!\,\mathrm{e}\in\mathbb{N}$ und auch $\alpha := q!\,(\mathrm{e}-1-\frac{1}{1!}-\frac{1}{2!}-\cdots-\frac{1}{q!})\in\mathbb{N}$. Mit obiger Restgliedabschätzung erhalten wir aber $0<\alpha = q!\,R_{q+1}(1)\leq \frac{\mathrm{e}\,q!}{(q+1)!}=\frac{\mathrm{e}}{q+1}<1$. Daraus folgt insbesondere $\alpha\notin\mathbb{N}$, ein Widerspruch!

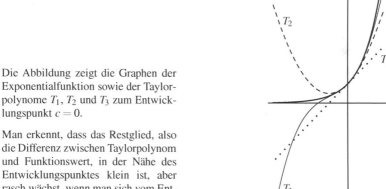

Die Abbildung zeigt die Graphen der Exponentialfunktion sowie der Taylorpolynome T_1, T_2 und T_3 zum Entwicklungspunkt $c=0$.

Man erkennt, dass das Restglied, also die Differenz zwischen Taylorpolynom und Funktionswert, in der Nähe des Entwicklungspunktes klein ist, aber rasch wächst, wenn man sich vom Entwicklungspunkt entfernt.

(2)   Sei $f:\mathbb{R}\to\mathbb{R}$,

$$f(x):=\begin{cases} \exp(-1/x^2) & \text{für } x\neq 0\,, \\ 0 & \text{für } x=0\,. \end{cases}$$

Wir werden sehen, dass f beliebig oft differenzierbar ist und $f^{(n)}(0)=0$ gilt für alle $n\in\mathbb{N}_0$. Damit ist die Taylorreihe von f mit Entwicklungspunkt $c=0$ identisch 0, obwohl f nicht die Nullfunktion ist.

Es gilt sogar

$$f^{(n)}(x) = \begin{cases} p_n(1/x)\, \exp(-1/x^2) & \text{für } x \neq 0\,, \\ 0 & \text{für } x = 0\,, \end{cases}$$

wobei p_n ein Polynom ist.

Beweis. Wir beweisen dies mit vollständiger Induktion. Für $n = 0$ ist die Aussage offensichtlich erfüllt. Gilt die Behauptung für ein n, so erhalten wir für $x \neq 0$ nun

$$f^{(n+1)}(x) = \frac{\mathrm{d}}{\mathrm{d}x}\left(p_n\left(\frac{1}{x}\right)\exp\left(-\frac{1}{x^2}\right)\right)$$

$$= \exp\left(-\frac{1}{x^2}\right)\left(-p_n'\left(\frac{1}{x}\right)\frac{1}{x^2} + 2p_n\left(\frac{1}{x}\right)\frac{1}{x^3}\right)\,.$$

Setze $p_{n+1}(t) := -t^2 p_n'(t) + 2t^3 p_n(t)$. Da p_n ein Polynom ist, ist auch p_{n+1} ein Polynom. Schließlich gilt

$$f^{(n+1)}(0) = \lim_{t\to 0}\frac{f^{(n)}(t) - f^{(n)}(0)}{t} = \lim_{t\to 0}\frac{p_n(1/t)\,\exp(-1/t^2)}{t}$$

$$= \lim_{s\to\infty} s\, p_n(s)\,\exp(-s^2) = 0\,,$$

womit die Behauptung auch für $n + 1$ gezeigt ist. $\square$

(3)   Wir wollen mit Hilfe des Satzes von Taylor und Restgliedabschätzung eine Näherung für $\sqrt{2}$ bestimmen.

Dazu betrachten wir die Funktion $f : [0,\infty[\to \mathbb{R}$, $f(x) := \sqrt{x}$. Diese ist im Intervall $]0,\infty[$ beliebig oft differenzierbar.

Es gilt $f'(x) = \frac{1}{2\sqrt{x}}$, $f''(x) = -\frac{1}{4\sqrt{x^3}}$ und $f'''(x) = \frac{3}{8\sqrt{x^5}}$.

Das Taylorpolynom T_3 zum Entwicklungspunkt $c > 0$ lautet demnach

$$T_3(t;f) = \sqrt{c} + \frac{t-c}{2\sqrt{c}} - \frac{(t-c)^2}{8\sqrt{c^3}} + \frac{(t-c)^3}{16\sqrt{c^5}}\,.$$

Im Fall $c = 1$ und $t = 2$ erhalten wir $T_3(2;f) = 1 + \frac{1}{2} - \frac{1}{8} + \frac{1}{16} = \frac{23}{16}$.

Um zu sehen, wie weit dieser Wert vom „wahren" Funktionswert $\sqrt{2}$ entfernt ist, müssen wir die Differenz $f(t) - T_3(t;f) = R_4(t)$ abschätzen. Laut dem Satz von Taylor gibt es ein $\xi \in\,]1,2[$ derart, dass

$$\sqrt{2} = f(2) = T_3(2;f) + \frac{f^{(4)}(\xi)}{4!}(2-1)^4$$

gilt, und mit $f^{(4)}(x) = -\frac{15}{16\sqrt{x^7}}$ erhalten wir

$$\left|\sqrt{2}-\frac{23}{16}\right| = |f(2)-T_3(2;f)| = \left|\frac{1}{24}\frac{15}{16\sqrt{\xi^7}}\right| = \left|\frac{5}{128\sqrt{\xi^7}}\right| \leq \frac{5}{128}.$$

Mit anderen Worten: Die Zahl $\frac{23}{16}$ als Näherungswert unterscheidet sich vom wahren Wert von $\sqrt{2}$ um nicht mehr als $\frac{5}{128}$.

10.2 Potenzreihen mit allgemeinem Entwicklungspunkt

Häufig berechnet man Taylorreihen durch Umformung bekannter Reihen. Dazu benötigen wir ein Ergebnis über Umstellungen in der Reihenfolge der Summation.

Lemma 10.3. *Gegeben sei eine Doppelfolge $(a_{ij})_{i\in\mathbb{N},\,j\in\mathbb{N}}$ von Zahlen $a_{ij} \in \mathbb{K}$ mit folgenden Eigenschaften:*

(i) $\displaystyle\sum_{j=1}^{\infty} |a_{ij}| = b_i$ *(absolute Konvergenz bei festem i),*

(ii) $\displaystyle\sum_{i=1}^{\infty} b_i$ *konvergiert.*

Dann folgt $\displaystyle\sum_{i=1}^{\infty}\sum_{j=1}^{\infty} a_{ij} = \sum_{j=1}^{\infty}\sum_{i=1}^{\infty} a_{ij}.$

Beweis. Für $n \in \mathbb{N}$ sei $x_n := \frac{1}{n}$. Weiter sei $x_0 := \lim\limits_{n\to\infty} x_n = 0$.

Die Menge $M := \{x_0, x_1, x_2, \dots\}$ ist mit der natürlichen Metrik ein metrischer Raum. Zu jedem $i \in \mathbb{N}$ definieren wir eine Funktion $f_i : M \to \mathbb{K}$ mittels

$$f_i(x_0) := \sum_{j=1}^{\infty} a_{ij} \quad \text{und} \quad f_i(x_n) := \sum_{j=1}^{n} a_{ij} \quad \text{für } n \in \mathbb{N}.$$

Es gilt $\lim\limits_{n\to\infty} f_i(x_n) = f_i(x_0)$; laut Folgenkriterium (Satz 6.2) ist jedes f_i stetig in x_0.

Wegen $|f_i(x_n)| \leq b_i$ für alle $n \in \mathbb{N}_0$ folgt mit Satz 9.7, dass die Reihe $\sum_{i=1}^{\infty} f_i$ gleichmäßig auf M gegen eine Grenzfunktion $g : M \to \mathbb{K}$ konvergiert und Satz 9.2 liefert dann die Stetigkeit von g im Punkt x_0.

Nach Konstruktion von g gilt weiter $g(x_1) = \sum_{i=1}^{\infty} a_{i1}$ sowie

$$g(x_j) - g(x_{j-1}) = \sum_{i=1}^{\infty}\left(f_i(x_j) - f_i(x_{j-1})\right) = \sum_{i=1}^{\infty}\left(\sum_{k=1}^{j} a_{ik} - \sum_{k=1}^{j-1} a_{ik}\right) = \sum_{i=1}^{\infty} a_{ij}$$

für $j \geq 2$. Damit haben wir $\displaystyle g(x_n) = g(x_1) + \sum_{j=2}^{n}\left(g(x_j) - g(x_{j-1})\right) = \sum_{j=1}^{n}\left(\sum_{i=1}^{\infty} a_{ij}\right).$

Schließlich erhalten wir, mit dem Folgenkriterium angewandt auf g,

$$\sum_{j=1}^{\infty}\sum_{i=1}^{\infty}a_{ij} = \lim_{n\to\infty}\sum_{j=1}^{n}\left(\sum_{i=1}^{\infty}a_{ij}\right) = \lim_{n\to\infty}g(x_n) = g(x_0) = \sum_{i=1}^{\infty}f_i(x_0) = \sum_{i=1}^{\infty}\sum_{j=1}^{\infty}a_{ij}$$

wie behauptet.   □

Bemerkung: Man beachte, dass die spezielle Wahl der Folge $(x_n)_{n\in\mathbb{N}}$ im Beweis von Lemma 10.3 keine Rolle spielt. Es kommt lediglich darauf an, dass der Grenzwert $x_0 = \lim_{n\to\infty} x_n$ existiert und dass $x_n \neq x_m$ für $n \neq m$ gilt.

Ein Beispiel für eine Doppelfolge, bei der die Reihenfolge der Summation nicht vertauscht werden darf (und die folglich die Voraussetzungen von Lemma 10.3 nicht erfüllt), bringen wir in Aufgabe 3 am Ende dieses Kapitels.

Satz 10.4. *Sei* $f : \,]-R,R[\to \mathbb{K}$ *durch eine Potenzreihe mit Konvergenzradius* $R > 0$ *definiert, etwa*

$$f(x) = \sum_{k=0}^{\infty} c_k x^k \,.$$

Weiter sei $c \in \,]-R,R[$.
  Für $x \in U_{R-|c|}(c) = \,]\,c-(R-|c|)\,,\,c+(R-|c|)\,[$ *gilt dann*

$$f(x) = \sum_{k=0}^{\infty} \frac{f^{(k)}(c)}{k!}\,(x-c)^k \,.$$

Beweis. Für $x \in U_{R-|c|}(c)$ haben wir

$$f(x) = \sum_{n=0}^{\infty} c_n\,((x-c)+c)^n = \sum_{n=0}^{\infty} c_n \sum_{k=0}^{n} \binom{n}{k}(x-c)^k c^{n-k}\,.$$

Wir setzen $a_{nk} := c_n \binom{n}{k}(x-c)^k c^{n-k}$ für $k = 0,\dots,n$ und $a_{nk} := 0$ für $k > n$. Da

$$\sum_{n=0}^{\infty}\left(\sum_{k=0}^{\infty}|a_{nk}|\right) = \sum_{n=0}^{\infty}\sum_{k=0}^{n}\left|c_n\binom{n}{k}c^{n-k}(x-c)^k\right| = \sum_{n=0}^{\infty}|c_n|\,(\,|x-c|+|c|\,)^n$$

konvergiert, sind die Voraussetzungen von Lemma 10.3 erfüllt und wir erhalten

$$f(x) = \sum_{n=0}^{\infty}\sum_{k=0}^{\infty}a_{nk} = \sum_{k=0}^{\infty}\sum_{n=0}^{\infty}a_{nk} = \sum_{k=0}^{\infty}\sum_{n=k}^{\infty}\binom{n}{k}c_n\,c^{n-k}(x-c)^k\,.$$

Laut Satz 9.8 gilt

$$\frac{f^{(k)}(c)}{k!} = \frac{1}{k!}\sum_{n=k}^{\infty}n(n-1)\cdots(n-k+1)\,c_n\,c^{n-k} = \sum_{n=k}^{\infty}\binom{n}{k}c_n c^{n-k}$$

und die Behauptung ist bewiesen.   □

Bemerkung: Satz 10.4 gilt entsprechend auch im Fall $R = \infty$.

Betrachten wir Reihen der Form

$$\sum_{k=0}^{\infty} c_k (z-c)^k$$

für ein $c \in \mathbb{K}$, so gibt es laut Satz 5.19 genau ein $R \geq 0$ (oder $R = \infty$) derart, dass die Reihe absolut konvergiert für $z \in U_R(c)$ und divergiert für $|z| > R$. Man braucht nur $u := z - c$ zu betrachten. Diesen Wert R nennen wir ebenfalls **Konvergenzradius**, der Punkt c heißt **Entwicklungspunkt**.

Beispiel: Die Geometrische Reihe hat den Konvergenzradius 1; für $|x| < 1$ ist

$$f(x) := \sum_{k=0}^{\infty} x^k = \frac{1}{1-x}.$$

Sei $c := -\frac{1}{2}$. Aus $\frac{1}{k!} f^{(k)}\left(-\frac{1}{2}\right) = \left(\frac{2}{3}\right)^{k+1}$ und mit Satz 10.4 ergibt sich

$$\frac{1}{1-x} = \sum_{k=0}^{\infty} \left(\frac{2}{3}\right)^{k+1} \left(x + \frac{1}{2}\right)^k \tag{10.1}$$

zunächst für $x \in \,]-1,0[$. Letztere Reihe hat allerdings den Konvergenzradius $R = \frac{3}{2}$. Sie konvergiert daher sogar für $x \in \,]-2,1[$.

Wir wollen noch einige wichtige Eigenschaften festhalten. Sei

$$f(z) = \sum_{k=0}^{\infty} c_k (z-c)^k$$

eine Potenzreihe mit Konvergenzradius $R > 0$ (oder $R = \infty$).

Die Funktion f ist in $U_R(c) = \{z \in \mathbb{K} : |z-c| < R\}$ stetig (vgl. Korollar 6.6). Damit folgt, dass (10.1) tatsächlich für alle $x \in \,]-2,1[$ und sogar für alle $x \in \mathbb{C}$ mit $\left|x + \frac{1}{2}\right| < \frac{3}{2}$ gilt.

Im Folgenden sei $c \in \mathbb{R}$. Laut Satz 9.8 ist f in $]c-R, c+R[$ beliebig oft differenzierbar und es gilt

$$f^{(n)}(x) = \sum_{k=n}^{\infty} k(k-1) \cdots (k-n+1)\, c_k\, (x-c)^{k-n}.$$

Die Taylor-Reihe von f mit Entwicklungspunkt c ist genau die Potenzreihe, denn es ist $f^{(n)}(c) = n!\, c_n$. Insbesondere gilt also folgender Identitätssatz:

Korollar 10.5. *Falls* $\sum\limits_{k=0}^{\infty} c_k (x-c)^k = \sum\limits_{k=0}^{\infty} d_k (x-c)^k$ *für alle* $x \in \,]c-\rho, c+\rho[$ *mit einer Zahl* $\rho > 0$ *ist, so gilt* $c_k = d_k$ *für alle* $k \in \mathbb{N}_0$.

Analog zu Korollar 9.9 ergibt sich, dass durch

$$F :]c - R, c + R[\to \mathbb{K}, \qquad F(x) = \sum_{k=0}^{\infty} \frac{c_k}{k+1} (x - c)^{k+1}$$

eine Stammfunktion von f gegeben ist.

10.3 Der Abelsche Grenzwertsatz

Wir beginnen mit einem Beispiel.

Die Funktion $f :]-1, \infty[\to \mathbb{R}$, $f(x) := \ln(1+x)$, ist differenzierbar mit $f'(x) = \frac{1}{1+x}$.
Für $|x| < 1$ können wir $f'(x)$ als Potenzreihe schreiben: Es gilt $f'(x) = \sum_{k=0}^{\infty} (-1)^k x^k$.
Eine Stammfunktion dieser Reihe können wir leicht angeben. Damit erhalten wir
$\sum_{k=0}^{\infty} (-1)^k \frac{x^{k+1}}{k+1} = f(x) + c$ mit einer Konstante $c \in \mathbb{R}$.

Einsetzen von etwa $x = 0$ liefert $c = 0$. Somit haben wir

$$\ln(1+x) = \sum_{k=0}^{\infty} (-1)^k \frac{x^{k+1}}{k+1} \qquad \text{für } |x| < 1 .$$

Laut dem Leibniz-Kriterium (Korollar 5.15) konvergiert die Reihe rechts auch noch
für $x = 1$. Um zu zeigen, dass sie gegen $\ln(2)$ konvergiert, benutzen wir den folgenden Satz. Man beachte, dass die differenzierte Reihe für $x = 1$ nicht konvergiert.

Satz 10.6 (Abelscher Grenzwertsatz).
Es sei $f(x) = \sum_{k=0}^{\infty} c_k(x-c)^k$ eine Potenzreihe mit Konvergenzradius $R > 0$, $c \in \mathbb{R}$.

Für den Randpunkt $x = c + R$ sei die Reihe $\sum_{k=0}^{\infty} c_k R^k$ auch konvergent.

  Dann gilt

$$\lim_{x \to (c+R)-} f(x) = \sum_{k=0}^{\infty} c_k R^k .$$

Insbesondere ist $f :]c - R, c + R] \to \mathbb{K}$, $f(x) = \sum_{k=0}^{\infty} c_k(x - c)^k$, stetig.

Beweis. Ersetzt man x durch $Ry + c$, so ergibt sich eine Potenzreihe um Null mit
Konvergenzradius 1.
Es reicht also, $f(x) = \sum_{k=0}^{\infty} c_k x^k$ mit $R = 1$ und konvergenter Reihe $\sum_{k=0}^{\infty} c_k$ anzunehmen.
  Mit $S_n := \sum_{k=0}^{n} c_k$ für $n \in \mathbb{N}_0$ und $S_{-1} := 0$ gilt

$$\sum_{k=0}^{N} c_k x^k = \sum_{k=0}^{N} (S_k - S_{k-1}) \, x^k = (1-x) \sum_{k=0}^{N-1} S_k x^k + S_N x^N$$

und mit $N \to \infty$ folgt

$$f(x) = (1-x) \sum_{k=0}^{\infty} S_k x^k \qquad \text{für } |x| < 1 \, ;$$

diese Reihe ist konvergent, denn es gilt $\left| \sum_{k=0}^{\infty} S_k x^k \right| \le \max_{n \in \mathbb{N}_0} |S_n| \sum_{k=0}^{\infty} x^k$.

Betrachte $S := \lim_{n \to \infty} S_n = \sum_{k=0}^{\infty} c_k$.

Zu $\varepsilon > 0$ existiert $N \in \mathbb{N}$ mit $|S - S_n| < \frac{\varepsilon}{2} \ \forall n \ge N$. Wir erhalten

$$|f(x) - S| = \left| (1-x) \sum_{k=0}^{\infty} (S_k - S) \, x^k \right|$$

$$\le (1-x) \sum_{k=0}^{N} |S_k - S| \, |x^k| + \frac{\varepsilon}{2} \underbrace{(1-x) \sum_{k=0}^{\infty} |x|^k}_{=1}$$

$$\le (1-x) \sum_{k=0}^{N} |S_k - S| + \frac{\varepsilon}{2} \, .$$

Nun gibt es eine Zahl $\delta > 0$ mit $(1-x) \sum_{k=0}^{N} |S_k - S| < \frac{\varepsilon}{2}$ für alle $x \in \,]1 - \delta, 1]$.

Damit haben wir schließlich $|f(x) - S| < \varepsilon$ für alle $x \in \,]1 - \delta, 1[$. Folglich gilt $\lim_{x \to 1-} f(x) = S$ wie gewünscht. $\qquad \square$

Kehren wir zurück zu unserem Beispiel. Mit Satz 10.6 erhalten wir nun

$$\ln(2) = \sum_{k=0}^{\infty} (-1)^k \frac{1}{k+1} = 1 - \frac{1}{2} + \frac{1}{3} - \frac{1}{4} \pm \cdots , \qquad (10.2)$$

den Wert der *Alternierenden Harmonischen Reihe*.

10.4 Aufgaben

1. Es sei I ein Intervall derart, dass für jedes $x \in I$ auch $-x \in I$ gilt.

   Eine Funktion $f : I \to \mathbb{K}$ heißt **gerade**, wenn $f(x) = f(-x)$ gilt für alle $x \in I$; sie heißt **ungerade**, wenn $f(x) = -f(-x)$ gilt für alle $x \in I$.

   Zeigen Sie: Alle Taylorpolynome zum Entwicklungspunkt 0 (sofern sie existieren) einer geraden/ungeraden Funktion sind ebenfalls gerade/ungerade.

2. Es sei $f : \mathbb{R} \to \mathbb{R}$ eine differenzierbare Funktion mit $f' = f$ und $f(0) = 1$. Bestimmen Sie die Taylorreihe $T_f(x)$ von f zum Entwicklungspunkt 0. Für welche x konvergiert diese gegen $f(x)$?

3. *Ein Gegenbeispiel zur Vertauschung bei Doppelsummen.*

   Für $i, j \in \mathbb{N}$ sei

   $$a_{ij} := \begin{cases} 0 & \text{für } i < j \,, \\ -1 & \text{für } i = j \,, \\ 2^{j-i} & \text{für } i > j \,. \end{cases}$$

   $$\begin{matrix} -1 & 0 & 0 & 0 & \cdots \\ \tfrac{1}{2} & -1 & 0 & 0 & \cdots \\ \tfrac{1}{4} & \tfrac{1}{2} & -1 & 0 & \cdots \\ \tfrac{1}{8} & \tfrac{1}{4} & \tfrac{1}{2} & -1 & \cdots \\ \vdots & \vdots & \vdots & \vdots & \ddots \end{matrix}$$

   Zeigen Sie, dass $\displaystyle\sum_{i=1}^{\infty}\sum_{j=1}^{\infty} a_{ij} \neq \sum_{j=1}^{\infty}\sum_{i=1}^{\infty} a_{ij}$

   gilt und geben Sie an, welche der Voraussetzungen von Lemma 10.3 im vorliegenden Fall nicht erfüllt ist.

4. *Lösung der Schwingungsgleichung mittels Taylor-Entwicklung.*

   Es sei $f : \mathbb{R} \to \mathbb{R}$ eine zwei Mal differenzierbare Funktion mit der Eigenschaft

   $$f''(x) + f(x) = 0 \qquad \text{für alle } x \in \mathbb{R} \,.$$

   Zeigen Sie mit Hilfe der Talyor-Entwicklung von f, dass gilt:

   $$f(x) = f(0)\cos x + f'(0)\sin x \qquad \text{für alle } x \in \mathbb{R} \,.$$

5. Es seien $\lambda \in \mathbb{R}$ und $f : \mathbb{R} \to \mathbb{R}$ eine differenzierbare Funktion mit $f(0) \neq 0$ derart, dass $f'(x) = f(\lambda x)$ gilt für alle $x \in \mathbb{R}$.

   a. Zeigen Sie, dass f beliebig oft differenzierbar ist und berechnen Sie $f^{(k)}$ für $k \in \mathbb{N}$.

   b. Bestimmen Sie die Taylorreihe von f um den Nullpunkt und deren Konvergenzradius.

   c. Zeigen Sie mit Hilfe einer Abschätzung des Lagrangeschen Restglieds, dass für $|\lambda| \leq 1$ die Taylor-Reihe von f auf ganz $\mathbb{R}$ gegen f konvergiert.

6. Sei $z_0 \in \mathbb{C}$. Die Potenzreihe $\displaystyle\sum_{k=0}^{\infty} c_k(z - z_0)^k$ habe den Konvergenzradius $R > 0$.

   Weiter sei $z_1 \in U_R(z_0)$. Zeigen Sie: Für alle $z \in U_{R-|z_1-z_0|}(z_1)$ gilt

   $$\sum_{k=0}^{\infty} c_k(z - z_0)^k = \sum_{j=0}^{\infty} b_j(z - z_1)^j$$

   mit $b_j = \displaystyle\sum_{k=j}^{\infty} \binom{k}{j} c_k(z_1 - z_0)^{k-j}$.

Kapitel 11
Fourierreihen

Fourierreihen eignen sich zur Analyse von Funktionen, von denen man annimmt, dass sie eine Überlagerung von Grundschwingungsfunktionen (mit bestimmten Frequenzen) sind, d.h. von $\sin(kx)$, $\cos(kx)$ oder e^{ikx}. Dabei können diese Funktionen Sprungstellen haben (so genannte Pulsfunktionen).

Zunächst ist eine Vorbemerkung zu periodischen Funktionen angebracht. Eine Funktion $f : \mathbb{R} \to \mathbb{K}$ heißt **periodisch** mit der **Periode** $\omega > 0$, falls

$$f(x+\omega) = f(x) \qquad \text{für alle } x \in \mathbb{R}$$

gilt. Es gilt dann auch $f(x+k\omega) = f(x)$ für alle $x \in \mathbb{R}$ und alle $k \in \mathbb{Z}$.

Wir können immer davon ausgehen, dass eine Funktion mit Periode $\omega = 2\pi$ vorliegt, indem wir f durch eine Funktion g mit $g(x) := f\left(\frac{\omega}{2\pi} x\right)$ ersetzen.

11.1 Trigonometrische Polynome und Fourierkoeffizienten

Ein **trigonometrisches Polynom** ist eine Summe der Form

$$f(x) = \frac{a_0}{2} + \sum_{k=1}^{n} (a_k \cos kx + b_k \sin kx) \qquad (x \in \mathbb{R})$$

mit Koeffizienten $a_0, \ldots, a_n; b_1, \ldots, b_n \in \mathbb{K}$.

Wegen $\cos x = \frac{1}{2}\left(e^{ix} + e^{-ix}\right)$ und $\sin x = \frac{1}{2i}\left(e^{ix} - e^{-ix}\right)$ kann man obige Darstellung auch schreiben als

$$f(x) = \sum_{k=-n}^{n} c_k e^{ikx} .$$

Dabei ist $c_0 = \frac{a_0}{2}$ und $c_k = \frac{1}{2}(a_k - ib_k)$ sowie $c_{-k} = \frac{1}{2}(a_k + ib_k)$ für $k \in \mathbb{N}$. Umgekehrt gilt dann natürlich $a_0 = 2c_0$, $a_k = c_k + c_{-k}$ und $b_k = \frac{1}{i}(c_{-k} - c_k)$ für $k \in \mathbb{N}$.

R. Lasser, F. Hofmaier, *Analysis 1 + 2*, Springer-Lehrbuch,
DOI 10.1007/978-3-642-28644-5_11, © Springer-Verlag Berlin Heidelberg 2012

Wegen

$$\int_0^{2\pi} e^{inx}\,dx = \frac{1}{in}\,e^{inx}\,\Big|_0^{2\pi} = 0 \qquad \text{für } n \neq 0$$

erfüllt die „doppelseitige" Folge $(e_k)_{k\in\mathbb{Z}}$ von Funktionen $e_k(x) := e^{ikx}$ die folgende Orthogonalitätsrelation: Es gilt

$$\frac{1}{2\pi}\int_0^{2\pi} e_k(x)\,\overline{e_m(x)}\,dx = \frac{1}{2\pi}\int_0^{2\pi} e^{i(k-m)x}\,dx = \begin{cases} 1 & \text{für } k = m\,, \\ 0 & \text{für } k \neq m\,. \end{cases}$$

Ist nun $f(x) = \sum\limits_{k=-n}^{n} c_k\,e^{ikx}$ ein trigonometrisches Polynom, so haben wir

$$\int_0^{2\pi} f(x)\,e^{-imx}\,dx = \int_0^{2\pi}\sum_{k=-n}^{n} c_k\,e^{ikx}\,e^{-imx}\,dx = \sum_{k=-n}^{n} c_k \int_0^{2\pi} e^{i(k-m)x}\,dx = 2\pi\,c_m$$

für $m \in \{-n,\dots,n\}$. Das Integral auf der linken Seite können wir nicht nur für trigonometrische Polynome, sondern für beliebige integrierbare Funktionen bilden.

Definition 11.1. Sei $R_p := \{f \in R([0,2\pi]) : f(0) = f(2\pi)\}$.

Für $f \in R_p$ heißen die Zahlen

$$\widehat{f}(k) := \frac{1}{2\pi}\int_0^{2\pi} f(x)\,e^{-ikx}\,dx\,, \qquad k \in \mathbb{Z}\,,$$

die **Fourierkoeffizienten** von f. Die formale Reihe

$$\sum_{k=-\infty}^{\infty} \widehat{f}(k)\,e^{ikx}$$

heißt **Fourierreihe** von f.

Bemerkungen:

(1)   Die Fourierreihe ist zunächst nur ein formales Gebilde. Es gibt zahlreiche Fälle, bei denen sie für kein $x \in \mathbb{R}$ konvergiert.

(2)   Wir werden die Konvergenz einer Fourierreihe (wenn nicht anders angegeben) wie folgt verstehen:

$$\sum_{k=-\infty}^{\infty} \widehat{f}(k)\,e^{-ikx} := \lim_{n\to\infty}\sum_{k=-n}^{n} \widehat{f}(k)\,e^{-ikx}\,.$$

(3)   Bezüglich Fourierreihen können wir 2π-periodische Funktionen $g : \mathbb{R} \to \mathbb{K}$ und Funktionen $f : [0,2\pi] \to \mathbb{K}$ mit $f(0) = f(2\pi)$ als gleichwertig sehen. Man kann f zu einer 2π-periodischen Funktion $g : \mathbb{R} \to \mathbb{K}$ fortsetzen mittels $g(x+2\pi n) := f(x)$ für $x \in [0,2\pi[$ und $n \in \mathbb{Z}$. Wir werden die 2π-periodische Fortsetzung stets auch wieder mit f bezeichnen.

Damit ist auch klar, dass die Fourierkoeffizienten $\widehat{f}(k)$ durch

$$\widehat{f}(k) = \frac{1}{2\pi} \int_0^{2\pi} f(x)\, \mathrm{e}^{-\mathrm{i}kx}\mathrm{d}x = \frac{1}{2\pi} \int_\alpha^{\alpha+2\pi} f(x)\, \mathrm{e}^{-\mathrm{i}kx}\, \mathrm{d}x$$

für beliebiges $\alpha \in \mathbb{R}$ gegeben sind.

Als erstes Beispiel sei f eine so genannte Pulsfunktion,

$$f(x) := \begin{cases} 1 & \text{für } x \in [0,\pi] \cup \{2\pi\}, \\ -1 & \text{für } x \in \,]\pi, 2\pi[\,. \end{cases}$$

Es gilt $\widehat{f}(0) = 0$ und für $k \neq 0$ erhalten wir

$$\widehat{f}(k) = \frac{1}{2\pi} \left(\int_0^\pi \mathrm{e}^{-\mathrm{i}kx}\, \mathrm{d}x - \int_\pi^{2\pi} \mathrm{e}^{-\mathrm{i}kx}\, \mathrm{d}x \right) = \frac{1}{2\pi} \left(\frac{\mathrm{e}^{-\mathrm{i}kx}}{-\mathrm{i}k} \Big|_0^\pi - \frac{\mathrm{e}^{-\mathrm{i}kx}}{-\mathrm{i}k} \Big|_\pi^{2\pi} \right)$$

$$= \frac{\mathrm{i}}{2\pi k} \left((\mathrm{e}^{-\mathrm{i}k\pi} - 1) - (1 - \mathrm{e}^{-\mathrm{i}k\pi}) \right) = \frac{\mathrm{i}}{2\pi k} \left(2\mathrm{e}^{-\mathrm{i}k\pi} - 2 \right)$$

$$= \begin{cases} 0, & \text{falls } k \text{ gerade}, \\ -\frac{2\mathrm{i}}{\pi k}, & \text{falls } k \text{ ungerade}. \end{cases}$$

Die Fourierreihe von f lautet also

$$-\frac{2\mathrm{i}}{\pi} \sum_{k=-\infty}^{\infty} \frac{1}{2k+1}\, \mathrm{e}^{\mathrm{i}(2k+1)x} = \frac{4}{\pi} \sum_{k=0}^{\infty} \frac{1}{2k+1}\, \sin(2k+1)x\,.$$

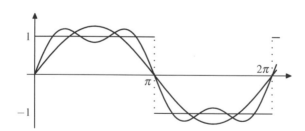

Es ist aufschlussreich, die Partialsummen

$$S_{2n+1}f(x) := \frac{4}{\pi} \sum_{k=0}^{n} \frac{1}{2k+1}\, \sin((2k+1)x)$$

für verschiedene n zu berechnen, um so die Approximation von $f(x)$ zu veranschaulichen. Die Abbildung zeigt $S_1 f(x)$ und $S_3 f(x)$.

Jean-Baptiste Joseph Fourier (1768-1830, Paris) behauptete, dass für jedes $f \in R_p$ deren Fourierreihe gegen f strebt (er benutzte diese Reihen, um die Wärmeleitung in einem Körper zu beschreiben). Dies ist falsch. Man erkennt an obigem Beispiel, dass etwa an der Stelle $x = \pi$ die Fourierreihe gegen $0 \neq f(\pi)$ konvergiert.

Viele Mathematiker (u.a. Cauchy) haben Fouriers Behauptung mit falschem Beweis „nachgewiesen". Erst Dirichlet brachte Ordnung in die Untersuchungen. Paul du Bois-Reymond (1831-1889, Tübingen, Berlin) konnte zeigen: Es gibt eine stetige 2π-periodische Funktion f, deren Fourierreihe an der Stelle $x = 0$ gegen ∞ divergiert.

Ein wichtiges Resultat stammt von Lipót Fejér (1880-1959, Budapest; damals 19-jährig). Er bewies, dass

$$\sum_{k=-n}^{n} \left(1 - \frac{|k|}{n+1}\right) \widehat{f}(k)\, \mathrm{e}^{\mathrm{i}kt} \to f(t) \qquad \text{für } n \to \infty$$

gilt, falls die 2π-periodische Funktion f stetig ist (sogar mit gleichmäßiger Konvergenz). Wir werden in Satz 11.5 und Satz 11.6 darauf zurückkommen.

11.2 Konvergenz nach Dirichlet und Fejér

Wir zeigen zunächst wichtige Gleichheiten für gewisse trigonometrische Polynome.

Für $n \in \mathrm{I\!N}$ betrachten wir $D_n(x) := \sum_{k=-n}^{n} \mathrm{e}^{\mathrm{i}kx} = 1 + 2\sum_{k=1}^{n} \cos(kx)$ und

$$F_n(x) := \frac{1}{n+1}\sum_{k=0}^{n} D_k(x) = \frac{1}{n+1}\sum_{k=-n}^{n} ((n+1) - |k|)\, \mathrm{e}^{\mathrm{i}kx} = \sum_{k=-n}^{n}\left(1 - \frac{|k|}{n+1}\right)\mathrm{e}^{\mathrm{i}kx}\,.$$

Man bezeichnet $(D_n)_{n\in\mathrm{I\!N}}$ als **Dirichlet-Kern** und $(F_n)_{n\in\mathrm{I\!N}}$ heißt **Fejér-Kern**.

Lemma 11.2. *Für $x \notin \{2k\pi : k \in \mathbb{Z}\}$ gilt*

$$D_n(x) = \frac{\sin\left((2n+1)\frac{x}{2}\right)}{\sin\left(\frac{x}{2}\right)} \qquad und \qquad F_n(x) = \frac{1}{n+1}\left(\frac{\sin\left((n+1)\frac{x}{2}\right)}{\sin\left(\frac{x}{2}\right)}\right)^2.$$

Weiter ist $D_n(2k\pi) = 2n+1$ sowie $F_n(2k\pi) = n+1$ für $k \in \mathbb{Z}$.

Beweis. Die Behauptungen für $x = 2k\pi$ sind offensichtlich.

Andernfalls gilt

$$D_n(x) = \mathrm{e}^{-\mathrm{i}nx}\sum_{k=0}^{2n}(\mathrm{e}^{\mathrm{i}x})^k = \mathrm{e}^{-\mathrm{i}nx}\,\frac{(\mathrm{e}^{\mathrm{i}x})^{2n+1} - 1}{\mathrm{e}^{\mathrm{i}x} - 1}$$

$$= \mathrm{e}^{-\mathrm{i}nx}\,\frac{\mathrm{e}^{\mathrm{i}(2n+1)x/2}}{\mathrm{e}^{\mathrm{i}x/2}}\,\frac{\mathrm{e}^{\mathrm{i}(2n+1)x/2} - \mathrm{e}^{-\mathrm{i}(2n+1)x/2}}{\mathrm{e}^{\mathrm{i}x/2} - \mathrm{e}^{-\mathrm{i}x/2}} = \frac{\sin\left((2n+1)\frac{x}{2}\right)}{\sin\left(\frac{x}{2}\right)}$$

und mit Hilfe von $\cos(z-w)-\cos(z+w) = 2\sin z \, \sin w$ (siehe Satz 5.22) erhalten wir weiter

$$
\begin{aligned}
\left(\sin\left(\frac{x}{2}\right)\right)^2 (n+1)\, F_n(x) &= \left(\sin\left(\frac{x}{2}\right)\right)^2 \sum_{k=0}^{n} D_k(x) \\
&= \sum_{k=0}^{n} \sin\left(\frac{x}{2}\right)\sin\left((2k+1)\,\frac{x}{2}\right) \\
&= \sum_{k=0}^{n} \frac{\cos(kx)-\cos((k+1)x)}{2} \\
&= \frac{1-\cos((n+1)x)}{2} = \left(\sin\left(\frac{(n+1)x}{2}\right)\right)^2,
\end{aligned}
$$

womit die Behauptung gezeigt ist. $\qquad\square$

Zu $f \in R_p$ betrachten wir nun die folgenden trigonometrischen Polynome:

$$
S_n(f)(x) := \sum_{k=-n}^{n} \widehat{f}(k)\, \mathrm{e}^{\mathrm{i}kx} \qquad \text{und} \qquad \sigma_n(f)(x) := \sum_{k=-n}^{n} \left(1-\frac{|k|}{n+1}\right) \widehat{f}(k)\, \mathrm{e}^{\mathrm{i}kx}.
$$

Das nächste Lemma gibt eine Integraldarstellung von $S_n(f)$ und $\sigma_n(f)$ an.

Lemma 11.3. *Sei $f \in R_p$. Es gilt*

$$
S_n(f)(x) = \frac{1}{2\pi}\int_0^{2\pi} f(y)\, D_n(x-y)\,\mathrm{d}y = \frac{1}{2\pi}\int_0^{2\pi} f(x-y)\, D_n(y)\,\mathrm{d}y \qquad \textit{sowie}
$$

$$
\sigma_n(f)(x) = \frac{1}{2\pi}\int_0^{2\pi} f(y)\, F_n(x-y)\,\mathrm{d}y = \frac{1}{2\pi}\int_0^{2\pi} f(x-y)\, F_n(y)\,\mathrm{d}y
$$

für alle $x \in \mathbb{R}$ und es ist $\quad \sigma_n(f) = \dfrac{1}{n+1}\displaystyle\sum_{k=0}^{n} S_k(f).$

Beweis. Mit

$$
\begin{aligned}
\sigma_n(f)(x) &= \sum_{k=-n}^{n}\left(1-\frac{|k|}{n+1}\right)\left(\frac{1}{2\pi}\int_0^{2\pi} f(y)\,\mathrm{e}^{-\mathrm{i}ky}\,\mathrm{d}y\right)\mathrm{e}^{\mathrm{i}kx} \\
&= \frac{1}{2\pi}\int_0^{2\pi} f(y) \sum_{k=-n}^{n}\left(1-\frac{|k|}{n+1}\right)\mathrm{e}^{\mathrm{i}k(x-y)}\,\mathrm{d}y \\
&= \frac{1}{2\pi}\int_0^{2\pi} f(y)\, F_n(x-y)\,\mathrm{d}y
\end{aligned}
$$

ist die Gleichheit links in der zweiten Behauptung gezeigt. Die rechte Gleichung erhält man durch Substitution mit $t := x-y$. Die entsprechenden Aussagen für S_n beweist man ganz analog.

Daraus folgt die letzte Behauptung jetzt direkt mit der Definition von F_n. $\qquad\square$

Wir wollen sehen, unter welchen Bedingungen die Fourierreihe einer Funktion
$f \in R_p$ gegen f konvergiert. Mit anderen Worten, uns interessiert das Verhalten
von $S_n(f)$ für $n \to \infty$. Darüberhinaus wollen wir auch $\sigma_n(f)$ auf Konvergenz untersuchen. Es stellt sich heraus, dass σ_n in gewissen Fällen besser zur Approximation
geeignet ist als S_n. Dies liegt u.a. an folgenden Eigenschaften.

Lemma 11.4. *Es gelten*

(i) $F_n(x) \geq 0 \quad$ *für alle* $x \in \mathbb{R}$,

(ii) $\dfrac{1}{2\pi} \displaystyle\int_0^{2\pi} F_n(x)\, \mathrm{d}x = 1$,

(iii)   *für jedes* $0 < \delta < \pi$ *konvergiert* $F_n(x) \to 0$ *gleichmäßig auf* $[\delta\,, 2\pi - \delta]$
         mit $n \to \infty$.

Beweis. Die erste Behauptung erkennt man sofort an Hand der Darstellung aus
Lemma 11.2. Weiter ist

$$\frac{1}{2\pi} \int_0^{2\pi} F_n(x)\, \mathrm{d}x = \frac{1}{2\pi} \sum_{k=-n}^{n} \left(1 - \frac{|k|}{n+1} \right) \int_0^{2\pi} \mathrm{e}^{\mathrm{i}kx}\, \mathrm{d}x \, ,$$

wobei das Integral nur für $k = 0$ einen von Null verschiedenen Wert, nämlich 2π,
hat. Somit ist auch die zweite Aussage gezeigt. Ist nun $0 < \delta < \pi$, so erhalten wir,
wieder mit Lemma 11.2, für alle $x \in [\delta\,, 2\pi - \delta]$ die Abschätzung

$$F_n(x) \leq \frac{1}{n+1} \left(\frac{1}{\sin(x/2)} \right)^2 \leq \frac{1}{n+1} \left(\frac{1}{\sin(\delta/2)} \right)^2 \xrightarrow{n \to \infty} 0 \, .$$

Der Ausdruck rechts hängt nicht mehr von x ab; daher konvergiert $F_n(x)$ gleichmäßig
auf $[\delta\,, 2\pi - \delta]$. $\square$

Satz 11.5. *Sei* $f \in R_p$. *Ist* f *im Punkt* x *stetig, so gilt* $\displaystyle\lim_{n \to \infty} \sigma_n(f)(x) = f(x)$.

Beweis. Sei $\varepsilon > 0$. Auf Grund der Stetigkeit gibt es eine Zahl $\delta > 0$ derart, dass
$|f(y) - f(x)| \leq \frac{\varepsilon}{2}$ für alle y mit $|y - x| < \delta$ gilt.

Ohne Einschränkung können wir $M := \|f\|_\infty > 0$ annehmen. Laut Aussage *(iii)*
von Lemma 11.4 gibt es $N \in \mathbb{N}$ mit

$$|F_n(y)| \leq \frac{\varepsilon}{4M} \qquad \text{für alle } y \in [\delta\,, 2\pi - \delta] \text{ und alle } n \in \mathbb{N} \, .$$

Mit den Resultaten *(i)* und *(ii)* aus Lemma 11.4 gilt ferner

$$\int_0^\delta |F_n(y)|\, \mathrm{d}y + \int_{2\pi-\delta}^{2\pi} |F_n(y)|\, \mathrm{d}y \leq \int_0^{2\pi} |F_n(y)|\, \mathrm{d}y = \int_0^{2\pi} F_n(y)\, \mathrm{d}y = 2\pi$$

und wir erhalten schließlich

$$|\sigma_n(f)(x) - f(x)| = \left| \frac{1}{2\pi} \int_0^{2\pi} f(x-y)\, F_n(y)\, dy - \frac{1}{2\pi} \int_0^{2\pi} f(x)\, F_n(y)\, dy \right|$$

$$= \frac{1}{2\pi} \left| \int_0^{2\pi} (f(x-y) - f(x))\, F_n(y)\, dy \right|$$

$$\leq \frac{1}{2\pi} \int_0^{\delta} |f(x-y) - f(x)|\, F_n(y)\, dy$$

$$+ \frac{1}{2\pi} \int_{-\delta}^{0} |f(x-y) - f(x)|\, F_n(y)\, dy$$

$$+ \frac{1}{2\pi} \int_{\delta}^{2\pi - \delta} |f(x-y) - f(x)|\, F_n(y)\, dy$$

$$\leq \frac{\varepsilon}{2} + \frac{2M}{2\pi} \int_{\delta}^{2\pi - \delta} F_n(y)\, dy \leq \frac{\varepsilon}{2} + \frac{M}{\pi} \int_{\delta}^{2\pi - \delta} \frac{\varepsilon}{4M}\, dy \leq \varepsilon$$

für alle $n \geq N$. $\qquad\square$

Satz 11.6 (Fejér). *Sei $f \in R_p$ stetig.*

Dann gilt $\sigma_n(f) \to f$ gleichmäßig auf $[0, 2\pi]$ mit $n \to \infty$.

Beweis. Da f laut Satz 6.18 gleichmäßig stetig ist, gibt es zu $\varepsilon > 0$ ein $\delta > 0$ derart, dass $|f(y) - f(x)| < \frac{\varepsilon}{2}$ für alle x, y mit $|y - x| < \delta$ gilt, d.h. δ hängt nicht von x ab.

Nun kann man exakt wie im Nachweis von Satz 11.5 vorgehen. $\qquad\square$

Wir notieren noch einige wichtige Folgerungen.

Korollar 11.7 (Weierstraßscher Approximationssatz). *Sei $f \in R_p$ stetig.*

Dann existiert eine Folge trigonometrischer Polynome $(P_n)_{n \in \mathbb{N}}$, die gleichmäßig auf $\mathbb{R}$ gegen f konvergiert, also $\lim\limits_{n \to \infty} \|P_n - f\|_\infty = 0$.

Beweis. Wähle $P_n = \sigma_n(f)$. $\qquad\square$

Korollar 11.8 (Eindeutigkeitssatz). *Seien $f, g \in R_p$ stetig mit $\widehat{f}(k) = \widehat{g}(k)\ \forall k \in \mathbb{Z}$.*

Dann ist $f = g$.

Beweis. Aus der Voraussetzung folgt $\sigma_n(f) = \sigma_n(g)$ für alle $n \in \mathbb{N}_0$. Mit Satz 11.6 erhalten wir $f = g$. $\qquad\square$

In den Beweisen zu Satz 11.5 und Satz 11.6 werden von F_n nur die Eigenschaften aus Lemma 11.4 benutzt. Man erhält die selben Resultate daher auch, wenn man an Stelle von F_n andere Systeme von trigonometrischen Polynomen verwendet, sofern diese ebenfalls die Aussagen von Lemma 11.4 erfüllen.

Für den Dirichlet-Kern, also die D_n, ist dies allerdings nicht der Fall. Dennoch gilt in vielen Fällen auch $S_n(f) \to f$ mit $n \to \infty$.

Satz 11.9 (Riemann-Lebesgue-Lemma). *Sei* $f \in R([a,b])$.

Dann gilt $\lim_{n\to\infty} \int_a^b f(x)\, \sin(nx)\, \mathrm{d}x = 0 = \lim_{n\to\infty} \int_a^b f(x)\, \cos(nx)\, \mathrm{d}x$.

Insbesondere gilt für $f \in R_p$ damit $\lim_{|n|\to\infty} \widehat{f}(n) = 0$.

Beweis. Seien zunächst g eine Treppenfunktion und $a = a_0 < a_1 < \cdots < a_m = b$, sodass $g(x) = c_k$ für $x \in {]a_{k-1}, a_k[}$ gilt. Für $n \in \mathbb{N}$ ergibt sich

$$\left| \int_a^b g(x)\, \sin(nx)\, \mathrm{d}x \right| = \left| \sum_{k=1}^{m} \frac{1}{n} c_k (\cos(na_{k-1}) - \cos(na_k)) \right| \leq \frac{2}{n} \sum_{k=1}^{m} |c_k| \xrightarrow{n\to\infty} 0 \,.$$

Sei nun $f \in R([a,b])$. Zu jedem $\varepsilon > 0$ gibt es dann eine Treppenfunktion g mit $\|f - g\|_\infty < \frac{\varepsilon}{b-a}$ und weiter

$$\left| \int_a^b f(x)\, \sin(nx)\, \mathrm{d}x - \int_a^b g(x)\, \sin(nx)\, \mathrm{d}x \right| \leq \int_a^b |f(x) - g(x)|\, \mathrm{d}x < \varepsilon \,.$$

Da ε beliebig klein gewählt werden kann, bleibt nur $\lim_{n\to\infty} \int_a^b f(x)\, \sin(nx)\, \mathrm{d}x = 0$.

Für cos zeigt man dies ganz analog. Die abschließende Behauptung ergibt sich dann unmittelbar mit $\mathrm{e}^{-inx} = \cos(nx) - \mathrm{i}\sin(nx)$. □

Nun können wir ein wichtiges Resultat über punktweise Konvergenz von Fourierreihen beweisen.

Wir erinnern uns (Satz 8.5), dass für eine Regelfunktion $f \in R([a,b])$ an einer Stelle $x \in [a,b]$ stets die einseitigen Grenzwerte $f(x+)$ und $f(x-)$ existieren.

Satz 11.10. *Sei $f \in R_p$. Wenn an einer Stelle $x \in \mathbb{R}$ die einseitigen Ableitungen*

$$f'(x+) := \lim_{t\to 0+} \frac{f(x+t) - f(x+)}{t} \qquad und \qquad f'(x-) := \lim_{t\to 0-} \frac{f(x+t) - f(x-)}{t}$$

existieren, so gilt $\lim_{n\to\infty} S_n(f)(x) = \frac{1}{2}(f(x+) + f(x-))$.

Wenn f überdies an der Stelle x stetig ist, konvergiert die Fourierreihe an diesem Punkt also gegen den Funktionswert.

Beweis. Wegen $D_n(-x) = D_n(x)$ ergibt sich mittels Substitution

$$\int_{-\pi}^0 f(x-y)\, D_n(y)\, \mathrm{d}y = \int_0^\pi f(x+s)\, D_n(s)\, \mathrm{d}s$$

und auch

$$\int_0^\pi D_n(y)\, \mathrm{d}y = \frac{1}{2} \int_{-\pi}^\pi D_n(y)\, \mathrm{d}y = \pi \,.$$

Wir setzen dies in die Darstellung aus Lemma 11.3 ein und schreiben schließlich D_n wie in Lemma 11.2. Damit erhalten wir

$$S_n(f)(x) - \frac{1}{2}(f(x+) + f(x-))$$

$$= \frac{1}{2\pi} \int_{-\pi}^{\pi} f(x-y)\, D_n(y)\, dy - \frac{1}{2}(f(x+) + f(x-))$$

$$= \frac{1}{2\pi} \int_0^{\pi} (f(x+y) + f(x-y) - f(x+) - f(x-))\, D_n(y)\, dy$$

$$= \frac{1}{\pi} \int_0^{\pi} \left(\frac{f(x+y) - f(x+)}{2\sin\left(\frac{y}{2}\right)} + \frac{f(x-y) - f(x-)}{2\sin\left(\frac{y}{2}\right)} \right) \sin\left((2n+1)\frac{y}{2}\right)\, dy\,.$$

Mit der Regel von L'Hospital (Satz 7.15) gilt weiter

$$\lim_{y\to 0+} \frac{f(x+y) - f(x+)}{2\sin\left(\frac{y}{2}\right)} = f'(x+) \quad \text{und} \quad \lim_{y\to 0+} \frac{f(x-y) - f(x-)}{2\sin\left(\frac{y}{2}\right)} = f'(x-)\,.$$

Daher ist $g : [0,\pi] \to \mathbb{K}$ mit $g(0) := f'(x+) - f'(x-)$ und

$$g(y) := \frac{f(x+y) - f(x+)}{2\sin\left(\frac{y}{2}\right)} + \frac{f(x-y) - f(x-)}{2\sin\left(\frac{y}{2}\right)} \qquad \text{für } y \neq 0$$

im Nullpunkt stetig. Insbesondere ist g eine Regelfunktion und mit Satz 11.9 folgt

$$\lim_{n\to\infty} \left(S_n(f)(x) - \frac{1}{2}(f(x+) + f(x-)) \right) = \lim_{n\to\infty} \frac{1}{\pi} \int_0^{\pi} g(y) \sin\left((2n+1)\frac{y}{2}\right)\, dy = 0$$

und damit die Behauptung. $\qquad\qquad\qquad\qquad\qquad\qquad\qquad\qquad\qquad\qquad\qquad\quad\square$

Beispiele:

(1) Fourierkoeffizienten und Fourierreihe der Pulsfunktion $f \in R_p$,

$$f(x) := \begin{cases} 1 & \text{für } x \in [0,\pi] \cup \{2\pi\}\,, \\ -1 & \text{für } x \in\,]\pi, 2\pi[\,. \end{cases}$$

haben wir bereits berechnet. Mit Satz 11.10 folgt nun

$$\frac{4}{\pi} \sum_{k=0}^{\infty} \frac{1}{2k+1} \sin(2k+1)x = \begin{cases} 1 & \text{für } x \in\,]0,\pi[\,, \\ -1 & \text{für } x \in\,]\pi, 2\pi[\,, \\ 0 & \text{für } x \in \{0, \pi, 2\pi\}\,. \end{cases}$$

Speziell für $x = \frac{\pi}{2}$ erhalten wir mit $\sin\left((2k+1)\frac{\pi}{2}\right) = (-1)^k$ den Wert

$$\frac{4}{\pi} \sum_{k=0}^{\infty} \frac{(-1)^k}{2k+1} = 1\,, \qquad \text{also} \qquad \frac{\pi}{4} = 1 - \frac{1}{3} + \frac{1}{5} - \frac{1}{7} \pm \cdots$$

(2)   Sei $f \in R_p$ definiert durch $f(x) := x^2$ für $x \in [-\pi, \pi]$. Laut Satz 11.10 konvergiert deren Fourierreihe überall gegen den Funktionswert.

Wir berechnen die Fourierkoeffizienten. Es gilt $\widehat{f}(0) = \int_{-\pi}^{\pi} x^2 \, dx = \dfrac{\pi^2}{3}$; mit

$$\int_{-\pi}^{\pi} x^2 e^{-ikx} \, dx = \frac{1}{-ik} x^2 e^{-ikx} \Big|_{-\pi}^{\pi} - \frac{1}{-ik} \int_{-\pi}^{\pi} 2x e^{-ikx} \, dx$$

$$= \frac{1}{ik} \left(\frac{1}{-ik} 2x e^{-ikx} \Big|_{-\pi}^{\pi} - \frac{1}{-ik} \int_{-\pi}^{\pi} 2 e^{-ikx} \, dx \right) = (-1)^k \frac{4\pi}{k^2}$$

ergibt sich $\widehat{f}(k) = (-1)^k \frac{2}{k^2}$ für $k \neq 0$ und wir erhalten

$$S_n f(x) = \sum_{k=-n}^{n} \widehat{f}(k) \, e^{ikx} = \widehat{f}(0) + \sum_{k=1}^{n} \left(\widehat{f}(k) \, e^{ikx} + \widehat{f}(-k) \, e^{-ikx} \right)$$

$$= \frac{\pi^2}{3} + \sum_{k=1}^{n} (-1)^k \frac{2}{k^2} (e^{ikx} + e^{-ikx}) = \frac{\pi^2}{3} + 4 \sum_{k=1}^{n} \frac{(-1)^k}{k^2} \cos(kx) \, .$$

Setzen wir etwa $x = 0$ oder $x = \pi$ ein, so haben wir

$$0 = f(0) = \frac{\pi^2}{3} + 4 \sum_{k=1}^{\infty} \frac{(-1)^k}{k^2} \quad \Rightarrow \quad \sum_{k=1}^{\infty} \frac{(-1)^k}{k^2} = \frac{\pi^2}{12} \qquad \text{und}$$

$$\pi^2 = f(\pi) = \frac{\pi^2}{3} + 4 \sum_{k=1}^{\infty} \frac{1}{k^2} \quad \Rightarrow \quad \sum_{k=1}^{\infty} \frac{1}{k^2} = \frac{\pi^2}{6} \, .$$

11.3 Konvergenz im quadratischen Mittel

Man kann leicht nachprüfen, daß $C_p := \{ f \in R_p : f \text{ stetig} \}$ mit

$$\langle f, g \rangle := \frac{1}{2\pi} \int_{0}^{2\pi} f(x) \, \overline{g(x)} \, dx$$

ein Prähilbertraum ist. Mit der durch $\|f\|_2 := \sqrt{\langle f, f \rangle}$ erklärten Norm ist C_p ein normierter Raum. Wir wissen auch bereits, dass $\{e_n : n \in \mathbb{Z}\}$ mit $e_n(x) := e^{inx}$ eine orthonormale Familie in C_p bildet.

Für die Fourierkoeffizienten von $f \in C_p$ gilt nach Definition $\widehat{f}(k) = \langle f, e_k \rangle$.

Die Besselsche Ungleichung (4.2) für C_p liefert

$$\frac{1}{2\pi} \int_{0}^{2\pi} |f(x)|^2 \, dx = \|f\|_2^2 \geq \sum_{k=-\infty}^{\infty} |\langle f, e_k \rangle|^2 = \sum_{k=-\infty}^{\infty} |\widehat{f}(k)|^2 \, ;$$

insbesondere ist die Reihe rechts konvergent. Wir werden in Kürze sehen, dass hier sogar Gleichheit gilt.

Satz 11.11. *Seien $f, g \in C_p$. Es gelten*

(a) $\|f - S_n(f)\|_2 \to 0$ *mit* $n \to \infty$,

(b) $\dfrac{1}{2\pi} \displaystyle\int_0^{2\pi} |f(x)|^2 \, dx = \sum_{k=-\infty}^{\infty} |\widehat{f}(k)|^2,$ ***(Parsevalsche Gleichung)***

(c) $\dfrac{1}{2\pi} \displaystyle\int_0^{2\pi} f(x) \, \overline{g(x)} \, dx = \sum_{k=-\infty}^{\infty} \widehat{f}(k) \, \overline{\widehat{g}(k)}.$

Beweis. (a) Sei $\varepsilon > 0$. Nach dem Satz von Fejér (Satz 11.6) gibt es $N \in \mathbb{N}$ mit $|f(x) - \sigma_n(f)(x)| < \varepsilon$ für alle $x \in [0, 2\pi]$ und alle $n \geq N$. Damit gilt auch

$$\|f - \sigma_n(f)\|_2 = \left(\frac{1}{2\pi} \int_0^{2\pi} |f(x) - \sigma_n(f)(x)|^2 \, dx \right)^{1/2} < \varepsilon \qquad \text{für alle } n \geq N \, .$$

Betrachte nun für jedes $n \in \mathbb{N}$ die orthonormale Familie $\{e_k \, : \, k = -n, \dots, n\}$. Satz 4.13 liefert $\|f - S_n(f)\|_2 \leq \|f - \sigma_n(f)\|_2$. Damit gilt auch $\|f - S_n(f)\|_2 < \varepsilon$ für alle $n \geq N$.

(b) Laut dem Satz von Pythagoras (Satz 4.11) gilt

$$\|f - S_n(f)\|_2^2 = \|f\|_2^2 - \sum_{k=-n}^{n} |\widehat{f}(k)|^2 \geq 0 \, .$$

Mit *(a)* folgt $\lim\limits_{n \to \infty} \sum\limits_{k=-n}^{n} |\widehat{f}(k)|^2 = \|f\|_2^2$. Dies ist genau die Parsevalsche Gleichung.

(c) Mit der Cauchy-Schwarz-Ungleichung (Korollar 4.12) erhalten wir

$$\left| \langle f, g \rangle - \sum_{k=-n}^{n} \widehat{f}(k) \, \overline{\widehat{g}(k)} \right| = \left| \langle f, g \rangle - \left\langle \sum_{k=-n}^{n} \widehat{f}(k) \, e_k \, , \, g \right\rangle \right| = |\langle f, g \rangle - \langle S_n(f), g \rangle|$$

$$= |\langle f - S_n(f), g \rangle| \leq \|f - S_n(f)\|_2 \, \|g\|_2 \, .$$

Daraus folgt mit *(a)* die Behauptung. $\square$

Beispiel: Die Fourierkoeffizienten der durch $f(x) := x^2$ für $x \in [-\pi, \pi]$ definierten Funktion $f \in C_p$ kennen wir schon. Es gilt $\widehat{f}(0) = \frac{\pi^2}{3}$ und $\widehat{f}(k) = (-1)^k \frac{2}{k^2}$ für $k \neq 0$.

Andererseits gilt

$$\|f\|_2^2 = \frac{1}{2\pi} \int_{-\pi}^{\pi} x^4 \, dx = \frac{1}{2\pi} \frac{1}{5} (\pi^5 - (-\pi)^5) = \frac{\pi^4}{5} \, .$$

Die Parsevalsche Gleichung liefert $\frac{\pi^4}{5} = \left(\frac{\pi^2}{3} \right)^2 + 2 \sum\limits_{k=1}^{\infty} \left(\frac{2}{k^2} \right)^2.$

Damit haben wir

$$\sum_{k=1}^{\infty} \frac{1}{k^4} = \frac{1}{8}\left(\frac{\pi^4}{5} - \frac{\pi^4}{9}\right) = \frac{\pi^4}{90}.$$

Bemerkung: Die Folgerungen in Satz 11.11 gelten nicht nur für stetige Funktionen. Darüberhinaus kann man Fourierkoeffizienten und Fourierreihen für eine weitaus größere Klasse von Funktionen definieren, wenn man z.B. auch uneigentliche Integrale zulässt oder indem man einen umfassenderen Integralbegriff benutzt, wie etwa das Lebesgue-Integral. Man kann zeigen, dass die Eigenschaften *(a)*, *(b)* und *(c)* aus dem Satz äquivalent und sogar für alle Regelfunktionen erfüllt sind.

11.4 Aufgaben

1. Bestimmen Sie die Fourierkoeffizienten der 2π-periodischen Fortsetzung der Funktion
    $$f: \,]-\pi, \pi] \to \mathbb{R}, \qquad f(x) := \begin{cases} 0, & x < 0, \\ x, & x \geq 0. \end{cases}$$
    Für welche x konvergiert hier die Fourierreihe gegen den Funktionswert ?

2. Bestimmen Sie die Fourierreihe der durch $f(x) := |x|$ für $x \in [-\pi, \pi]$ definierten Funktion $f \in R_p$ und berechnen Sie damit den Wert der Reihe
    $$\sum_{k=0}^{\infty} \frac{1}{(2k+1)^2}.$$

3. Bestimmen Sie die Fourierreihe der durch $f(x) := \frac{\pi}{2} - |x|$ für $x \in [-\pi, \pi]$ definierten Funktion $f \in R_p$ und berechnen Sie mit Hilfe der Parsevalschen Gleichung den Wert der Reihe
    $$\sum_{k=0}^{\infty} \frac{1}{(2k+1)^4}.$$

4. Seien $f \in R_p$, $y \in \mathbb{R}$. Weiter sei $T_y f : \mathbb{R} \to \mathbb{R}$, $T_y f(x) := f(x - y)$.
    Bestimmen Sie die Fourierkoeffizienten von $T_y f$.

5. Sei $f \in R_p$ eine *reellwertige* Funktion. Zeigen Sie: Es gilt
    $$S_n(f)(x) = \frac{a_0}{2} + \sum_{k=1}^{n} (a_k \cos(kx) + b_k \sin(kx)),$$
    wobei $a_0, a_1, a_2, \ldots$ und $b_1, b_2, \ldots$ *reelle* Zahlen sind.

6. Sei $f \in R_p$. Zeigen Sie: In der Darstellung

$$S_n(f)(x) = \frac{a_0}{2} + \sum_{k=1}^{n} (a_k \cos(kx) + b_k \sin(kx))$$

gilt:

$$f \text{ gerade} \quad \Longrightarrow \quad b_k = 0 \quad \text{für alle } k \in \mathbb{N},$$

$$f \text{ ungerade} \quad \Longrightarrow \quad a_k = 0 \quad \text{für alle } k \in \mathbb{N}_0.$$

7. Es sei $f : \mathbb{R} \to \mathbb{C}$ eine stetig differenzierbare 2π-periodische Funktion.

   a. Zeigen Sie: Es gilt $\widehat{f'}(k) = ik\widehat{f}(k)$ für alle $k \in \mathbb{Z}$.

   b. Zeigen Sie: Es gilt $\frac{d}{dx}\sigma_n(f)(x) = \sigma_n(f')(x)$ für alle $n \in \mathbb{N}_0$.

   c. Folgern Sie, dass eine Folge $(P_n)_{n \in \mathbb{N}}$ trigonometrischer Polynome existiert derart, dass (P_n) gleichmäßig auf $[0, 2\pi]$ gegen f konvergiert und auch (P_n') gleichmäßig auf $[0, 2\pi]$ gegen f' konvergiert.

8. Seien $f, g \in C_p$ mit $\widehat{f}(k) = \widehat{g}(k)$ für alle $k \in \mathbb{Z}$.
   Zeigen Sie, dass $f = g$ gilt.

Kapitel 12
Kompaktheit

Erinnern wir uns an Satz 6.18, wo wir gezeigt haben, dass jede auf einem Intervall der Form $[a,b]$ stetige Funktion dort auch gleichmäßig stetig ist. Zu gegebenem $\varepsilon > 0$ können wir ein $\delta > 0$ finden, das für alle Punkte $p \in [a,b]$ „gut genug" ist. Wir betrachten nun Funktionen, deren Definitionsbereiche diese und verwandte Eigenschaften von $[a,b]$ erfüllen. Zur Motivation wollen wir noch kurz einiges über $[a,b]$ festhalten.

(1) Da $[a,b]$ beschränkt ist, besitzt jede Folge $(x_n)_{n\in\mathbb{N}}$ in diesem Intervall eine konvergente Teilfolge, deren Grenzwert ebenfalls in $[a,b]$ liegt. Das liegt u.a. daran, dass die Randpunkte zur Menge $[a,b]$ gehören; für $]a,b[$ gilt dies nicht, obwohl $]a,b[$ beschränkt ist.

(2) Ist $\varepsilon > 0$ gegeben, so reichen endlich viele Punkte $x_1,\ldots,x_n \in [a,b]$, sodass
$$[a,b] \subseteq \bigcup_{k=1}^{n}]x_k - \varepsilon, x_k + \varepsilon[\text{ gilt.}$$

(3) Ist $(I_k)_{k\in J}$ mit einer beliebigen Index-Menge J eine Familie offener Intervalle derart, dass $[a,b] \subseteq \bigcup_{k\in J} I_k$ gilt, so reichen bereits endlich viele $k_1,\ldots,k_n \in J$ aus, um $[a,b]$ zu überdecken. (Dies haben wir noch nicht bewiesen!)

12.1 Kompakte metrische Räume

Die oben genannten drei Eigenschaften wollen wir auf beliebige metrische Räume verallgemeinern.

Definition 12.1. Sei (X, d_X) ein metrischer Raum.

(1) Man nennt (X, d_X) **folgenkompakt**, falls jede Folge $(x_n)_{n\in\mathbb{N}}$ in X eine in (X, d_X) konvergente Teilfolge besitzt.

R. Lasser, F. Hofmaier, *Analysis 1 + 2*, Springer-Lehrbuch,
DOI 10.1007/978-3-642-28644-5_12, © Springer-Verlag Berlin Heidelberg 2012

(2)   Man sagt, (X,d_X) ist **total beschränkt**, falls für jedes $\varepsilon > 0$ eine endliche
       Menge von Punkten $\{x_1,\dots,x_n\} \subseteq X$ existiert, sodass $X \subseteq \bigcup\limits_{k=1}^{n} U_\varepsilon(x_k)$ gilt.
       Die endliche Menge $\{x_1,\dots,x_n\}$ heißt dann ε-**Netz**.

Bevor wir die Eigenschaft (3) formulieren können, benötigen wir eine exakte
Formulierung der Begriffe „offen" und „abgeschlossen" in metrischen Räumen.

Definition 12.2. Sei (X,d_X) ein metrischer Raum. Eine Teilmenge $U \subseteq X$ heißt
offen in X, wenn es zu jedem $a \in U$ ein $\varepsilon > 0$ gibt mit $U_\varepsilon(a) \subseteq U$. (Die leere
Menge ist auch offen!)

Eine Teilmenge $A \subseteq X$ heißt **abgeschlossen** in X, wenn $X \setminus A$ offen in X ist.

Eine Menge $U \subseteq X$ heißt **Umgebung** von $a \in X$, falls ein $\varepsilon > 0$ existiert mit
$U_\varepsilon(a) \subseteq U$. Insbesondere ist $U_\varepsilon(a)$ für jedes $\varepsilon > 0$ eine Umgebung von a in X.
Diese Umgebungen heißen ε-**Umgebungen**.

Beispiele:

(1)   In $\mathbb{R}$ sind die Intervalle $]a,b[$ offen und $[a,b]$ abgeschlossen.

(2)   In jedem metrischen Raum (X,d_X) ist X offen.

(3)   In jedem metrischen Raum (X,d_X) ist $U_\varepsilon(a)$ offen und $K_\varepsilon(a)$ abgeschlossen.

Man beachte, dass es stets Mengen gibt, die sowohl abgeschlossen als auch offen
in X sind (z.B. X selbst). Es kann auch Teilmengen geben, die weder offen noch
abgeschlossen sind (z.B. $\mathbb{Q}$ in $\mathbb{R}$).

Weitere Beispiele:

(4)   Die Intervalle $[a,\infty[$ und $]-\infty,b]$ sind abgeschlossen in $\mathbb{R}$. Die Intervalle
       $]a,\infty[$ und $]-\infty,b[$ sind offen in $\mathbb{R}$.

(5)   Die Mengen $\mathbb{Z}$ und $\{\frac{1}{n} : n \in \mathbb{Z} \setminus \{0\}\} \cup \{0\}$ sind abgeschlossen in $\mathbb{R}$.

(6)   Sei X eine Menge versehen mit der diskreten Metrik, vgl. Beispiel (2) in
       Kapitel 4.1. Dann ist jede Teilmenge von X offen und auch abgeschlossen.

Satz 12.3. *Sei (X,d_X) ein metrischer Raum; U,V und U_i ($i \in I$, I eine beliebige
Indexmenge) seien offene Mengen in X. Dann gelten:*

(a) $\varnothing$ *und X sind offen in X.*

(b) $U \cap V$ *ist offen in X.*

(c) $W := \bigcup\limits_{i\in I} U_i$ *ist offen in X.*

Beweis. *(a)* wissen wir bereits.

Zum Nachweis von *(b)* sei $x \in U \cap V$. Dann gibt es $\varepsilon > 0$ mit $U_\varepsilon(x) \subseteq U$ und $\delta > 0$
mit $U_\delta(x) \subseteq V$. Für $\eta := \min(\varepsilon,\delta)$ gilt dann $U_\eta(x) \subseteq U \cap V$. Also ist $U \cap V$ offen.

Wir zeigen noch *(c)*. Ist $x \in W$ so gilt $x \in U_{i_0}$ für (mindestens) ein $i_0 \in I$ und damit
existiert $\varepsilon > 0$ mit $U_\varepsilon(x) \subseteq U_{i_0}$, also $U_\varepsilon(x) \subseteq \bigcup\limits_{i\in I} U_i$. $\square$

Satz 12.4. *Seien (X, d_X) und (Y, d_Y) metrische Räume, $f : X \to Y$ eine Abbildung. Folgende Eigenschaften sind äquivalent:*

(i)   *f ist stetig.*

(ii)   *Für jede offene Teilmenge $V \subseteq Y$ ist das Urbild $f^{-1}(V)$ offen in X.*

(iii)   *Für jede abgeschlossene Teilmenge $B \subseteq Y$ ist $f^{-1}(B)$ abgeschlossen in X.*

Beweis. *(i)$\Rightarrow$(ii):* Sei V offen in Y.

Zu $a \in f^{-1}(V)$ und $b = f(a) \in V$ existiert ein $\varepsilon > 0$ mit $U_\varepsilon(b) \subseteq V$. Wegen der Stetigkeit von f gibt es $\delta > 0$ mit $f(U_\delta(a)) \subseteq U_\varepsilon(b)$, also gilt $U_\delta(a) \subseteq f^{-1}(V)$.
Damit ist gezeigt, daß $f^{-1}(V)$ offen ist.

(ii)$\Rightarrow$(i): Seien $a \in X$, $\varepsilon > 0$.

Da $U_\varepsilon(f(a))$ offen in Y ist, ist auch $U := f^{-1}(U_\varepsilon(f(a)))$ offen in X. Daher gibt es ein $\delta > 0$ mit $U_\delta(a) \subseteq U$.

Dies bedeutet $f(U_\delta(a)) \subseteq U_\varepsilon(f(a))$, d.h. f ist in a stetig.

(ii)$\Rightarrow$(iii): Sei $B \subseteq Y$ abgeschlossen.

Dann ist $Y \setminus B$ offen in Y und damit auch $f^{-1}(Y \setminus B) = X \setminus f^{-1}(B)$ offen in X. Somit ist $f^{-1}(B)$ abgeschlossen.

Ganz analog zeigt man auch *(iii)$\Rightarrow$(ii)*. $\qquad\qquad\qquad\qquad\qquad\qquad\qquad$ $\square$

Sei nun $K \subseteq (X, d_X)$. Eine **offene Überdeckung** von K ist eine Familie $\{U_i : i \in I\}$ (I eine beliebige Indexmenge) von offenen Teilmengen von X, sodass

$$K \subseteq \bigcup_{i \in I} U_i \,.$$

Definition 12.5. Eine Teilmenge K des metrischen Raumes (X, d_X) heißt **kompakt**, falls jede offene Überdeckung von K eine endliche Teilüberdeckung von K enthält. Mit anderen Worten: Zu jeder offenen Überdeckung $\{U_i : i \in I\}$ von K existieren endlich viele Indizes $i_1 \ldots, i_n \in I$, sodass

$$K \subseteq \bigcup_{j=1}^{n} U_{i_j}$$

gilt. (Selbstverständlich kann auch $K = X$ sein.)

Zunächst wollen wir zwei Beispiele für nicht kompakte Mengen angeben.

(1)   Sei $X = \mathbb{R}$ (mit der natürlichen Metrik). Dann ist $\{U_n : n \in \mathbb{N}\}$ mit $U_n :=]-n, n[$ eine offene Überdeckung von $\mathbb{R}$. Mit *endlich* vielen dieser U_n kann man offensichtlich nicht ganz $\mathbb{R}$ überdecken. Also ist $\mathbb{R}$ *nicht* kompakt.

(2)   Sei wieder $X = \mathbb{R}$ und $K =]0, 1[$. Es ist $\left\{ \left] \frac{1}{3n}, \frac{1}{n} \right[: n \in \mathbb{N} \right\}$ eine offene Überdeckung von $]0, 1[$. Es gibt daraus keine endliche Teilüberdeckung, denn zu jeder solchen Teilüberdeckung gehören endlich viele Indizes $n_1, \ldots, n_k$. Aus diesen wähle den größten Index n.

Dann ist $\frac{1}{4n} \notin \bigcup_{j=1}^{k} \left] \frac{1}{3n_j}, \frac{1}{n_j} \right[$. Also ist $]0, 1[$ nicht kompakt.

Wir werden in Kürze sehen, dass $[0,1]$ kompakt ist. Wir werden sogar zeigen, dass eine Teilmenge $K \subseteq \mathbb{R}$ genau dann kompakt ist, wenn sie beschränkt und abgeschlossen ist. Ein erster Schritt ist der folgende Sachverhalt, der für jeden metrischen Raum gilt.

Satz 12.6. *Sei K eine kompakte Teilmenge des metrischen Raumes (X, d_X).*

Dann ist K abgeschlossen und beschränkt.

Beweis. Zur Beschränktheit wähle $a \in K$. (Im Fall $K = \varnothing$ ist die Behauptung klar.) Dann ist $\{U_n(a) : n \in \mathbb{N}\}$ eine offene Überdeckung von K und es gibt endlich viele $n_1, \dots, n_k$, sodass

$$K \subseteq \bigcup_{j=1}^{k} U_{n_k(a)}$$

gilt. Mit $m := \max(n_1, \dots, n_k)$ folgt dann $K \subseteq U_m(a)$, also ist K beschränkt.

Wir müssen noch zeigen, dass $X \setminus K$ offen ist. Sei dazu $a \in X \setminus K$. (Für $X \setminus K = \varnothing$ gilt die Behauptung offensichtlich.) Zu zeigen ist, dass es $\delta > 0$ gibt mit $U_\delta(a) \subseteq X \setminus K$.

Für $x \in K$ setzen wir $\varepsilon(x) := \frac{1}{2} d(x, a) > 0$. Nun ist $\{U_{\varepsilon(x)}(x) : x \in K\}$ eine offene Überdeckung von K und, da K kompakt ist, gibt es endlich viele $x_1, \dots, x_n \in K$ mit

$$K \subseteq \bigcup_{j=1}^{n} U_{\varepsilon(x_j)}(x_j) \,.$$

Weiter sei $\delta := \min\{\varepsilon(x_1), \dots, \varepsilon(x_n)\}$. Es gilt $\delta > 0$. Wir wollen noch einsehen, dass $U_\delta(a) \subseteq X \setminus K$ ist.

Zu jedem $x \in K$ gibt es ein $j \in \{1, \dots, n\}$ mit $x \in U_{\varepsilon(x_j)}(x_j)$, also $d(x, x_j) < \varepsilon(x_j)$. Folglich gilt mit der Dreiecksungleichung

$$d(x, a) \geq d(x_j, a) - d(x, x_j) > 2\varepsilon(x_j) - d(x, x_j) > \varepsilon(x_j) \geq \delta \,,$$

also $x \notin U_\delta(a)$. Damit gilt $U_\delta(a) \subseteq X \setminus K$. □

Das nächste Resultat erleichtert den Nachweis der Kompaktheit einer Teilmenge erheblich, falls man die Kompaktheit einer Obermenge weiß.

Satz 12.7. *Sei K eine kompakte Teilmenge des metrischen Raumes (X, d_X).*

Ist $A \subseteq K$ abgeschlossen, so ist A kompakt.

Beweis. Sei $\{U_i : i \in I\}$ eine offene Überdeckung von A.

Damit ist $\{U_i : i \in I\} \cup \{X \setminus A\}$ eine offene Überdeckung von K. Also existieren endlich viele $i_1, \dots, i_n \in I$ mit

$$K \subseteq \bigcup_{j=1}^{n} U_{i_j} \cup (X \setminus A)$$

(wobei man $X \setminus A$ eventuell gar nicht braucht). Nun gilt $A \subseteq \bigcup_{j=1}^{n} U_{i_j}$. □

Von großer Bedeutung ist der Begriff Kompaktheit in Verbindung mit der Stetigkeit.

Satz 12.8. *Seien (X, d_X) und (Y, d_Y) metrische Räume und $f : X \to Y$ eine stetige Abbildung. Weiter sei $K \subseteq X$ kompakt.*

Dann ist auch $f(K)$ kompakt.

Beweis. Sei $\{U_i : i \in I\}$ eine offene Überdeckung von $f(K)$ in Y.

Mit Satz 12.4 ist dann $\{f^{-1}(U_i) : i \in I\}$ eine offene Überdeckung von K, denn jedes $x \in K$ erfüllt $f(x) \in U_i$ für ein geeignetes $i \in I$.

Daher existieren $i_1, \ldots, i_n \in I$ mit $K \subseteq \bigcup\limits_{j=1}^{n} f^{-1}(U_{i_j})$ und es folgt $f(K) \subseteq \bigcup\limits_{j=1}^{n} U_{i_j}$.

Also ist $f(K)$ kompakt. $\qquad\square$

Korollar 12.9. *Seien (X, d_X) ein kompakter metrischer Raum und $f : X \to \mathbb{R}$ eine stetige Abbildung.*

Dann nimmt f ihr Supremum und ihr Infimum an, d.h. es existieren $a, b \in X$ mit

$$f(a) = \sup\{f(x) : x \in X\} = \max\{f(x) : x \in X\},$$

$$f(b) = \inf\{f(x) : x \in X\} = \min\{f(x) : x \in X\}.$$

Beweis. Laut Satz 12.8 ist $f(X)$ kompakt, also auch abgeschlossen und beschränkt. Folglich existieren $M := \sup\{f(x) : x \in X\}$ und $m := \inf\{f(x) : x \in X\}$ in $\mathbb{R}$.

Angenommen, es gilt $M \notin f(X)$. Dann gäbe es, da $\mathbb{R} \setminus f(X)$ offen ist, ein $\delta > 0$ mit $]M - \delta, M + \delta[\subseteq \mathbb{R} \setminus f(X)$ und $M - \delta$ wäre eine kleinere obere Schranke von $f(X)$ als M. Daher muss $M \in f(X)$ und analog auch $m \in f(X)$ sein. $\qquad\square$

Bemerkung: Korollar 12.9 verallgemeinert die Aussage von Satz 6.16, in welchem $X = [a, b]$ vorausgesetzt wird.

Korollar 12.10. *Seien (X, d_X) und (Y, d_Y) zwei metrische Räume. Weiter seien (X, d_X) kompakt und $f : X \to Y$ eine stetige bijektive Abbildung.*

Dann ist die Umkehrabbildung $f^{-1} : Y \to X$ auch stetig.

Beweis. Wir verwenden die Stetigkeits-Charakterisierung *(iii)* aus Satz 12.4.

Sei $B \subseteq X$ abgeschlossen. Laut Satz 12.7 ist B kompakt, und mit Satz 12.8 folgt, dass $f(B)$ kompakt in Y ist. Nach Satz 12.6 ist schließlich $f(B) = (f^{-1})^{-1}(B)$ abgeschlossen in Y.

Somit ist f^{-1} stetig. $\qquad\square$

Wir wollen uns kurz an einem Beispiel veranschaulichen, dass auf die Kompaktheit von X nicht verzichtet werden kann.

Die Funktion $f : [0, 2\pi[\to \mathbf{T} := \{z \in \mathbb{C} : |z| = 1\}$, $f(t) := e^{it} = \cos t + i \sin t$, ist eine bijektive Abbildung von $[0, 2\pi[$ auf $\mathbf{T}$. Sie ist bekanntermaßen stetig. Ihre Umkehrabbildung ist jedoch nicht stetig im Punkt $1 \in \mathbf{T}$, denn jede Umgebung dieses Punktes wird durch f^{-1} abgebildet auf eine Menge, die auch Punkte in der Nähe von 2π enthält.

Nach den gezeigten Ergebnissen ist es an der Zeit, kompakte Mengen näher zu beschreiben. Notwendigerweise sind kompakte Mengen abgeschlossen und beschränkt. Für Teilmengen von $\mathbb{K}$ (sogar $\mathbb{K}^n$) ist dies auch hinreichend für Kompaktheit, wie wir noch sehen werden.

Der nächste Satz und das folgende Korollar verallgemeinern eine Eigenschaft der Intervallschachtelungen in $\mathbb{R}$.

Satz 12.11. *Sei* $\mathfrak{K} = \{K_i : i \in I\}$ *eine Familie von kompakten Teilmengen eines metrischen Raumes* (X,d) *derart, dass der Schnitt von endlich vielen Mengen aus* $\mathfrak{K}$ *stets nicht leer ist.*

Dann gilt $\bigcap_{i \in I} K_i \neq \varnothing$.

Beweis. Wir wählen ein festes $K \in \mathfrak{K}$ und setzen $U_i := X \setminus K_i$. Angenommen, es gilt $\varnothing = \bigcap_{i \in I} K_i = K \cap (\bigcap_{i \in I} K_i)$. Dann ist $K \subseteq X \setminus (\bigcap_{i \in I} K_i)$, also $K \subseteq \bigcup_{i \in I} U_i$.

Demnach ist $\{U_i : i \in I\}$ ist eine offene Überdeckung von K.

Da K kompakt ist, reichen endlich viele $U_{i_1}, \dots, U_{i_n}$ aus, um K zu überdecken, etwa $K \subseteq \bigcup_{j=1}^{n} U_{i_j}$. Nun folgt $K \cap (\bigcap_{j=1}^{n} K_{i_j}) = \varnothing$, im Widerspruch zu Voraussetzung. $\square$

Wir notieren noch einen Spezialfall.

Korollar 12.12. *Ist* $\{K_n : n \in \mathbb{N}\}$ *eine Folge kompakter (nicht leerer) Mengen eines metrischen Raumes mit* $K_n \supseteq K_{n+1}$ *für alle n, so gilt* $\bigcap_{n=1}^{\infty} K_n \neq \varnothing$.

Wir erinnern an die Definition von *folgenkompakt* und *total beschränkt*. Der nächste Satz sagt aus, dass ein kompakter metrischer Raum stets folgenkompakt ist.

Satz 12.13. *In einem kompakten metrischen Raum* (X,d) *besitzt jede Folge* $(x_n)_{n \in \mathbb{N}}$ *eine konvergente Teilfolge.*

Beweis. Wenn die Menge $\{x_n : n \in \mathbb{N}\}$ endlich ist, gibt es sogar eine konstante Teilfolge und die Behauptung ist erfüllt.

Sei also $\{x_n : n \in \mathbb{N}\}$ unendlich. Wir benutzen Lemma 4.17 und nehmen an, dass kein Punkt aus X Häufungswert von $(x_n)_{n \in \mathbb{N}}$ ist. Dann gibt es zu jedem $a \in X$ eine offene Umgebung V_a, die höchstens einen Punkt aus $\{x_n : n \in \mathbb{N}\}$ enthält (nämlich x_m, falls $a = x_m$ für ein $m \in \mathbb{N}$ ist).

Andererseits ist $\{V_a : a \in X\}$ eine offene Überdeckung von X und, da X kompakt ist, gibt es eine endliche Teilfamilie, die bereits ganz X überdeckt. Dies steht im Widerspruch dazu, dass die Vereinigung endlich vieler der V_a noch nicht einmal die Menge $\{x_n : n \in \mathbb{N}\}$ ganz enthalten kann.

Daher ist die Annahme falsch. Die Folge besitzt demnach einen Häufungswert und damit auch eine (vgl. Lemma 4.17) gegen diesen konvergente Teilfolge. $\square$

Satz 12.14. *Sei* (X,d) *ein metrischer Raum. Ist X folgenkompakt, so ist X auch total beschränkt und vollständig.*

Beweis. Zum Nachweis der Vollständigkeit sei $(x_n)_{n\in\mathbb{N}}$ eine Cauchyfolge in X. Wir müssen zeigen, dass diese einen Grenzwert in X besitzt.

Da X folgenkompakt ist, existiert wenigstens eine konvergente Teilfolge $(x_{n_k})_{k\in\mathbb{N}}$ mit $\lim\limits_{k\to\infty} x_{n_k} =: x \in X$.

Sei $\varepsilon > 0$. Es gibt $N_1 \in \mathbb{N}$ mit $d(x_n, x_m) < \frac{\varepsilon}{2}$ für alle $n, m \geq N_1$. Ferner gibt es $N_2 \in \mathbb{N}$ mit $d(x_{n_k}, x) < \frac{\varepsilon}{2}$ für alle $k \geq N_2$. Setze $N := \max\{N_1, N_2\}$. Zu $n \geq N$ wählen wir ein $k \geq N_2$ mit $n_k \geq N_1$ und erhalten

$$d(x_n, x) \leq d(x_n, x_{n_k}) + d(x_{n_k}, x) < \varepsilon.$$

Daher konvergiert auch $(x_n)_{n\in\mathbb{N}}$ gegen x und die Vollständigkeit ist bewiesen.

Wir nehmen nun an, dass X nicht total beschränkt ist. Dann existiert ein $\varepsilon > 0$, sodass es kein ε-Netz für X gibt. Nun können wir rekursiv eine Folge $(x_n)_{n\in\mathbb{N}}$ konstruieren mit $d(x_n, x_m) \geq \varepsilon$ für alle $n, m \in \mathbb{N}$, $n \neq m$:

Sind $x_1, \ldots, x_n$ bereits gefunden, so erhält man x_{n+1} durch Auswahl eines Elementes aus $X \setminus \bigcup\limits_{k=1}^{n} U_\varepsilon(x_k) \neq \emptyset$.

Offensichtlich gilt $d(x_k, x_{n+1}) \geq \varepsilon$ für alle $k = 1, \ldots, n$. Diese Folge kann aber keine konvergente Teilfolge enthalten. Damit ist die Behauptung nachgewiesen. $\qquad\square$

12.2 Charakterisierung kompakter Mengen

Betrachtet man Satz 12.13 und Satz 12.14 zusammen, so stellt sich die Frage, ob aus totaler Beschränktheit plus Vollständigkeit die Kompaktheit folgt. In der Tat gilt der folgende Satz.

Satz 12.15. *Sei (X, d) ein metrischer Raum. Folgende Bedingungen sind äquivalent:*

(i)   *X ist kompakt.*

(ii)   *X ist folgenkompakt.*

(iii)   *X ist total beschränkt und vollständig.*

Beweis. Es bleibt nur noch die Implikation *(iii)*$\Rightarrow$*(i)* zu zeigen. Sei also X total beschränkt und vollständig.

Wir nehmen an, dass X nicht kompakt ist, d.h. es existiere eine offene Überdeckung $\{U_i : i \in I\}$ von X, die keine endliche Teilüberdeckung von X enthält. Gestützt auf diese Annahme konstruieren wir eine Folge $(x_n)_{n\in\mathbb{N}}$ in X mit

(1) $d(x_n, x_{n+1}) \leq \dfrac{1}{2^{n-1}}$,

(2) $U_{1/2^{n-1}}(x_n)$ kann nicht durch eine endliche Teilüberdeckung von $\{U_i : i \in I\}$ überdeckt werden.

Wir starten mit $n = 1$. Sei $\{y_1, \ldots, y_m\}$ ein 1-Netz. Dann ist $X = \bigcup\limits_{k=1}^{m} U_1(y_k)$.

Nach Annahme existiert mindestens ein $U_1(y_k)$, das nicht von endlich vielen U_i überdeckt wird; wir setzen $x_1 := y_k$.

Seien $x_1, \ldots, x_n$ bereits gefunden, sodass (1) und (2) gelten.

Da $U_{1/2^{n-1}}(x_n)$ offensichtlich total beschränkt ist, finden wir ein $\frac{1}{2^n}$-Netz für $U_{1/2^{n-1}}(x_n)$, welches wir mit $\{y_1, \ldots, y_m\}$ bezeichnen.

Wegen (2) kann $U_{1/2^{n-1}}(x_n)$ nicht durch endlich viele U_i überdeckt werden, also existiert ein $U_{1/2^n}(y_k)$ das auch nicht durch endlich viele U_i überdeckt wird. Setze $x_{n+1} := y_k$ und die Folge $(x_n)_{n \in \mathbb{N}}$ mit den geforderten Eigenschaften ist rekursiv konstruiert.

Nun ist diese eine Cauchyfolge, denn für $m > n$ gilt

$$d(x_m, x_n) \leq d(x_m, x_{m-1}) + d(x_{m-1}, x_{m-2}) + \ldots + d(x_{n+1}, x_n)$$

$$\leq \frac{1}{2^{m-2}} + \ldots + \frac{1}{2^{n-1}} < \frac{2}{2^{n-1}} = \frac{1}{2^{n-2}}.$$

Da X vollständig ist, existiert $x := \lim\limits_{n \to \infty} x_n \in X$.

Weiter gibt es $j \in I$ mit $x \in U_j$ und $\varepsilon > 0$ mit $U_\varepsilon(x) \subseteq U_j$. Dazu finden wir $N \in \mathbb{N}$ mit $d(x_n, x) < \frac{\varepsilon}{2}$ und $\frac{1}{2^{n-1}} < \frac{\varepsilon}{2}$ für alle $n \geq N$. Für $y \in U_{1/2^{N-1}}(x_N)$ gilt nun

$$d(y, x) \leq d(y, x_N) + d(x_N, x) < \frac{1}{2^{N-1}} + \frac{\varepsilon}{2} < \varepsilon,$$

also $U_{1/2^{N-1}}(x_N) \subseteq U_\varepsilon(x) \subseteq U_j$ im Widerspruch zu (2). Damit war unsere Annahme falsch und X ist kompakt. $\qquad\qquad\qquad\qquad\qquad\qquad\qquad\qquad\qquad\square$

Dieser wichtige Satz liefert eine Charakterisierung kompakter Mengen. Speziell für Teilmengen $A \subseteq (\mathbb{K}^d, \|\cdot\|_2)$ reicht es nun zu zeigen, dass A folgenkompakt ist.

Ziehen wir den Satz von Bolzano-Weierstraß (genauer: Korollar 4.20) heran, so sieht man, dass noch zu untersuchen ist, für welche Mengen $A \subseteq \mathbb{K}^d$ folgendes gilt:

Ist $(a_n)_{n \in \mathbb{N}}$ eine konvergente Folge in $\mathbb{K}^d$ mit $a_n \in A$ für alle $n \in \mathbb{N}$, so ist auch $a = \lim\limits_{n \to \infty} a_n \in A$. Dazu machen wir folgende Beobachtung.

Lemma 12.16. *Seien A eine beliebige Teilmenge eines metrischen Raumes (X, d) und $a \in X$.*

Es gibt eine Folge $(a_n)_{n \in \mathbb{N}}$ mit $a_n \in A$ für alle n und $a = \lim\limits_{n \to \infty} a_n$ genau dann, wenn für jedes $\varepsilon > 0$ der Schnitt $A \cap U_\varepsilon(a)$ nicht leer ist.

Beweis. Existiert eine derartige Folge, so gilt bei beliebigem $\varepsilon > 0$ stets $d(a_n, a) < \varepsilon$ für alle bis auf höchstens endlich viele n, also $a_n \in A \cap U_\varepsilon(a)$ für alle diese n.

Ist umgekehrt $A \cap U_\varepsilon(a) \neq \emptyset$ für alle $\varepsilon > 0$, so gibt es zu jedem $n \in \mathbb{N}$ ein $a_n \in A$ mit $d(a_n, a) < \frac{1}{n}$. Damit gilt $a = \lim\limits_{n \to \infty} a_n$. $\qquad\qquad\qquad\qquad\square$

Satz 12.17 (Charakterisierung abgeschlossener Teilmengen). *Sei A eine Teilmenge eines metrischen Raumes (X,d).*

Die Menge A ist abgeschlossen in X genau dann, wenn für jede in X konvergente Folge $(a_n)_{n\in\mathbb{N}}$ mit $a_n \in A \ \forall n$ auch $a := \lim_{n\to\infty} a_n \in A$ gilt.

Beweis. Seien A abgeschlossen in X und $(a_n)_{n\in\mathbb{N}}$ eine Folge mit $a_n \in A \ \forall n$ und $a = \lim_{n\to\infty} a_n$.

Wäre $a \in X \setminus A$, so gäbe es ein $\varepsilon > 0$ mit $U_\varepsilon(a) \subseteq X \setminus A$, da $X \setminus A$ offen ist, und damit $U_\varepsilon(a) \cap A = \varnothing$. Dies steht im Widerspruch dazu, dass $U_\varepsilon(a)$ sogar unendlich viele $a_n \in A$ enthalten muss.

Für die umgekehrte Implikation bezeichne

$$\overline{A} := \{a \in X \ : \ \exists \ (a_n)_{n\in\mathbb{N}}, \ a_n \in A \ \forall n \in \mathbb{N}, \ a = \lim_{n\to\infty} a_n\}.$$

Offensichtlich gilt immer $A \subseteq \overline{A}$, denn zu $a \in A$ kann man $a_n = a \ \forall n$ wählen.

Nach Voraussetzung gilt nun $A = \overline{A}$. Wir müssen zeigen, dass $X \setminus A$ offen ist. Sei dazu $a \in X \setminus A = X \setminus \overline{A}$. Dann gibt es keine Folge $(a_n)_{n\in\mathbb{N}}$ mit $a_n \in A \ \forall n$ und $a = \lim_{n\to\infty} a_n$. Nach Lemma 12.16 existiert $\varepsilon > 0$ mit $U_\varepsilon(a) \subseteq X \setminus A$.

Folglich ist $X \setminus A$ offen, also A abgeschlossen in X. □

Die Menge $\overline{A}$ aus dem Beweis von Satz 12.17 nennt man den **Abschluss** (oder die **abgeschlossene Hülle**) von A. Jeder Punkt $a \in \overline{A}$ heißt **Berührpunkt** von A.

In $\mathbb{R}$ gilt beispielsweise $\overline{]a,b[} = [a,b] = \overline{]a,b]}$. Allgemein gilt $\overline{U_r(x)} = K_r(x)$.

Nun können wir alle kompakten Teilmengen in $(\mathbb{K}^d, \|\cdot\|_2)$ charakterisieren.

Korollar 12.18. *Sei K eine Teilmenge des Euklidischen Raumes $(\mathbb{K}^d, \|\cdot\|_2)$.*

Folgende Eigenschaften sind äquivalent:

(i)   K ist kompakt.

(ii)   K ist abgeschlossen und beschränkt.

Beweis. Die Implikation *(i)*⇒*(ii)* gilt in jedem metrischen Raum (Satz 12.6).

Sei nun K abgeschlossen und beschränkt.

Laut Korollar 4.20 besitzt jede Folge in K eine konvergente Teilfolge. Da K abgeschlossen ist, liegt auch deren Grenzwert in K, siehe Satz 12.17.

Also ist K folgenkompakt; mit Satz 12.15 ist K dann auch kompakt. □

Insbesondere sind alle $K_r(a) \subseteq \mathbb{K}^d$ oder $[a_1,b_1] \times \ldots \times [a_d,b_d] \subseteq \mathbb{R}^d$ kompakt.

Wir wollen noch ein Beispiel angeben für eine Teilmenge eines metrischen Raumes, die zwar abgeschlossen und beschränkt, aber nicht kompakt ist.

In $(\ell^2, \|\cdot\|_2)$, vgl. Kapitel 5.6, betrachten wir

$$\mathbf{e}_m := (0,\ldots,0,\underset{\substack{\uparrow \\ m\text{-te Stelle}}}{1},0,0,\ldots)$$

für $m \in \mathbb{N}$ und $M := \{\mathbf{e}_m : m \in \mathbb{N}\}$.

Die Menge M ist beschränkt, denn es gilt $\|x\|_2 = 1$ für alle $x \in M$. Weiter gilt für $k \neq m$ stets $\|\mathbf{e}_m - \mathbf{e}_k\|_2 = \sqrt{2}$; daher ist eine Folge in M nur dann konvergent, wenn sie ab einem gewissen Index konstant ist, und ihr Grenzwert gehört dann offensichtlich wieder zu M. Folglich ist M auch abgeschlossen in $(\ell^2, \|\cdot\|_2)$.

Allerdings ist M nicht kompakt, denn wir können leicht eine offene Überdeckung von M angeben, die keine endliche Teilüberdeckung besitzt: Wir setzen $V_m := U_1(\mathbf{e}_m)$. Dann ist $\{V_m : m \in \mathbb{N}\}$ nach Konstruktion eine offene Überdeckung von M. Da zwei beliebige Elemente aus M aber stets den Abstand $\sqrt{2}$ haben, gilt $V_m \cap M = \{\mathbf{e}_m\}$ für alle m. Damit ist auch klar, dass endlich viele der V_m niemals ausreichen können, um M zu überdecken.

Abschließend wenden wir uns wieder stetigen Funktionen zu und erinnern an den Begriff der gleichmäßigen Stetigkeit, siehe Definition 6.17.

Man beachte die Unterschiede zwischen gleichmäßiger Stetigkeit und Stetigkeit. Aus gleichmäßiger Stetigkeit folgt Stetigkeit. Aber: Gleichmäßige Stetigkeit ist die Eigenschaft einer Funktion auf einer Menge, Stetigkeit wird für Punkte aus der Menge erklärt.

In der ε-δ-Definition der Stetigkeit in einem Punkt $p \in X$ kann das zu findende δ von $p \in X$ abhängen. Bei gleichmäßiger Stetigkeit hängt δ nur von ε ab und die ε-δ-Bedingung gilt auf ganz X.

Wir zeigen noch eine Verallgemeinerung von Satz 6.18.

Satz 12.19. *Seien (X, d_X) und (Y, d_Y) zwei metrische Räume, $f : X \to Y$ eine stetige Abbildung.*

Ist (X, d_X) kompakt, so ist f gleichmäßig stetig auf X.

Beweis. Wir nehmen an, dass f nicht gleichmäßig stetig auf X ist. Dann gibt es $\varepsilon > 0$, sodass zu beliebigem $n \in \mathbb{N}$ Punkte $x_n, y_n \in X$ mit $d_X(x_n, y_n) < \frac{1}{n}$ aber $d_Y(f(x_n), f(y_n)) \geq \varepsilon$ existieren.

Da (X, d_X) kompakt und damit auch folgenkompakt ist, existiert eine Teilfolge $(x_{n_k})_{k \in \mathbb{N}}$, die gegen ein $x \in X$ konvergiert. Wegen $d_X(x_n, y_n) < \frac{1}{n}$ konvergiert auch $y_{n_k} \to x$ und mit der Stetigkeit von f folgt $f(x_{n_k}) \to f(x)$ sowie auch $f(y_{n_k}) \to f(x)$ für $k \to \infty$. Andererseits gilt

$$\varepsilon \leq d_Y\big(f(x_{n_k}), f(y_{n_k})\big) \leq d_Y\big(f(x_{n_k}), f(x)\big) + d_Y\big(f(y_{n_k}), f(x)\big)$$

für alle k und wir erhalten einen Widerspruch. $\qquad\qquad\qquad\qquad\qquad\qquad\quad\square$

Bemerkung: Man kann den Begriff der Kompaktheit auch noch verallgemeinern, ohne dabei auf einen metrischen Raum zurückgreifen zu müssen.

Seien M eine beliebige Menge und $\mathfrak{T}$ ein System von Teilmengen von M mit den folgenden Eigenschaften:

(i) $\emptyset, M \in \mathfrak{T}$

(ii)   Der Schnitt zweier Mengen aus $\mathfrak{T}$ gehört stets wieder zu $\mathfrak{T}$.

(iii)   Die Vereinigung beliebig vieler Mengen aus $\mathfrak{T}$ gehört stets wieder zu $\mathfrak{T}$.

Dann bezeichnet man $\mathfrak{T}$ als eine **Topologie** auf M.

Satz 12.3 besagt also, dass die in einem metrischen Raum (X,d) offenen Mengen eine Topologie auf X bilden. In Anlehnung daran heißen die Elemente einer Topologie **offen**, auch wenn kein metrischer Raum zu Grunde liegt. Nun kann man auch abgeschlossene (als Komplemente von offenen) Mengen und mittels Überdeckungen auch kompakte Mengen erklären. Sogar Stetigkeit kann sinnvoll definiert werden, wenn man hierzu die Charakterisierung analog zu Satz 12.4 verwendet. Eine Einführung in die Topologie findet man z.B. in Büchern von K. Jänich [10] oder B. von Querenburg [18].

12.3 Aufgaben

1. Untersuchen Sie direkt an Hand der Definition (also *ohne* Hilfe von Korollar 12.18), welche der folgenden Mengen kompakt in $\mathbb{R}$ sind:
$$A :=]-1, 1[\qquad B := \left\{ \tfrac{1}{n} : n \in \mathbb{N} \right\} \qquad C := B \cup \{0\}$$

2. Zeigen Sie: Jede endliche Teilmenge eines metrischen Raumes ist kompakt.

3. Seien $K_1, \ldots, K_n$ kompakte Mengen in einem metrischen Raum (X,d).
Zeigen Sie, dass auch $\bigcup\limits_{j=1}^{n} K_j$ kompakt ist.

4. Zeigen Sie, dass $\mathbb{Q}$ weder offen noch abgeschlossen in $\mathbb{R}$ ist.

5. Zeigen Sie, dass $]-1, 1[$ weder offen noch abgeschlossen in $\mathbb{C}$ ist.

6. Seien X eine Menge, d_X die diskrete Metrik auf X.

   a. Zeigen Sie, dass jede Teilmenge $M \subseteq X$ sowohl offen als auch abgeschlossen in (X, d_X) ist.

   b. Sei (Y, d_Y) ein weiterer metrischer Raum. Bestimmen Sie alle stetigen Abbildungen $(X, d_X) \to (Y, d_Y)$.

7. Geben Sie jeweils ein Beispiel einer stetigen Funktion $f : \mathbb{R} \to \mathbb{R}$ an mit der Eigenschaft:

   a. Es gibt eine offene Menge U derart, dass $f(U)$ nicht offen ist.

   b. Es gibt eine abgeschlossene Menge A derart, dass $f(A)$ nicht abgeschlossen ist.

8. Gegeben seien die folgenden Mengen:

   a. $M \subseteq \mathbb{R}^n$ endlich; $\quad X = \mathbb{R}^n$.

   b. $M = [0,1] \times {]0,1[}; \quad X = \mathbb{R}^2$.

   c. $M = \{(x,y,z) \in \mathbb{R}^3 : 0 < x^2 + y^2 + z^2 < 1\}; \quad X = \mathbb{R}^3$.

   d. $M = \{(x, \sin(\frac{1}{x})) \in \mathbb{R}^2 : x \neq 0\}; \quad X = \mathbb{R}^2$.

   Ist M offen in X? Ist M abgeschlossen in X? Bestimmen Sie jeweils den Abschluss $\overline{M}$ von M in X.

9. a. Seien (M,d) ein vollständiger metrischer Raum und $T \subseteq M$.
   Zeigen Sie: T ist abgeschlossen in M genau dann, wenn (T,d) vollständig ist.

   b. Folgern Sie: Ein abgeschlossener Unterraum eines Banachraumes ist selbst auch ein Banachraum.

   c. Bestimmen Sie den Abschluss des Raumes $T([a,b])$ der Treppenfunktionen in $(B([a,b]), \|\cdot\|_\infty)$.

10. Gegeben sei eine Funktion $f : I \to \mathbb{R}$ auf einem kompakten Intervall I.

   Zeigen Sie, dass f genau dann stetig ist, wenn der Graph

   $$G_f := \{(x, f(x)) : x \in I\}$$

   kompakt im $\mathbb{R}^2$ ist.

Kapitel 13
Normierte Vektorräume

Als Vektorraum wollen wir diesem Kapitel stets einen Vektorraum über dem Körper $\mathbb{R}$ verstehen. Bevor wir Abbildungen von Intervallen in normierte Vektorräume untersuchen, werden wir die Stetigkeit von linearen Abbildungen zwischen normierten Vektorräumen diskutieren.

Seien V und W Vektorräume. Eine Abbildung $L : V \to W$ heißt **linear**, wenn $L(\alpha x + \beta y) = \alpha L(x) + \beta L(y)$ für alle $x, y \in V$ und alle $\alpha, \beta \in \mathbb{R}$ gilt. Üblicherweise schreibt man oft kurz Lx an Stelle von $L(x)$.

Wenn wir von normierten Vektorräumen V und W sprechen, so bezeichnen wir, wenn nicht anders angegeben, die zugehörigen Normen mit $\| \cdot \|_V$ bzw. $\| \cdot \|_W$.

Einige Grundlagen, wie etwa den Begriff *Basis eines Vektorraumes* oder die Darstellung einer linearen Abbildung zwischen endlichdimensionalen Vektorräumen mittels einer Matrix, setzen wir hier als bekannt voraus. Darüberhinaus sei auch auf Lehrbücher zur linearen Algebra, wie etwa G. Fischer [5], verwiesen.

13.1 Stetige lineare Abbildungen

Satz 13.1. *Seien V und W normierte Vektorräume sowie $L : V \to W$ linear.*

Die folgenden Eigenschaften sind äquivalent:

(i)   *Die Abbildung L ist gleichmäßig stetig auf V.*

(ii)   *Die Abbildung L ist stetig im Nullpunkt 0_V von V.*

(iii)   *Die Menge $\{\|Lx\|_W : x \in V, \|x\|_V \leq 1\}$ ist beschränkt.*

Beweis. Der Schluss *(i)*⇒*(ii)* ist selbstverständlich.

Die Implikation *(ii)*⇒*(iii)* zeigen wir indirekt.

Angenommen, die Menge in *(iii)* ist unbeschränkt. Dann existiert zu jedem $n \in \mathbb{N}$ ein $x_n \in V$ mit $\|x_n\|_V \leq 1$ und $\|Lx_n\|_W \geq n$. Für $y_n := \frac{1}{n} x_n$ gilt dann $\|y_n\|_V \leq \frac{1}{n}$ und $\|Ly_n\|_W = \frac{1}{n}\|Lx_n\|_W \geq 1$. Da für eine lineare Abbildung $L : V \to W$ stets $L0_V = 0_W$ gilt, folgt wegen $\lim_{n \to \infty} y_n = 0_V$, dass L in 0_V nicht stetig ist.

R. Lasser, F. Hofmaier, *Analysis 1 + 2*, Springer-Lehrbuch,
DOI 10.1007/978-3-642-28644-5_13, © Springer-Verlag Berlin Heidelberg 2012

Zu zeigen bleibt *(iii)⇒(i)*.

Nach Voraussetzung ist $M := \sup\{\|Lx\|_W : x \in V, \|x\|_V \leq 1\} < \infty$. Wir wollen sehen, dass

$$\|Lx - Ly\|_W \leq M\|x - y\| \qquad \text{für alle } x, y \in V$$

gilt. Daraus folgt direkt die gleichmäßige Stetigkeit von L auf V.

Zum Nachweis braucht nur der Fall $x \neq y$ betrachtet zu werden. Dann haben wir $\|x - y\|_V > 0$ und für $z := \frac{1}{\|x-y\|_V}(x-y)$ gilt $\|z\|_V = 1$.

Somit ist $\frac{1}{\|x-y\|_V}\|L(x-y)\|_W = \|Lz\|_W \leq M$ und wir sind am Ziel. $\qquad\square$

Definition 13.2. Zu jeder stetigen linearen Abbildung $L : V \to W$ normierter Vektorräume wird die **Operatornorm** definiert durch

$$\|L\| := \sup\{\|Lx\|_W : x \in V, \|x\|_V \leq 1\}.$$

Die Menge aller stetigen linearen Abbildungen $V \to W$ bezeichnen wir mit $\mathscr{L}(V,W)$.

Satz 13.3. *Mit der Operatornorm ist $\mathscr{L}(V,W)$ ein normierter Vektorraum.*

Beweis. Die Gesamtheit der linearen Abbildungen $V \to W$ bildet (unter punktweiser Addition und Skalarmultiplikation) einen Vektorraum. Da Summen und reelle Vielfache stetiger Abbildungen wiederum stetig sind, ist die Teilmenge $\mathscr{L}(V,W)$ ein Untervektorraum. Es bleibt zu zeigen, dass die Operatornorm auch tatsächlich eine Norm ist.

Nach Konstruktion ist stets $\|L\| \geq 0$. Im Fall $\|L\| = 0$ gilt $Lx = 0_V$ für alle $x \in V$ mit $\|x\|_V \leq 1$. Daraus folgt $Lx = 0_V$ für alle $x \in V$, also $L = 0$. Dies beweist (N1).

Für nichtleere, beschränkte Mengen $B \subseteq \mathbb{R}$ und $r \geq 0$ gilt bekanntlich $\sup(rB) = r \sup B$. Dies liefert für $\lambda \in \mathbb{R}$ und $L \in \mathscr{L}(V,W)$ stets $\|\lambda L\| = |\lambda|\,\|L\|$; somit ist auch (N2) erfüllt.

Für $L, L' \in \mathscr{L}(V,W)$ und $x \in V$ haben wir

$$\|(L+L')x\|_W = \|Lx + L'x\|_W \leq \|Lx\|_W + \|L'x\|_W.$$

Zunächst folgt $\|(L+L')x\|_W \leq \|L\| + \|L'\|$ für $x \in V$ mit $\|x\|_V \leq 1$ und daraus dann $\|(L+L')\| \leq \|L\| + \|L'\|$, die Dreiecksungleichung (N3). $\qquad\square$

Bemerkungen:

(1) Mit der Operatornorm erhält man die Abschätzung $\|Lx\|_W \leq \|L\|\,\|x\|_V$ für alle $L \in \mathscr{L}(V,W)$ und alle $x \in V$.

(2) Im Fall $V = W$ schreibt man $\mathscr{L}(V) := \mathscr{L}(V,V)$ und nennt $L \in \mathscr{L}(V)$ einen stetigen **Endomorphismus** von V.

Mit $L, L' \in \mathscr{L}(V)$ gilt auch $LL' := L \circ L' \in \mathscr{L}(V)$. Aus der Abschätzung $\|LL'x\|_V \leq \|L\|\,\|L'x\|_V \leq \|L\|\,\|L'\|\,\|x\|_V$ ergibt sich schließlich noch die so genannte **Submultiplikativität** der Operatornorm:

$$\|LL'\| \leq \|L\|\,\|L'\| \qquad \text{für alle } L, L' \in \mathscr{L}(V).$$

Beispiel: Für $x = (x_n)_{n \in \mathbb{N}} \in \ell^2$ sei $Lx := \left(\frac{x_1}{1}, \frac{x_2}{2}, \frac{x_3}{3}, \ldots \right)$.

Mit $y_n := \frac{1}{n}$ ist $y = (y_n)_{n \in \mathbb{N}} \in \ell^2$ und laut Satz 5.23 gilt $Lx = xy \in \ell^1$.

Damit ist eine (wie man leicht nachprüfen kann) lineare Abbildung $L : \ell^2 \to \ell^1$ erklärt. Da nach Satz 5.23 auch $\|Lx\|_1 \leq \|x\|_2 \|y\|_2$ gilt, haben wir insbesondere $\|Lx\|_1 \leq \|y\|_2$ für alle $x \in \ell^2$ mit $\|x\|_2 \leq 1$.

Daraus folgt die Stetigkeit von L und auch $\|L\| \leq \|y\|_2$.

Betrachtet man speziell $x = \frac{1}{\|y\|_2} y$, so gilt $\|x\|_2 = 1$ und $\|Lx\|_1 = \|y\|_2$.

Insgesamt erhalten wir

$$\|L\| = \|y\|_2 = \left(\sum_{n=1}^{\infty} \frac{1}{n^2} \right)^{\frac{1}{2}} = \frac{\pi}{\sqrt{6}} .$$

Definition 13.4. Zwei Normen $\| \cdot \|$ und $\| \cdot \|'$ auf einem Vektorraum V heißen **äquivalent**, wenn es Schranken $M, M' > 0$ gibt mit

$$\|x\| \leq M \|x\|' \quad \text{und} \quad \|x\|' \leq M' \|x\| \qquad \text{für alle } x \in V .$$

Satz 13.5. (a) Zwei Normen eines Vektorraums V sind genau dann äquivalent, wenn sie die selben Cauchyfolgen besitzen.

(b) Äquivalente Normen haben die selben offenen Mengen.

Beweis. (a) Seien $\| \cdot \|$ und $\| \cdot \|'$ äquivalente Normen und $(x_n)_{n \in \mathbb{N}}$ eine Folge in V. Dann gilt

$$\|x_m - x_n\| \leq M \|x_m - x_n\|' \qquad \text{und} \qquad \|x_m - x_n\|' \leq M' \|x_m - x_n\|$$

für alle $m, n \in \mathbb{N}$. Daher ist eine Cauchyfolge in der einen Norm zugleich Cauchyfolge in der anderen Norm.

Sind die Normen $\| \cdot \|$ und $\| \cdot \|'$ nicht äquivalent, dann existiert wenigstens eine der Schranken M, M' nicht. Wenn etwa kein M' im Sinne der Definition existiert, dann gibt es zu jedem $n \in \mathbb{N}$ ein $x_n \in V$ mit $\|x_n\| \leq 1$ und $\|x_n\|' \geq n^2$.

Setzt man nun $y_n := \frac{1}{n} x_n$, so ist $\|y_n\| \leq \frac{1}{n}$, also $\lim\limits_{n \to \infty} y_n = 0_V$ bezüglich $\| \cdot \|$.

Wegen $\|y_n\|' \geq n$ ist aber $(y_n)_{n \in \mathbb{N}}$ bezüglich $\| \cdot \|'$ keine Cauchyfolge.

(b) Zu den auf V äquivalenten Normen $\| \cdot \|$ und $\| \cdot \|'$ seien Schranken $M, M' > 0$ gemäß der Definition gewählt. Die jeweiligen ε-Kugeln um Punkte $a \in V$ erfüllen dann

$$U'_{\varepsilon/M}(a) \subseteq U_\varepsilon(a) \qquad \text{und} \qquad U_{\varepsilon/M'}(a) \subseteq U'_\varepsilon(a) .$$

Hieraus folgt, dass jede Umgebung von a in der einen Norm auch eine Umgebung von a in der anderen Norm enthält. Also hat V in jeder der beiden Normen die selben offenen Mengen. $\square$

Satz 13.6. *Sei* $\{a_1, a_2, \ldots, a_d\}$ *eine Basis des d-dimensionalen normierten Vektorraumes V. Weiter sei* $\mathbb{R}^d$ *versehen mit der Maximumsnorm* $\|x\|_\infty = \max\limits_{1 \le k \le d} |x_k|$.

Dann ist die durch

$$Lx := \sum_{k=1}^{d} x_k a_k$$

definierte bijektive lineare Abbildung $L : \mathbb{R}^d \to V$ *stetig und ihre Umkehrabbildung ist ebenfalls stetig.*

Beweis. Mit $M := \max\limits_{1 \le k \le d} \|a_k\|_V$ erhalten wir $\|Lx\|_V \le \sum\limits_{k=1}^{d} |x_k| \, \|a_k\|_V \le d\,M \, \|x\|_\infty$.

Daher ist $\{\|Lx\|_V : x \in \mathbb{R}^d, \|x\|_\infty \le 1\}$ beschränkt und L laut Satz 13.1 stetig.

Da $L^{-1} : V \to \mathbb{R}^d$ ebenfalls eine lineare Abbildung ist, genügt es, die Stetigkeit im Nullpunkt nachzuweisen. Dazu sei $\varepsilon > 0$.

Die Menge $C := \{x \in \mathbb{R}^d : \|x\|_\infty = \varepsilon\}$ ist kompakt; nach Korollar 12.9 nimmt die stetige Funktion $x \mapsto \|Lx\|_V$ auf C ein Minimum an. Da C den Nullpunkt nicht enthält, gilt weiter $0 < \min\limits_{x \in C} \|Lx\|_V =: \delta$.

Zu jedem $y \in V$ mit $\|y\|_V < \delta$ gibt es $x \in C$ und $\lambda \in \mathbb{R}$ mit $y = L(\lambda x) = \lambda\, Lx$, da L eine bijektive lineare Abbildung ist. Wegen $|\lambda| \, \|Lx\|_V = \|y\|_V < \delta \le \|Lx\|_V$ gilt $|\lambda| < 1$. Aus $\|y\|_V < \delta$ folgt also stets

$$\|L^{-1}(y)\|_\infty = \|\lambda x\|_\infty = |\lambda| \, \|x\|_\infty = |\lambda| \, \varepsilon < \varepsilon .$$

Folglich ist L^{-1} im Nullpunkt von V stetig. $\qquad\square$

Satz 13.7 (Äquivalenz von Normen im endlichdimensionalem Raum). *Sei V ein d-dimensionaler Vektorraum. Es gilt:*

(a)   *Je zwei Normen auf V sind äquivalent.*

(b)   *Unter jeder Norm ist V vollständig und Grenzwerte in V sind unabhängig von der Wahl der Norm.*

Beweis. (a) Sind $\|\cdot\|_1$ und $\|\cdot\|_2$ zwei Normen auf V, so schreiben wir V_k ($k = 1, 2$) für den mittels $\|\cdot\|_k$ normierten Raum V. Nach Satz 13.6 ist bei gegebener Basis $\{a_1, a_2, \ldots, a_d\}$ von V durch

$$L_k x := \sum_{j=1}^{d} x_j a_j \qquad \text{für } x \in \mathbb{R}^d$$

eine bijektive lineare und samt Umkehrabbildung stetige Abbildung $L : \mathbb{R}^d \to V_k$ erklärt (bzgl. Maximumsnorm auf $\mathbb{R}^d$).

Damit ist auch $L := L_2 L_1^{-1} : V_1 \to V_2$ eine bijektive lineare und stetige Abbildung, deren Umkehrung $L^{-1} = L_1 L_2^{-1}$ ebenfalls stetig ist. (Rein algebraisch betrachtet ist L die Identität auf V.)

Mit den Schranken

$$M_1 := \sup\{\|L^{-1}z\|_1 : z \in V_2, \|z\|_2 \leq 1\} \qquad \text{und}$$

$$M_2 := \sup\{\|Ly\|_2 : y \in V_1, \|y\|_1 \leq 1\}$$

erhalten wir für alle $y \in V$ die Abschätzungen

$$\|y\|_2 = \|L(L^{-1}y)\|_2 \leq M_2 \|L^{-1}y\|_1 = M_2 \|y\|_1 \qquad \text{sowie}$$

$$\|y\|_1 = \|L^{-1}(Ly)\|_1 \leq M_1 \|Ly\|_2 = M_1 \|y\|_2 .$$

Die beiden Normen sind daher äquivalent.

(b) Mit Satz 13.5 und der eben bewiesenen Aussage genügt es, eine Norm anzugeben, mit welcher V vollständig ist. Man erhält sie z.B. aus der Euklidischen Norm des $\mathbb{R}^d$ mittels

$$\left\| \sum_{j=1}^{d} x_j a_j \right\|_0 := \|x\|_2 .$$

Laut Korollar 4.8 ist $(\mathbb{R}^d, \|\cdot\|_2)$ vollständig. Hat man eine Cauchyfolge in $(V, \|\cdot\|_0)$, so findet man deren Grenzwert nun über die entsprechende Folge in $\mathbb{R}^d$. $\qquad \square$

Insbesondere sind auf $\mathbb{R}^d$ die Normen

$$\|x\|_1 = \sum_{j=1}^{d} |x_j| , \qquad \|x\|_2 = \left(\sum_{j=1}^{d} x_j^2 \right)^{\frac{1}{2}} \quad \text{und} \qquad \|x\|_\infty = \max_{j=1,\dots,d} |x_j|$$

äquivalent.

Korollar 13.8. *Seien V und W normierte Vektorräume, V endlich-dimensional.*
Dann ist jede lineare Abbildung $L: V \to W$ stetig.

Beweis. Seien $\{a_1, \dots, a_d\}$ eine Basis von V und $\|\cdot\|_0$ die durch

$$\left\| \sum_{j=1}^{d} x_j a_j \right\|_0 := \|x\|_\infty \qquad \text{für } x = (x_1, \dots, x_d) \in \mathbb{R}^d$$

erklärte Norm auf V. Für $x = \sum_{j=1}^{d} x_j a_j \in V$ gilt dann

$$\|Lx\|_W = \left\| \sum_{j=1}^{d} x_j L(a_j) \right\|_W \leq \sum_{j=1}^{d} |x_j| \|L(a_j)\|_W \leq d M \|x\|_0 ,$$

wobei $M := \max_{1 \leq j \leq d} \|L(a_j)\|_W$ sei.

Mit Satz 13.1 folgt die Stetigkeit von L zunächst bezüglich $\|\cdot\|_0$ und auf Grund der Äquivalenz der Normen auch bezüglich aller anderer Normen auf V. $\qquad \square$

13.2 Kurven in Vektorräumen

Seien X ein metrischer Raum und $I = [a,b]$ ein kompaktes Intervall. Eine stetige Abbildung $\gamma : I \to X$ bezeichnet man als **Weg**. Gilt $\gamma(a) = \gamma(b)$, so heißt γ ein **geschlossener** Weg.

Beispiele

(1)   In $X = \mathbb{C}$ mit der gewöhnlichen Metrik definiert $\gamma(t) := e^{it}$ mit $I = [0, 2\pi k]$ für jedes $k \in \mathbb{N}$ einen geschlossenen Weg.

(2)   Gegeben seien ein Radius $r > 0$ und eine „Ganghöhe" $2\pi c > 0$. Dann definiert

$$\sigma(t) := (r\cos t, r\sin t, ct), \qquad t \in [0, 2\pi k],$$

einen Weg („Schraubenlinie") im $\mathbb{R}^3$. Ferner existiert der Grenzwert

$$\lim_{\substack{t \to t_0 \\ t \neq t_0}} \frac{\sigma(t) - \sigma(t_0)}{t - t_0} = (-r\sin t_0, r\cos t_0, c).$$

Letzteres motiviert die folgende Definition.

Definition 13.9. Ein Weg $\gamma : [a,b] \to V$ im endlich-dimensionalen normierten Vektorraum V heißt im Punkt $t_0 \in [a,b]$ **differenzierbar**, wenn der Grenzwert

$$\lim_{\substack{t \to t_0 \\ t \neq t_0}} \frac{\gamma(t) - \gamma(t_0)}{t - t_0} =: \gamma'(t_0)$$

existiert. Den Vektor $\gamma'(t_0) \in V$ bezeichnet man dann als **Ableitung** von γ in t_0. Ist γ in jedem Punkt $t \in [a,b]$ differenzierbar, so nennt man γ eine **differenzierbare Kurve**.

Wenn $[a,b]$ eine Teilung $t_0 = a < t_1 < \ldots < t_r = b$ besitzt derart, dass alle Restriktionen $\gamma|[t_{k-1}, t_k]$ differenzierbar sind mit auf $[t_{k-1}, t_k]$ stetiger Ableitung, dann heißt γ eine **stückweise stetig differenzierbare Kurve**.

Ist γ eine stetig differenzierbare Kurve, so bildet für jedes $t_0 \in I$ mit $\gamma'(t_0) \neq 0$ die Menge $\{\gamma(t_0) + s\gamma'(t_0) : s \in \mathbb{R}\}$ die **Tangente** an γ im Punkt $\gamma(t_0)$. Der Vektor $\gamma'(t_0)$ heißt **Tangentenvektor**. Diejenigen Punkte $t_0 \in [a,b]$ mit Tangentenvektor $\gamma'(t_0) = 0_V$ werden **singulär** genannt. Besitzt γ keine singulären Punkte, so heißt γ eine **reguläre** Kurve.

Bemerkung: Weder die Definition der Differenzierbarkeit noch der Wert der Ableitung hängen von der Wahl der Norm in V ab (vgl. Satz 13.7).

Zum Beispiel ist für jede stetig differenzierbare Funktion $f : [a,b] \to \mathbb{R}$ der **Graph** γ_f von f, definiert durch $\gamma_f : [a,b] \to \mathbb{R}^2$, $\gamma_f(t) := (t, f(t))$, eine reguläre Kurve, da $\gamma_f'(t) = (1, f'(t))$ ist.

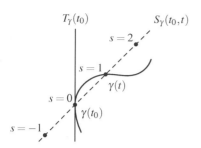

Die Gerade durch die Punkte $\gamma(t_0)$ und $\gamma(t)$ ist die Menge $S_\gamma(t_0,t) := \{\gamma(t_0) + s(\gamma(t) - \gamma(t_0)) : s \in \mathbb{R}\}$.

Sei $t \neq t_0$ zunächst fest gewählt, so gilt

$$S_\gamma(t_0,t) = \left\{\gamma(t_0) + \frac{r}{t - t_0}(\gamma(t) - \gamma(t_0)) : r \in \mathbb{R}\right\}.$$

Ist γ im Punkt t_0 differenzierbar, so erhalten wir die Tangente als „Grenzwert" von $S(t_0,t)$ für $t \to t_0$,

$$T_\gamma(t_0) := \{\gamma(t_0) + r\gamma'(t_0) : r \in \mathbb{R}\}.$$

Beispiel: Durch $\gamma : [-1,1] \to \mathbb{R}^2$, $\gamma(t) := (t^2, t^3)$, wird die so genannte *Neilsche Parabel* definiert.

Sie ist eine stetig differenzierbare Kurve mit der Ableitung $\gamma'(t) = (2t, 3t^2)$ und hat genau einen singulären Punkt, nämlich $t_0 = 0$.

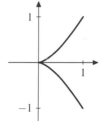

Die Abbildung zeigt die Neilsche Parabel. Man erkennt, dass es nicht möglich ist, eine Tangente im Nullpunkt sinnvoll zu erklären.

Seien V ein d-dimensionaler Vektorraum und $\{e_1, \ldots, e_d\}$ eine Basis von V. Das System der Koordinaten bezüglich dieser Basis identifiziert V mit $\mathbb{R}^d$. Jede Kurve $\gamma : [a,b] \to V$ wird so durch ihre Koordinatenfunktionen $\gamma_k : [a,b] \to \mathbb{R}$ beschrieben:

$$\gamma(t) = \sum_{j=1}^{d} e_j \gamma_j(t).$$

Satz 13.10. *Seien V ein d-dimensionaler normierter Vektorraum und $\{e_1, \ldots, e_d\}$ eine Basis von V.*

Eine Abbildung $\gamma : [a,b] \to V$ ist im Punkt $t \in [a,b]$ genau dann differenzierbar, wenn jede Koordinatenfunktion $\gamma_k : [a,b] \to \mathbb{R}$ ($k = 1, \ldots, d$) dort differenzierbar ist. In diesem Fall gilt

$$\gamma'(t) = \sum_{j=1}^{d} e_j \gamma_j'(t).$$

Beweis. Wegen der Äquivalenz aller Normen auf V können wir dort die Maximums-norm zu Grunde legen.

Damit bedeutet $\displaystyle\lim_{s \to t} \frac{\gamma(s) - \gamma(t)}{s - t} = \gamma'(t)$ das selbe wie

$$\lim_{s \to t} \left| \frac{\gamma_k(s) - \gamma_k(t)}{s - t} - \gamma_k'(t) \right| \qquad \text{für alle } k \in \{1, \ldots, d\},$$

wobei $\gamma_k'(t)$ die k-te Koordinate des Vektors $\gamma'(t)$ bzgl. der Basis $\{e_1,\ldots,e_d\}$ von V bezeichne. Damit haben wir

$$\gamma'(t) = \sum_{k=1}^{d} e_k\, \gamma_k'(t)$$

wie behauptet. $\square$

Definition 13.11. Sei $\gamma : [a,b] \to V$ eine stückweise stetig differenzierbare Kurve im d-dimensionalen normierten Raum V. Als **Länge** von γ definieren wir

$$l(\gamma) := \int_a^b \|\gamma'(t)\|\, dt \ .$$

Bemerkung: Die Kurvenlänge hängt von der Wahl der Norm ab. So hat beispielsweise die Strecke

$$s(t) = (1+\mathrm{i})t\,, \qquad t \in [0,1]\,,$$

in der Euklidischen Norm (die in $\mathbb{C}$ mit dem Betrag übereinstimmt) die Länge $\sqrt{2}$, während ihre Länge in der Maximumsnorm des $\mathbb{R}^2$ gleich 1 ist.

Im Vektorraum $V = \mathbb{R}^d$ wird die Länge von Kurven immer auf die Euklidische Norm bezogen, falls nicht ausdrücklich etwas anderes gesagt wird.

Die Abbildung gibt eine Motivation für die Definition der Länge.

Die Länge einer Kurve ist stets größer oder gleich der Länge eines Streckenzuges, der gewisse Punkte der Kurve verbindet. Je feiner man die Kurve unterteilt, desto besser wird die Länge approximiert. In Satz 13.12 wird diese Überlegung präzisiert.

Satz 13.12. *Seien V ein d-dimensionaler normierter Vektorraum und $\gamma : [a,b] \to V$ eine stückweise stetig differenzierbare Kurve.*

Dann gilt für jede Teilung $a = t_0 < t_1 < \ldots < t_r = b$ die Ungleichung

$$\sum_{j=1}^{r} \|\gamma(t_j) - \gamma(t_{j-1})\| \leq l(\gamma)\ .$$

Ferner gibt es zu jedem $\varepsilon > 0$ eine Schranke $\delta > 0$ derart, dass

$$0 \leq l(\gamma) - \sum_{j=1}^{r} \|\gamma(t_j) - \gamma(t_{j-1})\| \leq \varepsilon$$

für alle Teilungen der Feinheit $\max_{1 \leq j \leq r} (t_j - t_{j-1}) \leq \delta$ gilt.

Zum Beweis verwenden wir folgendes auch sonst nützliches Resultat.

Lemma 13.13. *Seien V ein d-dimensionaler normierter Vektorraum, $\gamma : [a,b] \to V$ eine stetig differenzierbare Kurve.*

Zu jedem $\eta > 0$ gibt es eine Schranke $\delta > 0$ derart, dass

$$\left\| \frac{\gamma(s) - \gamma(t)}{s - t} - \gamma'(t) \right\| \leq \eta$$

für alle $s,t \in [a,b]$ mit $0 \leq |s - t| \leq \delta$ gilt.

Beweis. Die Wahl von δ hängt natürlich von der Norm auf V ab. Da aber je zwei Normen äquivalent sind, genügt es, den Beweis für eine spezielle Norm zu führen. Mit einer Basis $\{e_1, \ldots, e_d\}$ von V beschreiben wir die Kurve $\gamma(t) = \sum_{k=1}^{d} e_k \, \gamma_k(t)$ durch ihre stetig differenzierbaren Koordinaten-Funktionen γ_k. Laut Mittelwertsatz gibt es ein ξ_k zwischen s und t derart, dass

$$\left| \frac{\gamma_k(s) - \gamma_k(t)}{s - t} - \gamma'_k(t) \right| = |\gamma'_k(\xi_k) - \gamma'_k(t)|$$

gilt. Die Ableitung γ'_k ist auf dem kompakten Intervall $[a,b]$ gleichmäßig stetig (Satz 12.19). Daher gibt es ein $\delta_k > 0$, sodass $|\gamma'_k(\tau) - \gamma'_k(t)| \leq \eta$ für alle $\tau, t \in [a,b]$ mit $|\tau - t| \leq \delta_k$ ist. Wir wählen nun $\delta := \min_{1 \leq k \leq d} \delta_k$ und erhalten

$$\max_{1 \leq k \leq d} \left| \frac{\gamma_k(s) - \gamma_k(t)}{s - t} - \gamma'_k(t) \right| \leq \eta \qquad \text{für } s,t \in [a,b] \text{ mit } 0 < |s - t| \leq \delta$$

wie behauptet.   □

Beweis (von Satz 13.12). Wir beginnen mit einer Teilung $a = a_0 < a_1 < \ldots < a_q = b$, auf deren Teilintervallen $[a_{k-1}, a_k]$ die Restriktion von γ stetig differenzierbar ist ($1 \leq k \leq q$).

Sei $\varepsilon > 0$. Wir verschaffen uns ein $\delta > 0$, das den folgenden vier Bedingungen genügt.

(1)   Zunächst wird δ so klein gewählt, dass für Teilungen $a = t_0 < \ldots < t_r = b$ der Feinheit $\max_j (t_j - t_{j-1}) \leq \delta$ stets

$$\left| l(\gamma) - \sum_{j=1}^{r} \|\gamma'(t_j)\| (t_j - t_{j-1}) \right| \leq \frac{\varepsilon}{4} \, .$$

gilt. Um Eindeutigkeit von $\gamma'(t_j)$ zu erzielen, nehmen wir die linksseitige Ableitung von γ, falls t_j einer der Teilungspunkte a_k sein sollte. (Wir approximieren also mit einer speziellen Treppenfunktion.)

(2)   Weiter wird δ bzgl. der auf $[a,b]$ gleichmäßig stetigen Abbildung γ so klein gewählt, dass $\|\gamma(s) - \gamma(t)\| \leq \frac{\varepsilon}{4q}$ für alle $s,t \in [a,b]$ mit $|s - t| \leq \delta$ gilt.

(3)   Wir verlangen $qM\delta \le \frac{\varepsilon}{4}$ für $M := \sup\limits_{t\in[a,b]} \|\gamma'(t)\|$.

(4)   Schließlich wird δ auch noch so klein gewählt, dass die Abschätzung in Lemma 13.13 für jedes Teilintervall $[a_{k-1}, a_k]$ mit $\eta := \frac{\varepsilon}{4(b-a)}$ gültig ist.

Zu dem nun fixierten $\delta > 0$ sei $a = t_0 < \ldots < t_r = b$ eine Teilung der Feinheit $\le \delta$.

Mit A bezeichnen wir die Menge der Indizes j, für die es ein k gibt mit $a_k \in \,]t_{j-1}, t_j[$. Dann enthält die Menge A höchstens q Elemente. Damit gelten die Abschätzungen

$$\left| l(\gamma) - \sum_{j=1}^{r} \|\gamma(t_j) - \gamma(t_{j-1})\| \right|$$

$$= \left| l(\gamma) - \sum_{j=1}^{r} \|\gamma'(t_j)\| (t_j - t_{j-1}) + \sum_{j=1}^{r} \big(\|\gamma'(t_j)(t_j - t_{j-1})\| - \|\gamma(t_j) - \gamma(t_{j-1})\| \big) \right|$$

$$\le \frac{\varepsilon}{4} + \sum_{j=1}^{r} \|\gamma(t_j) - \gamma(t_{j-1}) - \gamma'(t_j)(t_j - t_{j-1})\|$$

$$\le \frac{\varepsilon}{4} + \sum_{\substack{j=1 \\ j \notin A}}^{r} \|\gamma(t_j) - \gamma(t_{j-1}) - \gamma'(t_j)(t_j - t_{j-1})\| + q\,\frac{\varepsilon}{4q} + qM\delta$$

$$\le \frac{3\varepsilon}{4} + \sum_{\substack{j=1 \\ j \notin A}}^{r} \frac{\varepsilon}{4(b-a)}\,(t_j - t_{j-1}) \le \varepsilon\,.$$

Es bleibt zu zeigen, dass stets $\sum\limits_{j=1}^{r} \|\gamma(t_j) - \gamma(t_{j-1})\| \le l(\gamma)$ gilt.

Angenommen, dies ist nicht der Fall. Dann gibt es eine Teilung mit

$$\sum_{j=1}^{r} \|\gamma(t_j) - \gamma(t_{j-1})\| - l(\gamma) \ge \varepsilon_0$$

für eine gewisse Zahl $\varepsilon_0 > 0$. Da die Summe auf der linken Seite beim Übergang zu einer feineren Teilung nicht kleiner wird, bleibt die Ungleichung für alle feineren Teilungen gültig. Mit einem $\varepsilon < \varepsilon_0$ erhalten wir nun einen Widerspruch zu der bereits bewiesenen Teilaussage.   □

Korollar 13.14 (Schrankensatz). *Seien V ein d-dimensionaler normierter Vektorraum und $\gamma : [a,b] \to V$ eine stetig differenzierbare Kurve mit beschränkter Ableitung $\|\gamma'(t)\| \le M$ für alle $t \in [a,b]$.*

Dann gilt $\|\gamma(b) - \gamma(a)\| \le M(b-a)$.

Beweis. Dies ergibt sich aus dem ersten Teil von Satz 13.12 mit der gröbsten Teilung $t_0 = a$, $t_1 = b$ und der Standardabschätzung $l(\gamma) \le M(b-a)$, vgl. Satz 8.3(4).

                                                                                 □

Beispiele

(1)   Die k-fach durchlaufene Kreislinie vom Radius $r > 0$,

$$\gamma_r(t) = r\,e^{it}, \qquad t \in [0, 2\pi k],$$

hat die Ableitung $\gamma_r'(t) = i r e^{it}$. Sie hat daher in der durch den Betrag auf $\mathbb{R}$ definierten Norm die Länge

$$l(\gamma_r) = \int_0^{2\pi k} r\,\mathrm{d}t = 2\pi k r.$$

(2)   Die durch den Graph einer stetig differenzierbaren Funktion $f : [a,b] \to \mathbb{R}$ erklärte Kurve $\gamma_f(t) = (t, f(t))$ hat die Ableitung $\gamma_f'(t) = (1, f'(t))$. Damit ist Ihre Euklidische Länge

$$l(\gamma_f) = \int_a^b \sqrt{1 + f'^2(t)}\,\mathrm{d}t.$$

(3)   Durch Abrollen eines Kreises vom Radius 1 auf der x-Achse des $\mathbb{R}^2$ entsteht als Bahnkurve eines Umfangspunktes die **Zykloide** $\zeta(t) = (\zeta_1(t), \zeta_2(t))$ mit $\zeta_1(t) = t - \sin t$ und $\zeta_2(t) = 1 - \cos t$.

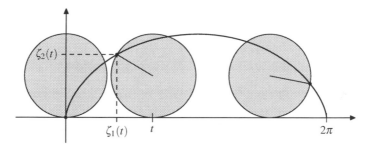

Ihre Euklidische Länge über einen Umlauf des Kreises ist

$$l(\zeta) = \int_0^{2\pi} \sqrt{2 - 2\cos t}\,\mathrm{d}t = 2 \int_0^{2\pi} \sqrt{\sin^2(t/2)}\,\mathrm{d}t = -4\cos(t/2)\,\Big|_0^{2\pi} = 8.$$

Definition 13.15 (Parametertransformation). Sei $\gamma : [a,b] \to V$ ein Weg im d-dimensionalen normierten Raum V. Ist $\varphi : [c,d] \to [a,b]$ eine bijektive stetige Abbildung, dann heißt $\delta := \gamma \circ \varphi$ der aus γ durch **Umparametrisierung** mittels der **Parametertransformation** φ entstandene Weg. Da φ als injektive stetige Abbildung streng monoton ist, tritt genau einer der folgenden Fälle ein:

$(\varphi(c), \varphi(d)) = (a, b),$ φ heißt dann **orientierungstreu**.

$(\varphi(c), \varphi(d)) = (b, a),$ φ heißt in diesem Fall **orientierungsumkehrend**.

Sind φ und die Umkehrabbildung φ^{-1} stetig differenzierbar, so bezeichnet man φ als eine C^1-**Parametertransformation**. Insbesondere ist dann φ' nullstellenfrei, also als stetige Funktion auf $[c,d]$ von festem Vorzeichen, $\operatorname{sign}\varphi' = \pm 1$, je nachdem, ob φ orientierungstreu oder orientierungsumkehrend ist.

Bemerkungen: Wenn auch γ auf $[a,b]$ stetig differenzierbar ist, so ist $\delta := \gamma \circ \varphi$ stetig differenzierbar mit Ableitung

$$\delta'(t) = \underbrace{\gamma'(\varphi(t))}_{\in V} \cdot \underbrace{\varphi'(t)}_{\in \mathbb{R}} .$$

Dies ergibt sich mit Satz 13.10 aus der Kettenregel. Unter C^1-Parametertransformationen bleiben Kurvenlängen invariant, denn eine einfache Substitution ergibt

$$l(\delta) = \int_c^d \|\delta'(t)\|\,\mathrm{d}t = \operatorname{sign}\varphi' \int_c^d \|\gamma'(\varphi(t))\|\,\varphi'(t)\,\mathrm{d}t$$

$$= \operatorname{sign}\varphi' \int_{\varphi(c)}^{\varphi(d)} \|\gamma'(s)\|\,\mathrm{d}s = \int_a^b \|\gamma'(s)\|\,\mathrm{d}s .$$

Betrachtet man speziell $\varphi = \psi^{-1}$, wobei

$$\psi(s) := \int_{s_0}^s \|\gamma'(\tau)\|\,\mathrm{d}\tau$$

für ein festes $s_0 \in [a,b]$ sei, so ist φ eine orientierungstreue C^1-Parametertransformation. Mittels Satz 7.17 erhalten wir

$$\varphi'(t) = \frac{1}{\psi'(\varphi(t))} = \frac{1}{\|\gamma'(\varphi(t))\|}$$

und damit $\|\delta'(t)\| = 1$ für alle $t \in [c,d]$. Weiter gilt $l(\delta) = d - c$. Man sagt in diesem Fall, δ ist **nach der Länge** parametrisiert.

13.3 Aufgaben

1. Für $x = (x_n)_{n \in \mathbb{N}} \in \ell^\infty$ sei $Ax := \left(\frac{x_1}{1}, \frac{x_2}{2}, \frac{x_3}{3}, \dots\right)$.

   a. Zeigen Sie, dass $A : \ell^\infty \to \ell^\infty$ eine stetige lineare Abbildung ist und bestimmen Sie $\|A\|$.

   b. Zeigen Sie, dass A injektiv ist.

   c. Ist A surjektiv?

   d. Weiter sei $X := A(\ell^\infty)$ das Bild von A. Zeigen Sie, dass die Umkehrabbildung $A^{-1} : X \to \ell^\infty$ nicht stetig ist.

2. Zeigen Sie, dass in $C([0,1])$ die durch

$$\|f\|_\infty = \max_{x\in[0,1]} |f(x)| \qquad \text{und} \qquad \|f\|_2 = \left(\int_0^1 |f(x)|^2 \, \mathrm{d}x\right)^{\frac{1}{2}}$$

erklärten Normen nicht äquivalent sind.

3. Berechnen Sie die Länge der *Neilschen Parabel*, gegeben durch

$$\gamma : [-1,1] \to \mathbb{R}^2 , \qquad \gamma(t) := (t^2, t^3) ,$$

bezüglich jeder der drei Normen $\|\cdot\|_1$, $\|\cdot\|_2$ und $\|\cdot\|_\infty$.

4. Die *Astroide* ist die durch

$$\sigma : [0,2\pi] \to \mathbb{R}^2 , \qquad \sigma(t) := (\cos^3 t , \sin^3 t) ,$$

gegebene Kurve.

   a. Begründen Sie, dass σ stetig differenzierbar ist, und berechnen Sie σ'.
   b. Berechnen Sie die Länge $l(\sigma)$.
   c. Berechnen Sie alle Maximal- und Minimalstellen von $\|\sigma(t)\|$.
   d. Bestimmen Sie alle singulären Punkte von σ.

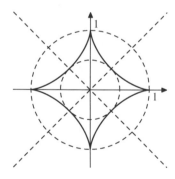 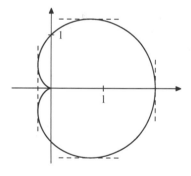

Die Astroide aus Aufgabe 4   Die Kardioide aus Aufgabe 5

5. Die *Kardioide* ist die durch

$$\gamma : [0,2\pi] \to \mathbb{R}^2 , \qquad \gamma(t) := ((1+\cos t)\cos t , (1+\cos t)\sin t)$$

gegebene Kurve.

   a. Bestimmen Sie alle singulären Punkte von γ.
   b. Bestimmen Sie alle Punkte von γ mit horizontaler oder vertikaler Tangente.
   c. Berechnen Sie die Länge $l(\gamma)$.

6. Sei $c > 0$. Die Abbildung

$$\gamma : \mathbb{R} \to \mathbb{C}, \qquad \gamma(t) := \exp(ct + it),$$

beschreibt eine *logarithmische Spirale*.

Für $a < b$ bezeichne $L_{a,b}$ die Länge der Einschränkung von γ auf das Intervall $[a, b]$. Berechnen Sie $L_{a,b}$ und zeigen Sie, dass $\lim\limits_{a \to -\infty} L_{a,0}$ existiert.

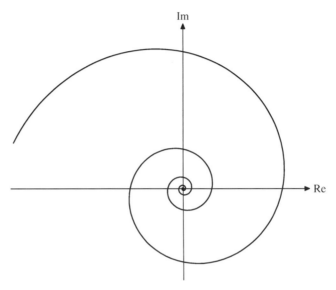

Obwohl die logarithmische Spirale den Null-punkt „unendlich oft umrundet", hat ihre Länge bei festgehaltenem Endpunkt einen endlichen Grenzwert.

Kapitel 14
Totale Differenzierbarkeit

Wir wollen nun den Begriff der Differenzierbarkeit, den wir in Kapitel 7 für reellwertige Funktionen auf Intervallen und in Kapitel 13 für Funktionen von Intervallen in beliebige normierte Räume erklärt haben, ausdehnen auf Funktionen $f : U \to W$, $U \subseteq V$, wobei V und W endlich-dimensionale normierte Vektorräume sind.

14.1 Totale und partielle Ableitungen

Definition 14.1. Seien V und W endlich-dimensionale normierte $\mathbb{R}$-Vektorräume, $U \subseteq V$ eine offene Menge in V. Eine Abbildung $f : U \to W$ heißt im Punkt $a \in U$ **differenzierbar**, wenn eine lineare Abbildung $A \in \mathscr{L}(V,W)$ existiert derart, dass die durch

$$f(a+h) = f(a) + Ah + R(h)$$

in einer Umgebung $U_0 \subseteq V$ von $0 \in V$ definierte Restfunktion $R : U_0 \to W$ folgendes erfüllt:

$$\lim_{\substack{h \to 0 \\ h \neq 0}} \frac{R(h)}{\|h\|_V} = 0 \in W \ . \tag{14.1}$$

Zunächst müssen wir uns davon überzeugen, dass eine derartige lineare Abbildung $A \in \mathscr{L}(V,W)$, falls sie existiert, auch eindeutig festgelegt ist. Dies ist tatsächlich der Fall: Sei

$$f(a+h) = f(a) + A_1 h + R_1(h) = f(a) + A_2 h + R_2(h)$$

mit $A_1, A_2 \in \mathscr{L}(V,W)$ derart, dass R_1 und R_2 die Bedingung (14.1) erfüllen. Für $B := A_1 - A_2 \in \mathscr{L}(V,W)$ erhalten wir mit beliebigem $h \in V$, $\|h\|_V = 1$, $t > 0$ dann

$$\|B(h)\|_W = \frac{t\,\|B(h)\|_W}{t} = \frac{\|B(th)\|_W}{\|th\|_V} = \frac{\|R_2(th) - R_1(th)\|_W}{\|th\|_V}$$

$$\leq \frac{\|R_1(th)\|_W}{\|th\|_V} + \frac{\|R_2(th)\|_W}{\|th\|_V} \xrightarrow{t \to 0} 0 \ .$$

R. Lasser, F. Hofmaier, *Analysis 1 + 2*, Springer-Lehrbuch,
DOI 10.1007/978-3-642-28644-5_14, © Springer-Verlag Berlin Heidelberg 2012

Das heißt $B(h) = 0$ für alle $h \in V$ mit $\|h\|_V = 1$. Da B linear ist, folgt $B(h) = 0$ für alle $h \in V$, also $A_1 = A_2$.

Wenn die lineare Abbildung A gemäß Definition 14.1 existiert, so schreibt man auch $A = \mathrm{D}f(a)$ oder $A = f'(a)$ und bezeichnet sie als die **totale Ableitung** oder das **totale Differential** von f in a.

Im eindimensionalen Fall $V = W = \mathbb{R}$ ist die lineare Abbildung A nichts anderes als die Multiplikation mit einer reellen Zahl, nämlich dem Wert $f'(a)$.

Satz 14.2. *Seien V und W endlich-dimensionale normierte Räume, $U \subseteq V$ offen und $f : U \to W$ eine Abbildung.*

Ist f im Punkt $a \in U$ differenzierbar, so ist f in a auch stetig.

Beweis. Wegen (14.1) existiert ein $\delta > 0$, sodass $\|R(h)\|_W \leq \|h\|_V$ für alle $h \in V$ mit $\|h\|_V \leq \delta$ gilt. Weiter können wir $U_\delta(a) \subseteq U$ annehmen (sonst wähle man ein entsprechend kleineres δ). Es gilt dann

$$\|f(a+h) - f(a)\|_W \leq \|Ah\|_W + \|R(h)\|_W \leq (\|A\| + 1)\,\|h\|_V$$

für $\|h\|_V < \delta$.

Mit dem Folgenkriterium (Satz 6.2) folgt nun die Stetigkeit von f in a.   □

Bemerkung: Wegen der Äquivalenz der Normen (Satz 13.7), spielt es hier keine Rolle, welche Normen auf V und W gewählt wurden.

Beispiel: Sei $f : \mathbb{R}^2 \to \mathbb{R}$, $f(x_1, x_2) := (x_1 - 1)(x_2 - 1)$.

Für $a = \binom{a_1}{a_2}$, $h = \binom{h_1}{h_2} \in \mathbb{R}^2$ gilt

$$f(a+h) - f(a) = (a_1 + h_1 - 1)(a_2 + h_2 - 1) - (a_1 - 1)(a_2 - 1)$$

$$= (a_1 - 1)h_2 + (a_2 - 1)h_1 + h_1 h_2$$

$$= \left\langle \begin{pmatrix} a_2 - 1 \\ a_1 - 1 \end{pmatrix}, \begin{pmatrix} h_1 \\ h_2 \end{pmatrix} \right\rangle + R(h)\,,$$

wobei $R(h) = h_1 h_2$ ist.

Mit der Euklidischen Norm $\|\cdot\|_2$ im $\mathbb{R}^2$ gilt

$$\frac{|R(h)|}{\|h\|_2} = \frac{|h_1 h_2|}{(h_1^2 + h_2^2)^{1/2}} \leq \frac{\frac{1}{2}(h_1^2 + h_2^2)}{(h_1^2 + h_2^2)^{1/2}} = \frac{1}{2}\,\|h\|_2 \to 0 \qquad \text{für } h \to 0\,.$$

Die Ableitung $A = \mathrm{D}f(a) = f'(a) \in \mathscr{L}(\mathbb{R}^2, \mathbb{R})$ ist also gegeben durch

$$h \mapsto \left\langle \begin{pmatrix} a_2 - 1 \\ a_1 - 1 \end{pmatrix}, \begin{pmatrix} h_1 \\ h_2 \end{pmatrix} \right\rangle = \underbrace{(a_2 - 1, a_1 - 1)}_{1 \times 2 - \text{Matrix}} \begin{pmatrix} h_1 \\ h_2 \end{pmatrix}\,.$$

Das vorangehende Beispiel gehört zu dem Fall, dass der Bildraum eindimensional ist, d.h. $f : U \to \mathbb{R}$ mit $U \subseteq \mathbb{R}^n$ offen. Die Ableitung A von f in $a \in U$ ist dann von der Form

$$\mathrm{D}f(a)\, h = Ah = \langle c, h \rangle = \sum_{k=1}^{n} c_k h_k$$

mit $c \in \mathbb{R}^n$. Man hat also

$$f(a+h) = f(a) + \sum_{k=1}^{n} c_k h_k + R(h)\,, \qquad \lim_{\substack{h \to 0 \\ h \neq 0}} \frac{R(h)}{\|h\|} = 0\,.$$

Um die $c_k \in \mathbb{R}$ zu bestimmen, wählen wir $h = te_k$, wobei e_k den kanonischen k-ten Einheitsvektor in $\mathbb{R}^n$ bezeichne ($k = 1, \ldots, n$). Damit ist

$$\frac{1}{t}\big(f(a+te_k) - f(a)\big) = c_k + \frac{1}{t} R(e_k t)$$

und mit $t \to 0$ folgt

$$c_k = \lim_{t \to 0} \frac{f(a_k + e_k t) - f(a)}{t} =: \frac{\partial f}{\partial x_k}(a)\,.$$

Man nennt dies die **partielle Ableitung** von f nach der k-ten Koordinate im Punkt a. Die Ableitung von f an der Stelle $a \in U$ hat also die Gestalt

$$\mathrm{D}f(a)\, h = \langle \operatorname{grad} f(a)^{\top}, h \rangle\,,$$

wobei $\operatorname{grad} f(a) := \left(\dfrac{\partial f}{\partial x_1}(a), \ldots, \dfrac{\partial f}{\partial x_n}(a) \right)$ der **Gradient** von f im Punkt a heißt.

Statt $\operatorname{grad} f(a)$ schreibt man gelegentlich auch $\nabla f(a)$. (Das Symbol ∇ heißt **Nabla**).

Wir wenden uns nun dem Fall $V = \mathbb{R}$, $W = \mathbb{R}^m$ (mit kanonischer Basis) zu. Sei $f : U \to \mathbb{R}^m$ mit $U \subseteq \mathbb{R}$ offen. Wir suchen $A \in \mathscr{L}(\mathbb{R}, \mathbb{R}^m)$ mit entsprechenden Eigenschaften. Schreibt man

$$f(x) = \begin{pmatrix} f_1(x) \\ \vdots \\ f_m(x) \end{pmatrix},$$

so hat man das Problem der Differenzierbarkeit von f auf das Problem der Differenzierbarkeit der $f_k : U \to \mathbb{R}$ ($k = 1, \ldots, m$) zurückgeführt. Es gilt dann (beachte: hier ist $h \in \mathbb{R}$)

$$\mathrm{D}f(a)\, h = \begin{pmatrix} f_1'(a) \\ \vdots \\ f_m'(a) \end{pmatrix} h\,,$$

vgl. auch Kapitel 13.2.

Wir kehren zurück zum allgemeinen Fall. Bevor wir uns überlegen, wie man die lineare Abbildung $\mathrm{D}f(a) \in \mathscr{L}(V,W)$ als Matrix darstellen kann, werden wir noch einige wichtige Eigenschaften differenzierbarer Abbildungen zusammenstellen. Die folgenden sind unmittelbar ersichtlich.

(1)   Ist $f : V \to W$ konstant, so ist $\mathrm{D}f(a) = 0$.

(2)   Ist $f : V \to W$ selbst linear, d.h. $f \in \mathscr{L}(V,W)$, dann ist $\mathrm{D}f(a) = f$. Mit der Linearität von f gilt nämlich $f(a+h) - f(a) = f(h)$, also ist in diesem Fall $R(h) = 0$.

(3)   Sind $f,g : U \to W$ in $a \in U \subseteq V$ differenzierbar und $\lambda \in \mathbb{R}$, so sind auch $f + g : U \to W$ und $\lambda f : U \to W$ in a differenzierbar mit

$$\mathrm{D}(f+g)(a) = \mathrm{D}f(a) + \mathrm{D}g(a) \qquad \text{sowie} \qquad \mathrm{D}(\lambda f)(a) = \lambda \mathrm{D}f(a) \,.$$

Man kann auch die Kettenregel auf die vorliegende Situation verallgemeinern.

Satz 14.3 (Kettenregel). *Seien V_1, V_2, V_3 endlich-dimensionale normierte $\mathbb{R}$-Vektorräume, $U_1 \subseteq V_1$, $U_2 \subseteq V_2$ offen und $f : U_1 \to U_2$, $g : U_2 \to V_3$ Abbildungen.*

Wenn f in $a \in U_1$ differenzierbar und g in $f(a) \in U_2$ differenzierbar ist, dann ist die Abbildung $g \circ f : U_1 \to V_3$ in a differenzierbar und es gilt

$$\mathrm{D}(g \circ f)(a) = \mathrm{D}g(f(a)) \, \mathrm{D}f(a) \,.$$

Beweis. Wir setzen $R(h) := g \circ f(a+h) - g \circ f(a) - \mathrm{D}g(f(a)) \, \mathrm{D}f(a) \, h$. Es genügt zu zeigen, dass zu jedem $0 < \varepsilon < 1$ ein $\delta > 0$ existiert mit

$$\|R(h)\|_{V_3} \le \varepsilon \|h\|_{V_1} \qquad \text{für alle } h \in V_1 \text{ mit } \|h\|_{V_1} < \delta \,.$$

Denn daraus folgt, dass dieses R der Bedingung (14.1) genügt.

Sei also $0 < \varepsilon < 1$. Da $\mathrm{D}f(a)$ und $\mathrm{D}g(f(a))$ stetige lineare Abbildungen sind, gibt es eine Schranke $M \ge 1$ mit

$$\|\mathrm{D}f(a)\,x\|_{V_2} \le M \, \|x\|_{V_1} \qquad \text{für alle } x \in V_1 \qquad \text{und}$$

$$\|\mathrm{D}g(f(a))\,y\|_{V_3} \le M \, \|y\|_{V_2} \qquad \text{für alle } y \in V_2 \,.$$

Wegen der Differenzierbarkeit von g im Punkt $f(a)$ existiert ferner ein $\eta > 0$ mit

$$\|g(f(a)+k) - g(f(a)) - \mathrm{D}g(f(a))\,k\|_{V_3} \le \frac{\varepsilon}{2M+2} \, \|k\|_{V_2}$$

für alle $k \in V_2$ mit $\|k\|_{V_2} < \eta$.

Setzen wir speziell $k := f(a+h) - f(a) \in V_2$, so finden wir, da f in a differenzierbar ist, eine Zahl $\xi > 0$ mit

$$\|k - \mathrm{D}f(a)\,h\|_{V_2} \le \frac{\varepsilon}{2M} \, \|h\|_{V_1} \qquad \text{für alle } h \in V_1 \text{ mit } \|h\|_{V_1} < \xi \,.$$

Für $\|h\|_{V_1} < \xi$ gilt folglich

$$\|k\|_{V_2} \leq \|Df(a)\,h\|_{V_2} + \frac{\varepsilon}{2M}\,\|h\|_{V_1} \leq M\,\|h\|_{V_1} + \frac{\varepsilon}{2M}\,\|h\|_{V_1} \leq (M+1)\,\|h\|_{V_1}\ .$$

Sei nun $\delta := \min\left(\xi, \frac{\eta}{M+1}\right)$. Wir setzen alles zusammen und erhalten für $\|h\|_{V_1} < \delta$ schließlich

$$\|g \circ f(a+h) - g \circ f(a) - Dg(f(a))\,Df(a)\,h\|_{V_3}$$

$$\leq \|g(f(a)+k) - g(f(a)) - Dg(f(a))\,k\|_{V_3} + \|Dg(f(a))\,(k - Df(a)\,h)\|_{V_3}$$

$$\leq \frac{\varepsilon}{2M+2}\,\|k\|_{V_2} + M\,\|k - Df(a)\,h\|_{V_2} \leq \frac{\varepsilon}{2}\,\|h\|_{V_1} + \frac{\varepsilon}{2}\,\|h\|_{V_1}\ .$$

(beachte: Hier gilt $\|k\|_{V_2} < \eta$.) □

Seien $U \subseteq \mathbb{R}^n$ offen, $f : U \to \mathbb{R}^m$ eine Abbildung und $\{e_1, \ldots, e_n\}$ bzw. $\{w_1, \ldots, w_m\}$ die kanonischen Basen des $\mathbb{R}^n$ und $\mathbb{R}^m$.

Die Komponenten von f sind die Funktionen $f_1, \ldots, f_m : U \to \mathbb{R}$ mit

$$f(x) = \sum_{i=1}^{m} f_i(x)\,w_i\ .$$

Für $a \in U$, $i \in \{1, \ldots, m\}$ und $k \in \{1, \ldots, n\}$ definieren wir

$$\frac{\partial f_i}{\partial x_k}(a) := \lim_{t \to 0} \frac{f_i(a + t e_k) - f_i(a)}{t}\ ,$$

vorausgesetzt dieser Grenzwert existiert.

Man nennt $\dfrac{\partial f_i}{\partial x_k}(a)$ die **partiellen Ableitungen** von f in a.

Gelegentlich schreibt man auch $D_k f_i(a)$ statt $\dfrac{\partial f_i}{\partial x_k}(a)$.

Satz 14.4. *Seien $U \subseteq \mathbb{R}^n$ offen und $f : U \to \mathbb{R}^m$ im Punkt $a \in U$ differenzierbar.*

Dann existieren die partiellen Ableitungen $\frac{\partial f_i}{\partial x_k}(a)$ für alle $k \in \{1, \ldots, n\}$ und alle $i \in \{1, \ldots, m\}$. Ferner gilt

$$Df(a)\,e_k = \sum_{i=1}^{m} \frac{\partial f_i}{\partial x_k}(a)\,w_i \qquad (k = 1, \ldots, n)$$

oder, geschrieben als Matrix bezüglich der kanonischen Basen,

$$Df(a) = \begin{pmatrix} \frac{\partial f_1}{\partial x_1}(a) & \cdots & \frac{\partial f_1}{\partial x_n}(a) \\ \vdots & & \vdots \\ \frac{\partial f_m}{\partial x_1}(a) & \cdots & \frac{\partial f_m}{\partial x_n}(a) \end{pmatrix}\ .$$

Beweis. Für festes $k \in \{1, \ldots, n\}$ gilt, da f in a differenzierbar ist,

$$f(a + te_k) - f(a) = \mathrm{D}f(a)(te_k) + R(te_k) , \qquad \text{wobei } \lim_{t \to 0} \frac{\|R(te_k)\|}{t} = 0 .$$

Damit erhalten wir

$$\mathrm{D}f(a)\, e_k = \lim_{t \to 0} \frac{f(a + te_k) - f(a)}{t} = \lim_{t \to 0} \sum_{i=1}^{m} \frac{f_i(a + te_k) - f_i(a)}{t}\, w_i .$$

Aus der Konvergenz in $\mathbb{R}^m$ folgt komponentenweise Konvergenz, also hat jeder Quotient in der Summe einen Grenzwert für $t \to 0$. Folglich existieren die partiellen Ableitungen $\frac{\partial f_i}{\partial x_k}(a)$ für $i = 1, \ldots, m$. $\qquad\qquad\qquad\qquad\qquad\qquad$ □

Die $(m \times n)$-Matrix

$$\mathrm{D}f(a) = \left(\frac{\partial f_i}{\partial x_k}(a) \right)_{i,k}$$

heißt **Jacobimatrix** oder **Funktionalmatrix** von f in a. Um sie zu bestimmen, braucht man nur die partiellen Ableitungen von f in a zu berechnen.

14.2 Richtungsableitungen und Niveaumengen

Seien $U \subseteq \mathbb{R}^n$ offen, $\gamma :]\alpha, \beta[\to U$ eine differenzierbare Kurve und $f : U \to \mathbb{R}$ differenzierbar. Wir betrachten $g :]\alpha, \beta[\to \mathbb{R}$, $g(t) := f(\gamma(t))$. Laut Kettenregel (Satz 14.3) ist g differenzierbar und es gilt

$$\mathrm{D}g(t) = \mathrm{D}f(\gamma(t))\, \mathrm{D}\gamma(t) ,$$

wobei $\mathrm{D}g(t) \in \mathscr{L}(\mathbb{R}, \mathbb{R})$, $\mathrm{D}f(\gamma(t)) \in \mathscr{L}(\mathbb{R}^n, \mathbb{R})$ und $\mathrm{D}\gamma(t) \in \mathscr{L}(\mathbb{R}, \mathbb{R}^n)$ sind. Nach Wahl der kanonischen Basis im $\mathbb{R}^n$ bekommt man

$$\mathrm{D}f(\gamma(t)) = \operatorname{grad} f(\gamma(t)) = \left(\frac{\partial f}{\partial x_1}(\gamma(t)), \ldots, \frac{\partial f}{\partial x_n}(\gamma(t)) \right) \qquad \text{sowie}$$

$$\mathrm{D}\gamma(t) = \bigl(\gamma_1'(t), \ldots, \gamma_n'(t) \bigr)^{\top} = \gamma'(t)$$

und damit dann $\quad g'(t) = \mathrm{D}g(t) = \sum_{i=1}^{n} \frac{\partial f}{\partial x_i}(\gamma(t))\, \gamma_i'(t) = \left\langle \operatorname{grad} f(\gamma(t))^{\top}, \gamma'(t) \right\rangle.$

Als spezielle Kurve betrachten wir noch den Fall $\gamma : \mathbb{R} \to \mathbb{R}^n$, $\gamma(t) = a + tu$, mit $a, u \in \mathbb{R}^n$, $\|u\|_2 = 1$; d.h. γ beschreibt eine Gerade durch a in Richtung u.

Offensichtlich ist $\gamma'(t) = u$ für alle $t \in \mathbb{R}$ und insbesondere

$$\mathrm{D}g(0) = \left\langle \operatorname{grad} f(a)^{\top}, u \right\rangle . \tag{14.2}$$

Berechnet man $g'(0) = \mathrm{D}g(0)$ direkt als Differentialquotient, so gilt andererseits

$$\mathrm{D}g(0) = \lim_{t \to 0} \frac{g(t) - g(0)}{t} = \lim_{t \to 0} \frac{f(a + tu) - f(a)}{t} .$$

Letzteren Grenzwert nennt man die **Richtungsableitung** von f **in Richtung** u im Punkt a. Man schreibt

$$\mathrm{D}_u f(a) := \lim_{t \to 0} \frac{f(a + tu) - f(a)}{t} .$$

Die Richtungsableitungen in Richtung der kanonischen Basisvektoren sind dann nichts anderes als die partiellen Ableitungen $\mathrm{D}_{e_k} f(a) = \frac{\partial f}{\partial x_k}(a)$.

Die folgenden Beispiele zeigen, dass alleine aus der Existenz der partiellen Ableitungen jedoch nicht notwendigerweise die Differenzierbarkeit folgt.

(1)   Sei $f : \mathbb{R}^2 \to \mathbb{R}$,

$$f(x,y) := \begin{cases} 0 & \text{für } (x,y) = (0,0) , \\ \frac{xy}{x^2 + y^2} & \text{für } (x,y) \neq (0,0) . \end{cases}$$

Da f längs der beiden Koordinatenachsen konstant ist, existieren im Nullpunkt die partiellen Ableitungen $\frac{\partial f}{\partial x}(0,0) = 0$ und $\frac{\partial f}{\partial y}(0,0) = 0$.
Wir betrachten nun die Einschränkung von f auf eine andere Gerade, gegeben etwa durch $u = (\cos\varphi, \sin\varphi)^\top$ mit $\varphi \neq \frac{k\pi}{2}, k \in \mathbb{Z}$. Es gilt

$$f(tu) = \begin{cases} \frac{t^2 \cos\varphi \sin\varphi}{t^2 \cos^2\varphi + t^2 \sin^2\varphi} = \cos\varphi \sin\varphi \neq 0 & \text{für } t \neq 0 , \\ 0 & \text{für } t = 0 . \end{cases}$$

Die Abbildung $t \mapsto f(tu)$ ist nicht stetig an der Stelle $t = 0$ und daher auch nicht differenzierbar, also existieren die Richtungsableitungen von f in Richtung u nicht. Weiter ist f im Nullpunkt nicht einmal stetig und daher auch nicht (total) differenzierbar.

(2)   Sei $g : \mathbb{R}^2 \to \mathbb{R}$,

$$g(x,y) := \begin{cases} 0 & \text{für } (x,y) = (0,0) , \\ \frac{xy^2}{x^2 + y^2} & \text{für } (x,y) \neq (0,0) . \end{cases}$$

Mit $u = (\cos\varphi, \sin\varphi)^\top$ gilt

$$\frac{g(0 + tu) - g(0)}{t} = \frac{1}{t} \frac{t^3 \cos\varphi \sin^2\varphi}{t^2 \cos^2\varphi + t^2 \sin^2\varphi} = \cos\varphi \sin^2\varphi \qquad \text{für alle } t \neq 0 ,$$

also existieren die Richtungsableitungen $\mathrm{D}_u g(0,0) = \cos\varphi \sin^2\varphi$. Dies beinhaltet insbesondere die partiellen Ableitungen.

Angenommen, g ist im Nullpunkt differenzierbar. Dann wäre

$$\operatorname{grad} g(0,0) = \left(\frac{\partial g}{\partial x}(0,0), \frac{\partial g}{\partial y}(0,0) \right) = (0,0)$$

und nach (14.2) weiter $D_u g(0,0) = \left\langle \operatorname{grad} g(0,0)^\top, u \right\rangle = 0$ für alle $u \in \mathbb{R}^2$ mit $\|u\|_2 = 1$ im Widerspruch zur vorangegangenen Rechnung.

Bemerkung: In (14.2) wird $Dg(0)$ maximal genau dann, wenn u ein *positives* Vielfaches von $\operatorname{grad} f(a)$ ist (außer im Fall $\operatorname{grad} f(a) = 0$). Mit anderen Worten, *die Richtungsableitung wird maximal, wenn man in Richtung des Gradienten „schaut".*

Eine weitere geometrische Deutung des Gradienten erhält man durch Betrachtung der **Niveaumenge** $N(a)$ von f in $a \in U$,

$$N(a) := \{ x \in U : f(x) = f(a) \}.$$

Sei $\gamma :]\alpha, \beta[\to N(a)$ eine differenzierbare Kurve. Da die Komposition $g(t) := f(\gamma(t)) = f(a)$ konstant ist, gilt

$$0 = g'(t) = \left\langle \operatorname{grad} f(\gamma(t))^\top, \gamma'(t) \right\rangle.$$

Ist nun $\gamma(t_0) = a$ für ein $t_0 \in]\alpha, \beta[$, so gilt $\langle \operatorname{grad} f(a)^\top, \gamma'(t_0) \rangle = 0$. Anschaulich kann man sagen, dass der Gradient von f im Punkt a senkrecht auf allen in der Niveaumenge $N(a)$ verlaufenden Kurven („Höhenlinien") steht.

Oft schreibt man die Niveaumengen auch in der Form $N_c = \{ x \in U : f(x) = c \}$, wobei sinngemäß $N_c = \varnothing$ gilt, falls c nicht im Bild der Funktion f liegt.

Beispiele:

(1)   Wir betrachten $f : \mathbb{R}^2 \setminus \{(0,0)\} \to \mathbb{R}$, $f(x,y) := \dfrac{1}{\sqrt{x^2 + y^2}} = \dfrac{1}{\|(x,y)\|_2}$.

Da f nur positive Werte annimmt, gibt es keine Niveaumengen N_c zu $c \leq 0$. Die Niveaumengen von f sind genau die Kreise um den Nullpunkt in $\mathbb{R}^2$, denn es gilt $f(x,y) = c \iff \|(x,y)\|_2 = \frac{1}{c}$ für $c > 0$. Wir berechnen

$$\frac{\partial f}{\partial x}(x,y) = -\frac{1}{2}(x^2 + y^2)^{-\frac{3}{2}} (2x) = -\frac{x}{\|(x,y)\|_2^3} \qquad \text{und}$$

$$\frac{\partial f}{\partial y}(x,y) = -\frac{1}{2}(x^2 + y^2)^{-\frac{3}{2}} (2y) = -\frac{y}{\|(x,y)\|_2^3}$$

und erhalten $\operatorname{grad} f(x,y) = \dfrac{1}{\|(x,y)\|_2^3} (-x, -y)$.

Der Gradient „zeigt also zum Nullpunkt hin"; je näher wir uns beim Nullpunkt befinden, um so größer ist er.

(2)   Sei $f : \mathbb{R}^2 \to \mathbb{R}$, $f(x,y) := xy$.

Wir setzen $f(x,y) = xy = c$. Für $c = 0$ erhalten wir $x = 0$ oder $y = 0$, d.h. die beiden Koordinatenachsen bilden die Niveaumenge N_0 von f.

Für $c \neq 0$ ist insbesondere $x \neq 0$ und weiter gilt $xy = c \iff y = \frac{c}{x}$; die Niveaumenge N_c besteht aus zwei Hyperbelästen.

Hier ist $\operatorname{grad} f(x,y) = (y,x)$ und damit insbesondere $\operatorname{grad} f(0,0) = (0,0)$.

(3)   Nun sei $f : \mathbb{R}^2 \to \mathbb{R}$, $f(x,y) := x^2 + 4y^2$.

Es gibt hier keine Niveaumengen N_c für negatives c und die Niveaumenge $N_0 = \{(0,0)\}$ besteht nur aus einem einzigen Punkt.

Für $c > 0$ setzen wir $f(x,y) = x^2 + 4y^2 = c^2$. Damit ist

$$y = \pm \frac{1}{2}\sqrt{c^2 - x^2}$$

und wir erhalten als Niveaumenge eine Ellipse mit Radien c (in x-Richtung) und $\frac{1}{2}c$ (in y-Richtung).

Es ist $\operatorname{grad} f(x,y) = (2x, 8y)$; auch in diesem Beispiel verschwindet $\operatorname{grad} f$ im Nullpunkt.

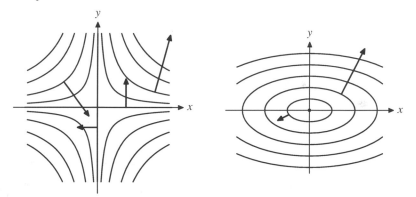

Die Abbildungen zeigen Niveaumengen und Gradienten der Funktionen aus den Beispielen (2) und (3).

In beiden Fällen verschwindet der Gradient im Nullpunkt. Während sich im linken Bild dort „zwei Höhenlinien schneiden", besteht die Niveaumenge N_0 im rechten Bild nur aus einem einzigen Punkt.

14.3 Mittelwertsatz und stetig differenzierbare Abbildungen

Wir wollen uns überlegen, unter welchen Bedingungen an die partiellen Ableitungen die Differenzierbarkeit folgt.

Zunächst zeigen wir eine Folgerung des Mittelwertsatzes (Satz 7.10) für Funktionen mit Werten in $\mathbb{R}^n$.

Lemma 14.5. *Sei* $g : [a,b] \to \mathbb{R}^m$ *stetig und in* $]a,b[$ *differenzierbar.*

Dann existiert ein $x \in]a,b[$ *mit* $\|g(b) - g(a)\|_2 \leq \|g'(x)\|_2 (b-a)$.

Beweis. Wir setzen $z := g(b) - g(a)$ und betrachten $\varphi : [a,b] \to \mathbb{R}$, $\varphi(t) := \langle z, g(t) \rangle$. Die Funktion φ ist stetig auf $[a,b]$ und differenzierbar auf $]a,b[$. Laut dem Mittelwertsatz existiert ein $x \in]a,b[$ mit

$$\varphi(b) - \varphi(a) = \varphi'(x)(b-a) = \langle z, g'(x) \rangle (b-a).$$

Andererseits gilt $\varphi(b) - \varphi(a) = \langle z, g(b) \rangle - \langle z, g(a) \rangle = \langle z, z \rangle = \|z\|_2^2$. Mit der Cauchy-Schwarz-Ungleichung im $\mathbb{R}^m$ erhalten wir

$$\|z\|_2^2 = \langle z, g'(x) \rangle (b-a) \leq \|z\|_2 \|g'(x)\|_2 (b-a),$$

also $\|g(b) - g(a)\|_2 = \|z\|_2 \leq \|g'(x)\|_2 (b-a)$. $\qquad\square$

Ein weiteres Lemma liefert nun eine analoge Aussage zum Schrankensatz (Korollar 13.14). Dazu benötigen wir den folgenden Begriff. Eine Menge $U \subseteq \mathbb{R}^n$ heißt **konvex**, falls für beliebige $a,b \in U$ stets auch $ta + (1-t)b \in U$ $\forall t \in [0,1]$ gilt. Anschaulich bedeutet dies, dass zu je zwei Punkten in U auch deren Verbindungsstrecke ganz in U enthalten ist.

Lemma 14.6. *Seien* $U \subseteq \mathbb{R}^n$ *offen und konvex sowie* $f : U \to \mathbb{R}^m$ *differenzierbar.*

Falls $M \geq 0$ *existiert mit* $\|\mathrm{D}f(x)\| \leq M$ *für alle* $x \in U$, *so gilt*

$$\|f(b) - f(a)\|_2 \leq M \|b-a\|_2 \qquad \text{für alle } a,b \in U.$$

Beweis. Zu $a,b \in U$ bezeichne $I := \{t \in \mathbb{R} : ta + (1-t)b \in U\}$. Wir betrachten $\gamma : I \to U$, $\gamma(t) := ta + (1-t)b$, und schließlich $g : I \to \mathbb{R}^m$, $g(t) := f(\gamma(t))$.

Mit der Kettenregel folgt $g'(t) = \mathrm{D}g(t) = \mathrm{D}f(\gamma(t))\, \gamma'(t) = \mathrm{D}f(\gamma(t))\, (a-b)$ und damit insbesondere

$$\|g'(t)\|_2 \leq \|\mathrm{D}f(\gamma(t))\| \, \|b-a\|_2 \leq M \|b-a\|_2 \qquad \text{für alle } t \in [0,1].$$

Laut Lemma 14.5 existiert nun ein $x \in]0,1[$ derart, dass

$$\|f(b) - f(a)\|_2 = \|g(0) - g(1)\|_2 \leq \|g'(x)\|_2 \leq M \|b-a\|_2$$

gilt. $\qquad\square$

Bemerkung: Lemma 14.6 kann ohne große Schwierigkeiten auch für beliebige endlich-dimensionale normierte $\mathbb{R}$-Vektorräume formuliert werden.

Wir notieren noch eine unmittelbare Folgerung.

Korollar 14.7. *Seien* $U \subseteq \mathbb{R}^n$ *offen und konvex sowie* $f : U \to \mathbb{R}^m$ *differenzierbar.*

Wenn $\mathrm{D}f(a) = 0$ *für alle* $a \in U$ *gilt, dann ist* f *konstant.*

Im Fall reellwertiger Funktionen, also $m = 1$, können wir ein analoges Resultat zu Satz 7.7 bezüglich lokaler Extrema herleiten.

Satz 14.8. *Seien $U \subseteq \mathbb{R}^n$ offen und $f : U \to \mathbb{R}$ differenzierbar.*

Falls f an der Stelle $a \in U$ ein lokales Extremum besitzt, so gilt $D_u f(a) = 0$ für alle Richtungsableitungen ($u \in \mathbb{R}^n$, $\|u\| = 1$). Insbesondere ist $\operatorname{grad} f(a) = 0$.

Beweis. Sei $u \in \mathbb{R}^n$, $\|u\| = 1$. Wir wählen ein Intervall I derart, dass $a + tu \in U$ gilt für $t \in I$. Da

$$\lim_{t \to 0} \frac{f(a + tu) - f(a)}{t} = D_u f(a)$$

existiert, ist die Funktion $g : I \to \mathbb{R}$, $g(t) := f(a + tu)$, an der Stelle $t = 0$ differenzierbar mit $g'(0) = D_u f(a)$. Nach Voraussetzung besitzt g im Nullpunkt ein lokales Extremum und die Behauptung folgt mit Satz 7.7. $\qquad\square$

Die Umkehrung von Satz 14.8 gilt nicht, wie folgendes Beispiel zeigt.

Beispiel: Wir betrachten $f : \mathbb{R}^2 \to \mathbb{R}$, $f(x,y) := \sin(xy)$.

Die Funktion $t \mapsto \sin(t)$ besitzt Maxima genau an den Stellen $t = (4k+1)\frac{\pi}{2}$ und Minima genau bei $t = (4k+3)\frac{\pi}{2}$, $k \in \mathbb{Z}$. Damit können wir auch die Maxima und Minima von f angeben. Die Funktion f ist konstant auf den Mengen

$$A_t := \{(x,y) \in \mathbb{R}^2 : xy = t\} .$$

Maxima sind $A_{(4k+1)\frac{\pi}{2}}$; Minima sind $A_{(4k+3)\frac{\pi}{2}}$, $k \in \mathbb{Z}$.

Wir berechnen $\operatorname{grad} f$. Es gilt

$$\operatorname{grad} f(x,y) = \big(y\cos(xy), x\cos(xy)\big) .$$

Man sieht, dass $\operatorname{grad} f(x,y) = 0$ gilt für $(x,y) \in A_{(2k+1)\frac{\pi}{2}}$, $k \in \mathbb{Z}$, also an den Extremalstellen.

Doch es gibt noch einen weiteren Punkt, an welchem der Gradient verschwindet: Es ist $\operatorname{grad} f(0,0) = 0$. Am Nullpunkt besitzt f jedoch kein lokales Extremum; in jeder Umgebung gibt es Punkte mit positivem und auch welche mit negativem Funktionswert.

Definition 14.9. Sei $U \subseteq \mathbb{R}^n$ offen.

Eine differenzierbare Funktion $f : U \to \mathbb{R}^m$ heißt **stetig differenzierbar**, wenn $a \mapsto Df(a)$ eine stetige Abbildung $U \to \mathscr{L}(\mathbb{R}^n, \mathbb{R}^m)$ ist, also wenn folgendes gilt: Zu beliebigen $a \in U$ und $\varepsilon > 0$ gibt es $\delta > 0$ derart, dass

$$\|Df(b) - Df(a)\| < \varepsilon \qquad \text{für alle } b \in U \text{ mit } \|b - a\| < \delta$$

ist (wobei links die Operator-Norm in $\mathscr{L}(\mathbb{R}^n, \mathbb{R}^m)$ zu betrachten ist).

Den Raum aller stetig differenzierbaren Funktionen $f : U \to \mathbb{R}^m$ bezeichnen wir mit $C^1(U, \mathbb{R}^m)$. Im Fall $m = 1$ schreiben wir kurz $C^1(U)$, vgl. Definition 7.5.

202 14 Totale Differenzierbarkeit

Satz 14.10. *Sei $U \subseteq \mathbb{R}^n$ offen.*

Eine Funktion $f : U \to \mathbb{R}^m$ ist stetig differenzierbar genau dann, wenn sämtliche partielle Ableitungen

$$\frac{\partial f_i}{\partial x_k} : U \to \mathbb{R}, \qquad i = 1, \ldots, m, \quad k = 1, \ldots, n,$$

existieren und stetig sind.

Beweis. Sei $f \in C^1(U, \mathbb{R}^m)$. Wir wissen aus Satz 14.4, dass alle partiellen Ableitungen existieren und dass

$$\frac{\partial f_i}{\partial x_k}(a) = \langle \mathrm{D}f(a)\, e_k, w_i \rangle$$

mit den kanonischen Basen $\{w_1, \ldots, w_n\}$ von $\mathbb{R}^n$ sowie $\{e_1, \ldots, e_m\}$ von $\mathbb{R}^m$ gilt $(i = 1, \ldots, n; k = 1, \ldots, m)$. Mit der Cauchy-Schwarz-Ungleichung erhalten wir

$$\left| \frac{\partial f_i}{\partial x_k}(a) - \frac{\partial f_i}{\partial x_k}(b) \right| = |\langle \mathrm{D}f(a)\, e_k, w_i \rangle - \langle \mathrm{D}f(b)\, e_k, w_i \rangle|$$

$$\leq \|(\mathrm{D}f(a) - \mathrm{D}f(b))\, e_k\|_2 \leq \|\mathrm{D}f(a) - \mathrm{D}f(b)\|,$$

wobei wir $\|e_k\|_2 = 1 = \|w_i\|_2$ benutzt haben.

Somit sind die Funktionen $\frac{\partial f_i}{\partial x_k} : U \to \mathbb{R}$ stetig.

Für die Umkehrung können wir uns auf den Fall $m = 1$ beschränken, denn wir haben zu zeigen, dass

$$\lim_{h \to 0} \frac{f(a+h) - f(a) - Jf(a)\, h}{\|h\|} = 0$$

gilt, wobei $Jf(a)$ die Jacobi-Matrix ist. Daher reicht es, jede Komponenten-Funktion $f_i : U \to \mathbb{R}$ zu untersuchen.

Zu $a \in U$ und $\varepsilon > 0$ wählen wir $r > 0$ mit

$$U_r(a) \subseteq U \qquad \text{und} \qquad \left| \frac{\partial f}{\partial x_k}(x) - \frac{\partial f}{\partial x_k}(a) \right| < \frac{\varepsilon}{n}$$

für alle $x \in U_r(a)$ und $k \in \{1, \ldots, n\}$. Sei nun $h = (h_1, \ldots, h_n) \in \mathbb{R}^n$ mit $\|h\|_2 < r$.

Setzt man $v_0 := 0$ und $v_k := (h_1, \ldots, h_k, 0, \ldots, 0)$ für $k = 1, \ldots, n$, so gilt

$$f(a+h) - f(a) = \sum_{k=1}^{n} (f(a+v_k) - f(a+v_{k-1})).$$

Wegen $\|v_k\|_2 < r$ gilt $a + v_k \in U_r(a)$ für alle k. Da $U_r(a)$ konvex ist, sind die Verbindungsstrecken zwischen $a + v_{k-1}$ und $a + v_k$ ganz in $U_r(a)$ enthalten. Ferner ist $a + v_k = a + v_{k-1} + h_k e_k$. Laut dem Mittelwertsatz, angewendet auf die stetig differenzierbare Funktion $\varphi_k : [0, 1] \to \mathbb{R}$, $\varphi_k(t) := f(a + v_{k-1} + t\, h_k e_k)$, existiert $\vartheta_k \in\,]0, 1[$ mit

$$f(a+v_k) - f(a+v_{k-1}) = h_k \, \frac{\partial f}{\partial x_k} \, (a+v_{k-1} + \vartheta_k h_k e_k) \, .$$

Weiter gilt

$$\left| h_k \, \frac{\partial f}{\partial x_k} \, (a+v_{k-1} + \vartheta_k h_k e_k) - h_k \, \frac{\partial f}{\partial x_k}(a) \right| \le |h_k| \, \frac{\varepsilon}{n}$$

und wir erhalten

$$\left| f(a+h) - f(a) - \sum_{k=1}^{n} \frac{\partial f}{\partial x_k}(a) \, h_k \right|$$

$$= \left| \sum_{k=1}^{n} \left(f(a+v_k) - f(a+v_{k-1}) \right) - \sum_{k=1}^{n} \frac{\partial f}{\partial x_k}(a) \, h_k \right|$$

$$= \left| \sum_{k=1}^{n} \left(\frac{\partial f}{\partial x_k}(a + v_{k-1} - \vartheta_k h_k e_k) - \frac{\partial f}{\partial x_k}(a) \right) h_k \right| \le \frac{\varepsilon}{n} \sum_{k=1}^{n} |h_k| \le \varepsilon \, \|h\|_2$$

für alle $h \in \mathbb{R}^n$ mit $\|h\|_2 < r$. Daher ist f in a differenzierbar und $\mathrm{D}f(a) = \mathrm{grad}\, f(a)$.

Da nach Voraussetzung jede Komponente von $\mathrm{grad}\, f$ stetig in a ist, folgt schließlich die Stetigkeit von $a \mapsto \mathrm{D}f(a) = \mathrm{grad}\, f(a)$. $\qquad\square$

Bemerkung: Zusammenfassend wollen wir folgende Implikationen festhalten.

(1) $U \subseteq \mathbb{R}^n$, $f : U \to \mathbb{R}^m$ differenzierbar $\Longrightarrow \dfrac{\partial f_i}{\partial x_k}$ existieren.

  Die Umkehrung gilt jedoch nicht, wie wir schon an Hand von Beispielen in Kapitel 14.2 gesehen haben.

(2) $U \subseteq \mathbb{R}^n$, $f : U \to \mathbb{R}^m$ stetig differenzierbar $\Longleftrightarrow \dfrac{\partial f_i}{\partial x_k}$ existieren und sind stetig.

14.4 Ableitungen höherer Ordnung

Seien V und W endlich-dimensionale normierte $\mathbb{R}$-Vektorräume, $U \subseteq V$ offen sowie $f : U \to W$ eine differenzierbare Funktion. Ist die Ableitung $\mathrm{D}f : U \to \mathscr{L}(V,W)$ wieder differenzierbar, so bezeichnet man

$$\mathrm{D}(\mathrm{D}f) : U \to \mathscr{L}(V, \mathscr{L}(V,W))$$

als **zweite Ableitung**. Falls existent können wir sukzessive höhere Ableitungen bilden. Dabei wächst die Dimension des Wertebereiches jeweils an. Beispielsweise ist $\dim(\mathscr{L}(V,W)) = \dim(V)\dim(W)$.

Wenn wir stetige Differenzierbarkeit ins Auge fassen, können wir wieder auf skalarwertige Funktionen, nämlich die partiellen Ableitungen, zurückgreifen. Wir betrachten deshalb eine Funktion $f: U \to \mathbb{R}$ mit $U \subseteq \mathbb{R}^n$ offen. Allerdings treffen wir auf

$$D_j(D_i f) = \frac{\partial^2 f}{\partial x_j \partial x_i} = \frac{\partial}{\partial x_j}\left(\frac{\partial f}{\partial x_i}\right)$$

einerseits und

$$D_i(D_j f) = \frac{\partial^2 f}{\partial x_i \partial x_j} = \frac{\partial}{\partial x_i}\left(\frac{\partial f}{\partial x_j}\right)$$

andererseits (falls diese Ableitungen existieren).

Beispiel: Sei $f: \mathbb{R}^2 \to \mathbb{R}$,

$$f(x,y) := \begin{cases} xy\,\dfrac{x^2-y^2}{x^2+y^2} & \text{für } (x,y) \neq (0,0)\,, \\[2ex] 0 & \text{für } (x,y) = (0,0)\,. \end{cases}$$

Die partiellen Ableitungen an einer Stelle $(x,y) \neq (0,0)$ können wir mit Produkt- und Quotientenregel direkt bestimmen. Wir erhalten

$$D_1 f(x,y) = y\,\frac{x^2-y^2}{x^2+y^2} + xy\,\frac{2x(x^2+y^2)-2x(x^2-y^2)}{(x^2+y^2)^2} = \frac{y(x^2-y^2)}{x^2+y^2} + \frac{4x^2y^3}{(x^2+y^2)^2}$$

und $\quad D_2 f(x,y) = \dfrac{x(x^2-y^2)}{x^2+y^2} - \dfrac{4x^3y^2}{(x^2+y^2)^2}.$

Auch im Nullpunkt ist f partiell differenzierbar, denn die Grenzwerte

$$\lim_{t\to 0}\frac{f(t,0)-f(0,0)}{t} = 0 \qquad \text{und} \qquad \lim_{t\to 0}\frac{f(0,t)-f(0,0)}{t} = 0\,,$$

existieren; also gilt $D_1 f(0,0) = 0$ sowie $D_2 f(0,0) = 0$.

Wir wollen nun noch sehen, dass auch die zweiten Ableitungen $D_1(D_2 f)(0,0)$ und $D_2(D_1 f)(0,0)$ existieren, aber nicht den selben Wert haben. Wegen

$$\lim_{t\to 0}\frac{D_2 f(t,0)-D_2 f(0,0)}{t} = \lim_{t\to 0}\frac{t-0}{t} = 1$$

und $\quad \lim_{t\to 0}\dfrac{D_1 f(0,t)-D_1 f(0,0)}{t} = \lim_{t\to 0}\dfrac{-t-0}{t} = -1$

haben wir hier $\quad D_1(D_2 f)(0,0) = 1 \neq -1 = D_2(D_1 f)(0,0)$.

Das folgende Resultat zeigt, unter welchen Umständen die Reihenfolge der Differentiation vertauscht werden darf.

Satz 14.11 (Schwarz). *Seien $U \subseteq \mathbb{R}^n$ offen und $f: U \to \mathbb{R}$ eine Funktion, deren zweite Ableitungen $D_j(D_i f)$ existieren und in $x \in U$ stetig sind $(i,j = 1,\ldots,n)$.*
Dann gilt $\quad D_j(D_i f)(x) = D_i(D_j f)(x)$.

Beweis. Man kann sich auf $n = 2$ einschränken. Seien $x = (x_1, x_2)$ und $a = (a_1, a_2)$ mit $a_1 \neq 0$, $a_2 \neq 0$. Wir betrachten

$$g(t) := f(t, x_2 + a_2) - f(t, x_2) \qquad \text{und} \qquad h(t) := f(x_1 + a_1, t) - f(x_1, t)$$

(für diejenigen $t \in \mathbb{R}$, sodass g und h definiert sind).

Aus dem Mittelwertsatz (Satz 7.10) erhalten wir $\vartheta_1 \in \,]0, 1[$ mit

$$f(x_1 + a_1, x_2 + a_2) - f(x_1, x_2 + a_2) - f(x_1 + a_1, x_2) + f(x_1, x_2)$$
$$= g(x_1 + a_1) - g(x_1) = a_1 g'(x_1 + \vartheta_1 a_1)$$
$$= a_1 (D_1 f(x_1 + \vartheta_1 a_1, x_2 + a_2) - D_1 f(x_1 + \vartheta_1 a_1, x_2)) \qquad (14.3)$$

und analog $\vartheta_2 \in \,]0, 1[$ mit

$$f(x_1 + a_1, x_2 + a_2) - f(x_1, x_2 + a_2) - f(x_1 + a_1, x_2) + f(x_1, x_2)$$
$$= a_2 (D_2 f(x_1 + a_1, x_2 + \vartheta_2 a_2) - D_2 f(x_1, x_2 + \vartheta_2 a_2)). \qquad (14.4)$$

Nochmalige Anwendung des Mittelwertsatzes auf (14.3) bzgl. der zweiten Veränderlichen liefert $\vartheta_3 \in \,]0, 1[$ mit

$$\frac{1}{a_1 a_2}(f(x_1 + a_1, x_2 + a_2) - f(x_1, x_2 + a_2) - f(x_1 + a_1, x_2) + f(x_1, x_2))$$
$$= D_2 D_1 f(x_1 + \vartheta_1 a_1, x_2 + \vartheta_3 a_2).$$

Ebenso erhalten wir aus (14.4), wenn wir den Mittelwertsatz auf die erste Variable anwenden, $\vartheta_4 \in \,]0, 1[$ mit

$$\frac{1}{a_1 a_2}(f(x_1 + a_1, x_2 + a_2) - f(x_1, x_2 + a_2) - f(x_1 + a_1, x_2) + f(x_1 x_2))$$
$$= D_1 D_2 f(x_1 + \vartheta_4 a_1, x_2 + \vartheta_2 a_2).$$

Mit $a_1 \to 0$, $a_2 \to 0$ sowie der Stetigkeit von $D_1 D_2 f$ und $D_2 D_1 f$ folgt schließlich die Behauptung. $\qquad\qquad\qquad\qquad\qquad\qquad\qquad\qquad\qquad\qquad\qquad\qquad\square$

Seien V, W endlich-dimensionale normierte $\mathbb{R}$-Vektorräume und $U \subseteq V$ offen. Wir nennen eine Funktion $f : U \to W$ **zwei Mal stetig differenzierbar**, wenn sämtliche zweiten partiellen Ableitungen aller Komponentenfunktionen von f existieren und stetig sind.

Den Raum der zwei Mal stetig differenzierbaren Funktionen $f : U \to W$ bezeichnen wir mit $C^2(U, W)$. Wieder schreiben wir kurz $C^2(U)$, falls $W = \mathbb{R}$ ist. Entsprechend definiert man ggf. auch $C^k(U, W)$ für $k > 2$.

Wir sind nun in der Lage, Taylorpolynome (vgl. Kapitel 10.1) für $f \in C^k(U)$ zu erklären. Wir wollen uns hier auf den Fall $k = 2$ beschränken.

Satz 14.12 (Taylorentwicklung in $\mathbb{R}^n$). *Seien U eine offene, konvexe Menge im $\mathbb{R}^n$ und $f : U \to \mathbb{R}$ zwei Mal stetig differenzierbar.*

Dann gilt

$$f(x) = f(a) + \langle \operatorname{grad} f(a), x - a \rangle + \frac{1}{2} \sum_{i,j=1}^{n} D_i D_j f(a) \, (x_i - a_i)(x_j - a_j) + R_2(x - a) \,,$$

für $a, x \in U$, wobei das Restglied R_2 der Bedingung $\lim\limits_{x \to a} \frac{R_2(x-a)}{\|x-a\|^2} = 0$ genügt.

Beweis. Wegen der Stetigkeit der zweiten partiellen Ableitungen im Punkt a gibt es zu jedem $\varepsilon > 0$ und $1 \le i, j \le n$ ein $\delta > 0$ derart, dass

$$|D_i D_j f(a+h) - D_i D_j f(a)| \le \frac{\varepsilon}{n^2} \qquad \text{für } \|h\| \le \delta \tag{14.5}$$

gilt. Nun betrachten wir bei festem $x \in U$ die Hilfsfunktion $F : [0,1] \to \mathbb{R}$,

$$F(t) := f(a + (x-a)t) \,.$$

Sie ist zweimal stetig differenzierbar. Deshalb gibt es laut dem Satz von Taylor (Satz 10.1) ein $\vartheta \in \,]0,1[$ mit

$$F(1) = F(0) + F'(0) + \frac{1}{2} F''(0) + \frac{1}{2}(F''(\vartheta) - F''(0)) \,.$$

Dabei ist $F(1) = f(x)$, $F(0) = f(a)$ und

$$F'(t) = \langle \operatorname{grad} f(a + (x-a)t), x - a \rangle = \sum_{j=1}^{n} D_j f(a + (x-a)t) \, (x_j - a_j) \,,$$

siehe Formel (14.2), sowie $\quad F''(t) = \sum_{i,j=1}^{n} D_i D_j f(a + (x-a)t) \, (x_i - a_i)(x_j - a_j)$.

Folglich gilt

$$f(x) = f(a) + \langle \operatorname{grad} f(a), x - a \rangle + \frac{1}{2} \sum_{i,j=1}^{n} D_i D_j f(a) \, (x_i - a_i)(x_j - a_j) + R_2(x - a)$$

mit $\quad R_2(x-a) = \dfrac{1}{2} \sum\limits_{i,j=1}^{n} (D_i D_j f(a + (x-a)\vartheta) - D_i D_j f(a)) \, (x_i - a_i)(x_j - a_j)$.

Für $\|x - a\| \le \delta$ liefert (14.5) die Abschätzung

$$|R_2(x-a)| \le \frac{1}{2} \frac{\varepsilon}{n^2} \, n^2 \|x-a\|^2 < \varepsilon \|x-a\|^2 \,,$$

woraus die behauptete Bedingung folgt. $\qquad\qquad\qquad\qquad\qquad\qquad\qquad\qquad\qquad$ □

Hat man eine Abbildung $f : U \to \mathbb{R}$, für die alle zweiten partiellen Ableitungen in $x \in U$ existieren ($U \subseteq \mathbb{R}^n$), so kann man diese in Matrixform angeben. Die Matrix

$$H_f(x) = \begin{pmatrix} D_1 D_1 f(x) & \cdots & D_1 D_n f(x) \\ \vdots & & \vdots \\ D_n D_1 f(x) & \cdots & D_n D_n f(x) \end{pmatrix}$$

heißt **Hessematrix** von f im Punkt x. Der Satz von Schwarz (Satz 14.11) besagt also, dass $H_f(x)$ symmetrisch ist, falls die zweiten partiellen Ableitungen von f im Punkt x stetig sind.

Definition 14.13. Eine reelle symmetrische $(n \times n)$-Matrix A heißt **positiv definit**, falls $\langle Ah, h \rangle > 0$ für alle $h \in \mathbb{R}^n \setminus \{0\}$ gilt. Sie heißt **positiv semidefinit**, falls $\langle Ah, h \rangle \geq 0$ für alle $h \in \mathbb{R}^n \setminus \{0\}$ gilt.

Die Matrix A heißt **negativ (semi-)definit**, falls $\langle Ah, h \rangle < 0$ (bzw. $\langle Ah, h \rangle \leq 0$) für alle $h \in \mathbb{R}^n \setminus \{0\}$ gilt.

Falls Vektoren $h_+, h_- \in \mathbb{R}^n$ existieren mit $\langle Ah_+, h_+ \rangle > 0$ und $\langle Ah_-, h_- \rangle < 0$, so heißt A **indefinit**.

Aus der Linearen Algebra wissen wir, dass zu jeder reellen symmetrischen $(n \times n)$-Matrix eine Orthonormalbasis des $\mathbb{R}^n$ aus Eigenvektoren von A existiert. Daraus ergibt sich folgendes: A ist positiv definit (bzw. positiv semidefinit) genau dann, wenn alle ihre Eigenwerte positiv (bzw. ≥ 0) sind. A ist genau dann negativ definit (bzw. negativ semidefinit), wenn alle ihre Eigenwerte negativ (bzw. ≤ 0) sind. Dagegen ist die Matrix indefinit genau dann, wenn sie Eigenwerte beiderlei Vorzeichens besitzt.

Im Fall reeller symmetrischer (2×2)-Matrizen $A = \begin{pmatrix} a & b \\ b & c \end{pmatrix}$ gilt speziell:

$$A \text{ indefinit} \iff \det A = ac - b^2 < 0,$$
$$A \text{ positiv definit} \iff \det A > 0 \text{ und } a > 0,$$
$$A \text{ negativ definit} \iff \det A > 0 \text{ und } a < 0,$$
$$A \text{ semidefinit, aber nicht definit} \iff \det A = 0.$$

Für den Beweis sei auf Lehrbücher zur Linearen Algebra verwiesen, z.B. [5].

Ist $f : U \to \mathbb{R}$ eine differenzierbare Funktion ($U \subseteq \mathbb{R}^n$), so bezeichnet man $a \in U$ als **stationären** oder **kritischen** Punkt, wenn $\operatorname{grad} f(a) = 0$ gilt.

Satz 14.8 besagt, dass Extremalstellen notwendigerweise kritische Punkte sind. Das Beispiel direkt im Anschluss an Satz 14.8 zeigt weiter, dass nicht jeder kritische Punkt ein Extremum zu sein braucht, vgl. auch Aufgabe 3.

Der nachfolgende Satz liefert für zwei Mal stetig differenzierbare Funktionen eine Charakterisierung gewisser kritischer Punkte mit Hilfe der Hessematrix.

In diesem Zusammenhang bezeichnen wir $a \in U$ als ein **isoliertes** lokales Extremum von f, wenn a ein lokales Extremum ist und ein $\varepsilon > 0$ existiert derart, dass $U_\varepsilon(a)$ kein weiteres lokales Extremum enthält.

Satz 14.14. *Seien $U \subseteq \mathbb{R}^n$ offen und $f : U \to \mathbb{R}$ zwei Mal stetig differenzierbar. Weiter seien $a \in U$ ein kritischer Punkt von f und $H_f(a)$ die Hessematrix von f im Punkt a. Es gilt:*

(1)   Ist $H_f(a)$ indefinit, so ist a kein lokales Extremum von f.

(2)   Ist $H_f(a)$ positiv definit, so ist a ein isoliertes lokales Minimum von f.

(3)   Ist $H_f(a)$ negativ definit, so ist a ein isoliertes lokales Maximum von f.

Beweis. Mit $\operatorname{grad} f(a) = 0$ vereinfacht sich die Taylorformel (Satz 14.12) zu

$$f(a+h) - (a) = \frac{1}{2}\langle H_f(a)\,h\,,h\rangle + R_2(h)$$

für h mit hinreichend kleiner Norm und es gilt $\lim\limits_{h\to 0}\frac{R_2(h)}{\|h\|^2} = 0$.

(1) Es gibt zwei Vektoren h_+ und h_- (mit Norm 1) im $\mathbb{R}^n$ sowie Skalare $a_+ > 0$, $a_- < 0$ mit $\langle H_f(a)h_\pm\,,h_\pm\rangle = a_\pm$. Für alle hinreichend kleinen $t \in \mathbb{R} \setminus \{0\}$ gilt deshalb

$$t^{-2}(f(a+th_\pm) - f(a)) = \frac{1}{2}a_\pm + t^{-2}R_2(th_\pm)\,,$$

also nimmt die Differenz $f(a+h) - f(a)$ in jeder Umgebung von a sowohl positive als auch negative Werte an.

(2),(3) Ist auf der kompakten Sphäre $S^{n-1} := \{h \in \mathbb{R}^n\ :\ \|h\| = 1\}$ der Wert $\langle H_f(a)h\,,h\rangle$ von festem Vorzeichen $\sigma = 1$ oder $\sigma = -1$, dann finden wir (siehe Korollar 12.9) ein $m > 0$ mit

$$\sigma\langle H_f(a)h\,,h\rangle \geq m\,,\qquad \text{falls } \|h\| = 1\,.$$

Daraus folgt für alle $x \in \mathbb{R}^n \setminus \{0\}$ von hinreichend kleiner Norm die Abschätzung

$$\sigma\|x\|^{-2}(f(a+x) - f(a)) = \frac{\sigma}{2}\langle H_f(a)\,\|x\|^{-1}x\,,\|x\|^{-1}x\rangle + \sigma\|x\|^{-2}R_2(x) > \frac{m}{4}\,.$$

Folglich ist a ein isoliertes Minimum oder Maximum von f, je nachdem, ob $\sigma = 1$ oder $\sigma = -1$ ist.   □

Beispiel: Wir suchen alle lokalen Extrema der Funktion $f : \mathbb{R}^2 \to \mathbb{R}$,

$$f(x,y) := 2x^3 - 3x^2 + 6xy^2 + 4y^3\,.$$

Mit $\operatorname{grad} f(x,y) = 6(x^2 - x + y^2, 2y(x+y))$ gilt

$$\operatorname{grad} f(x,y) = (0,0) \iff (y = 0 \quad\text{und}\quad x \in \{0,1\}) \qquad \text{oder}$$
$$(y = -x \quad\text{und}\quad x(2x-1) = 0)\,.$$

Es gibt also drei kritische Punkte $a_1 = (0,0)$, $a_2 = (1,0)$ und $a_3 = \left(\frac{1}{2}, -\frac{1}{2}\right)$.

Nun bestimmen wir die Hessematrix. Wir haben $H_f(x,y) = \begin{pmatrix} 12x-6 & 12y \\ 12y & 12x+24y \end{pmatrix}$

und damit

$$H_f(a_1) = \begin{pmatrix} -6 & 0 \\ 0 & 0 \end{pmatrix}, \qquad H_f(a_2) = \begin{pmatrix} 6 & 0 \\ 0 & 12 \end{pmatrix}, \qquad H_f(a_3) = \begin{pmatrix} 0 & -6 \\ -6 & -6 \end{pmatrix}.$$

Da $H_f(a_2)$ positiv definit ist, handelt es sich bei a_2 um ein lokales Minimum. Weiter ist $H_f(a_3)$ indefinit, folglich ist a_3 kein Extremum. Schließlich ist $H_f(a_1)$ negativ semidefinit. In diesem Fall liefert Satz 14.14 keine Aussage. Wir müssen auf anderem Wege feststellen, ob es sich hier um ein Extremum handelt. In der Tat nimmt f wegen $f(0,y) = 4y^3$ in jeder Umgebung des Nullpunkts sowohl positive als auch negative Werte an. Demnach liegt hier kein Extremum vor.

14.5 Aufgaben

1. Zeigen Sie, dass die folgenden Funktionen differenzierbar sind und bestimmen Sie deren Jacobimatrix.

   a. $f : \mathbb{R} \to \mathbb{R}^4$, $\quad f(x) := \begin{pmatrix} 3x^2 \\ \sin(3x) \\ 42 \\ \cos(x^2) \end{pmatrix}$

   b. $g : \mathbb{R}^3 \to \mathbb{R}^2$, $\quad g(x,y,z) := \begin{pmatrix} 4x^2y^3 \\ xye^z + e^{xy} \end{pmatrix}$

   c. $h :]0,\infty[\times \mathbb{R}^2 \to \mathbb{R}$, $\quad h(x,y,z) := \sin(zx)\ln(x+y^2)$

2. Bestimmen Sie die kritischen Punkte der Funktionen

   $$f : \mathbb{R}^2 \to \mathbb{R}, \qquad f(x,y) := 2x^3 - 3x^2 + 2y^3 + 3y^2,$$
   $$g : \mathbb{R}^2 \to \mathbb{R}, \qquad g(x,y) := y^2e^x + \frac{1}{3}x^3 - x + 5,$$
   und $\quad h : \mathbb{R}^2 \to \mathbb{R}, \qquad h(x,y) := x^3 - 3xy^2.$

   Untersuchen Sie jeweils, ob es sich um ein lokales Maximum, ein lokales Minimum oder kein lokales Extremum handelt.

3. Gegeben sei die Funktion $f : \mathbb{R}^2 \to \mathbb{R}$, $f(x,y) := \sin(xy)$.

   a. Skizzieren Sie die Niveaumengen von f.

   b. Bestimmen Sie die Hessematrix von f und untersuchen Sie diese an den kritischen Stellen auf Definitheit.

4. Gegeben sei die Funktion

$$f : \mathbb{R}^2 \to \mathbb{R}, \quad f(x,y) := \sqrt{x^2 + y^2}\,.$$

Zeigen Sie:

   a. Die Funktion f ist in $\mathbb{R}^2 \setminus \{(0,0)\}$ differenzierbar; bestimmen Sie $\mathrm{D}f(x,y)$.

   b. Im Nullpunkt existieren keine Richtungsableitungen von f; somit ist f dort auch nicht differenzierbar.

5. Bestimmen Sie alle lokalen Extrema der Funktion

$$f : \mathbb{R}^2 \to \mathbb{R}, \qquad f(x,y) := (x^2 - 1)\sin y$$

und untersuchen Sie jeweils, ob ein Maximum oder ein Minimum vorliegt.

6. Zeigen Sie: Es gibt *keine* differenzierbare Funktion $f : \mathbb{R}^3 \to \mathbb{R}$ mit

$$\operatorname{grad} f(x,y,z) = (yz, xz, xy^2)\,.$$

Hinweis: Die Annahme, es gäbe eine derartige Funktion, können Sie mit Hilfe des Satzes von Schwarz (Satz 14.11) zum Widerspruch führen.

7. Seien $U \subseteq \mathbb{R}^n$ offen und $f \in C^2(U)$. Wir definieren den so genannten **Laplace-Operator** Δ mittels

$$\Delta f(x) := \sum_{k=1}^{n} \mathrm{D}_k \mathrm{D}_k f(x)\,.$$

Eine Funktion f mit $\Delta f = 0$ nennt man eine **harmonische** Funktion.

   a. Zeigen Sie, dass die Funktionen

$$g : \mathbb{R}^2 \setminus (0,0) \to \mathbb{R}, \qquad g(x_1,x_2) := \frac{1}{2}\ln(x_1^2 + x_2^2)\,,$$

   und $\quad h :]0,\infty[\times \mathbb{R} \to \mathbb{R}, \qquad h(x_1,x_2) := \arctan\left(\frac{x_2}{x_1}\right)\,,$

   harmonisch sind.

   b. Zeigen Sie: Das Paar g, h erfüllt die **Cauchy-Riemannschen Differential-gleichungen**

$$\frac{\partial g}{\partial x} = \frac{\partial h}{\partial y} \qquad \text{und} \qquad \frac{\partial g}{\partial y} = -\frac{\partial h}{\partial x}\,.$$

   c. Bestimmen Sie die Jacobimatrix von

$$F :]0,\infty[\times \mathbb{R} \to \mathbb{R}^2, \qquad F(x_1,x_2) := \begin{pmatrix} g(x_1,x_2) \\ h(x_1,x_2) \end{pmatrix}\,.$$

8. Seien $g :]0,\infty[\to \mathbb{R}$ zwei Mal stetig differenzierbar und $f : \mathbb{R}^n \setminus \{0\} \to \mathbb{R}$, $f(x) := g(\|x\|_2)$. Zeigen Sie

$$\Delta f(x) = g''(\|x\|_2) + \frac{n-1}{\|x\|_2} g'(\|x\|_2) \; ;$$

dabei bezeichnet Δ den *Laplace-Operator*, siehe Aufgabe 7.

9. Seien $n \in \mathbb{N}$, $a_0, \ldots, a_n \in \mathbb{C}$, $a_n \neq 0$, und $p : \mathbb{C} \to \mathbb{C}$, $p(z) := \sum_{k=0}^{n} a_k z^k$.

Fassen Sie p als Funktion $\mathbb{R}^2 \to \mathbb{R}^2$ auf: Setzen Sie $u(x,y) := \mathrm{Re}\,(p(x+iy))$, $v(x,y) := \mathrm{Im}\,(p(x+iy))$ und

$$f : \mathbb{R}^2 \to \mathbb{R}^2 \,, \qquad f(x,y) := \begin{pmatrix} u(x,y) \\ v(x,y) \end{pmatrix} \,.$$

Zeigen Sie, dass f die **Cauchy-Riemannschen Differentialgleichungen**

$$\frac{\partial}{\partial x} u(x,y) = \frac{\partial}{\partial y} v(x,y) \qquad \text{und} \qquad \frac{\partial}{\partial y} u(x,y) = -\frac{\partial}{\partial x} v(x,y)$$

erfüllt.

Hinweis: Zeigen Sie zunächst mittels vollständiger Induktion, dass die Behauptung für $p_n(z) := z^n$, $n \in \mathbb{N}_0$, gilt. Wenn Sie u_n, v_n sinngemäß definieren, dann gilt $u_{n+1} = x u_n - y v_n$ und $v_{n+1} = y u_n + x v_n$.

Kapitel 15
Umkehrsatz und implizite Funktionen

In diesem Kapitel werden wir uns unter anderem mit der Frage nach Existenz und Differenzierbarkeit der Umkehrfunktion f^{-1} zu einer gegebenen differenzierbaren Funktion f in normierten Vektorräumen auseinandersetzen. An die Stelle der Bedingung $f'(x) \neq 0$ im eindimensionalen Fall (vgl. Satz 7.17) tritt hier die Invertierbarkeit von $\mathrm{D}f(x)$.

Die Invertierbarkeit von linearen Abbildungen spielt in diesem Zusammenhang also eine wichtige Rolle. Ist V ein normierter $\mathbb{R}$-Vektorraum, so ist auch $\mathscr{L}(V)$ mit der Operatornorm ein normierter Raum, wie wir aus Satz 13.3 wissen. Viele der folgenden Resultate bleiben auch für unendlich-dimensionale Banachräume gültig; für unsere Zwecke reicht es aus, V als endlich-dimensional vorauszusetzen. Dann ist auch $\mathscr{L}(V)$ endlich-dimensional und nach Satz 13.7 vollständig, also ein Banachraum.

Lineare Abbildungen in unendlich-dimensionalen Räumen spielen in der Funktionalanalysis eine zentrale Rolle. Zu diesem Gebiet existiert eine große Menge an weiterführender Literatur, wie z.B. von H.W. Alt [1] oder D. Werner [22].

15.1 Invertierbare lineare Abbildungen und Diffeomorphismen

Satz 15.1. *Sei V ein endlich-dimensionaler normierter Raum.*

(a)   *Ist $A \in \mathscr{L}(V)$ mit $\|A - \mathrm{id}_V\| < 1$, so ist A invertierbar in $\mathscr{L}(V)$ und es gilt*

$$A^{-1} = \sum_{n=0}^{\infty} (\mathrm{id}_V - A)^n$$

   (Konvergenz der Reihe in $\mathscr{L}(V)$, wobei $B^0 := \mathrm{id}_V$ für $B \in \mathscr{L}(V)$ sei).

(b)   *Die Menge $G := \{A \in \mathscr{L}(V) : A \text{ invertierbar}\}$ ist offen und $A \mapsto A^{-1}$ ist eine stetige Abbildung $G \to G$.*

R. Lasser, F. Hofmaier, *Analysis 1 + 2*, Springer-Lehrbuch,
DOI 10.1007/978-3-642-28644-5_15, © Springer-Verlag Berlin Heidelberg 2012

Beweis. *(a)* Auf Grund der Submultiplikativität der Operatornorm, siehe Bemerkung (2) in Kapitel 13.1, gilt $\|(A - \mathrm{id}_V)^n\| \le \|A - \mathrm{id}_V\|^n$ für alle n. Die Konvergenz der Reihe in $\mathscr{L}(V)$ folgt mit Hilfe von Satz 5.1 wegen $\|A - \mathrm{id}_V\| < 1$ (Geometrische Reihe).

Für $m \in \mathbb{N}$ bezeichne $S_m := \sum\limits_{n=0}^{m} (\mathrm{id}_V - A)^n$. Wir erhalten

$$AS_m = S_m A = S_m(\mathrm{id}_V - (\mathrm{id}_V - A)) = \sum_{n=0}^{m} (\mathrm{id}_V - A)^n - \sum_{n=1}^{m+1} (\mathrm{id}_V - A)^n$$

$$= \mathrm{id}_V - (\mathrm{id}_V - A)^{m+1}.$$

Mit $m \to \infty$ gilt $(\mathrm{id}_V - A)^{m+1} \to 0$ und damit folgt schließlich die Behauptung.

(b) Für beliebiges $A_0 \in G$ und alle $A \in \mathscr{L}(V)$ mit $\|A - A_0\| < \frac{1}{\|A_0^{-1}\|}$ gilt

$$\|\mathrm{id}_V - A_0^{-1} A\| = \|A_0^{-1}(A_0 - A)\| \le \|A_0^{-1}\|\,\|A_0 - A\| < 1$$

und daher $A_0^{-1} A \in G$.

Es folgt $(A_0^{-1} A)^{-1} = \sum\limits_{n=0}^{\infty} (\mathrm{id} - A_0^{-1} A)^n = \sum\limits_{n=0}^{\infty} \left(A_0^{-1}(A_0 - A)\right)^n$ und damit

$$A^{-1} = \left(\sum_{n=0}^{\infty} \left(A_0^{-1}(A_0 - A)\right)^n \right) A_0^{-1}.$$

Insbesondere ist A invertierbar.

Damit ist gezeigt, dass G offen ist.

Aus $\quad A^{-1} - A_0^{-1} = \left(\sum\limits_{n=1}^{\infty} \left(A_0^{-1}(A_0 - A)\right)^n \right) A_0^{-1} \quad$ erhalten wir weiter

$$\|A^{-1} - A_0^{-1}\| \le \left(\sum_{n=1}^{\infty} \left(\|A_0^{-1}\|\,\|A_0 - A\|\right)^n \right) \|A_0^{-1}\| = \|A_0^{-1}\| \frac{\|A_0^{-1}\|\,\|A_0 - A\|}{1 - \|A_0^{-1}\|\,\|A_0 - A\|}.$$

Zu $\varepsilon > 0$ können wir also ein $\delta > 0$ finden derart, dass aus $\|A_0 - A\| < \delta$ stets $\|A^{-1} - A_0^{-1}\| < \varepsilon$ folgt. Daher ist die Inversenbildung stetig. $\qquad\square$

Den eben bewiesenen Satz werden wir speziell in Situationen benutzen, wenn die betrachteten linearen Abbildungen als Ableitung differenzierbarer Funktionen auftreten. Wir beginnen mit einem einfachen Beispiel.

Die so genannten **Polarkoordinaten** im $\mathbb{R}^2$ erhält man durch die Abbildung $\Phi : {]0,\infty[} \times {]0,2\pi[} \to \mathbb{R}^2$,

$$\Phi(r, \varphi) := (r\cos\varphi, r\sin\varphi).$$

Diese ist differenzierbar mit $\mathrm{D}\Phi(r, \varphi) = \begin{pmatrix} \cos\varphi & -r\sin\varphi \\ \sin\varphi & r\cos\varphi \end{pmatrix}.$

Weiter ist $D\Phi(r,\varphi)$ invertierbar als Element von $\mathscr{L}(\mathbb{R}^2,\mathbb{R}^2)$.

Mit $(x,y) := (r\cos\varphi, r\sin\varphi)$ gilt

$$(D\Phi(r,\varphi))^{-1} = \begin{pmatrix} \cos\varphi & \sin\varphi \\ -\frac{1}{r}\sin\varphi & \frac{1}{r}\cos\varphi \end{pmatrix} = \begin{pmatrix} x/r & y/r \\ -y/r^2 & x/r^2 \end{pmatrix}, \qquad r = \sqrt{x^2+y^2}\,.$$

Wir erwarten, dass $(D\Phi(r,\varphi))^{-1}$ die Ableitung der Abbildung $\Phi^{-1} : S \to U$ ist, wobei $S := \Phi(U) = \mathbb{R}^2 \setminus \{(t,0) : t \geq 0\}$ die an der positiven x-Achse geschlitzte Ebene bezeichne,

$$\Phi^{-1}(x,y) = (r, \operatorname{sign}(y)\arccos(x/r)), \qquad r = \sqrt{x^2+y^2}\,.$$

Falls Φ^{-1} differenzierbar ist, braucht man nur die Kettenregel auf $\Phi \circ \Phi^{-1} = \operatorname{id}_S$ oder $\Phi^{-1} \circ \Phi = \operatorname{id}_U$ anzuwenden.

Dies war ein Spezialfall folgender allgemeiner Situation.

Definition 15.2. Seien V und W endlich-dimensionale, normierte $\mathbb{R}$-Vektorräume. Eine bijektive Abbildung $\Phi : U_1 \to U_2$, wobei $U_1 \subseteq V$ und $U_2 \subseteq W$ offene Mengen seien, heißt **Diffeomorphismus**, falls sowohl Φ als auch Φ^{-1} stetig differenzierbar sind.

Beispiel: Sei $f : \mathbb{R}^n \setminus \{0\} \to \mathbb{R}^n \setminus \{0\}$,

$$f(x) := \frac{1}{\|x\|^2}\, x\,.$$

Wir bezeichnen die Komponentenfunktionen von f wie üblich mit f_j,

$$f_j(x_1,\ldots,x_n) = \frac{x_j}{x_1^2 + \cdots + x_n^2} \qquad (j = 1,\ldots,n)\,.$$

Für $i \neq j$ gilt

$$\frac{\partial f_j}{\partial x_i}(x_1,\ldots,x_n) = x_j \frac{-2x_i}{(x_1^2 + \cdots + x_n^2)^2} = -\frac{2x_i x_j}{\|x\|^4}$$

und für $i = j$ erhalten wir

$$\frac{\partial f_i}{\partial x_i}(x_1,\ldots,x_n) = \frac{(x_1^2 + \cdots + x_n^2) - 2x_i^2}{(x_1^2 + \cdots + x_n^2)^2} = \frac{1}{\|x\|^2} - \frac{2x_i^2}{\|x\|^4}\,.$$

Insbesondere existieren alle partiellen Ableitungen und sind stetig; nach Satz 14.10 ist f stetig differenzierbar.

Weiter gilt $\|f(x)\| = 1/\|x\|$ und damit $f(f(x)) = x$, also existiert die Umkehrabbildung f^{-1}; hier ist $f = f^{-1}$. Diese ist stetig differenzierbar; folglich ist f ein Diffeomorphismus.

Bemerkungen: Ist $\Phi : U_1 \to U_2$ ein Diffeomorphismus von $U_1 \subseteq V$ auf $U_2 \subseteq W$, dann gilt:

(1) $\dim V = \dim W$,

(2)   Für jedes $a \in U_1$ und $b = \Phi(a)$ ist $\mathrm{D}\Phi^{-1}(b) = (\mathrm{D}\Phi(a))^{-1}$.

Dies folgt mit der Kettenregel aus $\Phi^{-1} \circ \Phi = \mathrm{id}_{U_1}$ und $\Phi \circ \Phi^{-1} = \mathrm{id}_{U_2}$, denn damit haben wir $\mathrm{D}\Phi^{-1}(b)\,\mathrm{D}\Phi(a) = \mathrm{id}_V$ und $\mathrm{D}\Phi(a)\,\mathrm{D}\phi^{-1}(b) = \mathrm{id}_W$.

Insbesondere ist für einen Diffeomorphismus $\Phi : U_1 \to U_2$ jede Ableitung $\mathrm{D}\Phi(a)$ invertierbar in $\mathscr{L}(V,W)$.

Satz 15.3. *Seien V, W endlich-dimensionale, normierte $\mathbb{R}$-Vektorräume, $U_1 \subseteq V$ und $U_2 \subseteq W$ offen sowie $\Phi : U_1 \to U_2$ eine bijektive Abbildung. Ferner seien Φ stetig differenzierbar und $\Phi^{-1} : U_2 \to U_1$ stetig.*

Wenn die Ableitungen $\mathrm{D}\Phi(a)$ für jedes $a \in U_1$ invertierbar in $\mathscr{L}(V,W)$ sind, dann ist auch Φ^{-1} stetig differenzierbar, d.h. Φ ist ein Diffeomorphismus.

Beweis. Für den Nachweis der Differenzierbarkeit in $b = \Phi(a)$ dürfen wir $a = 0$ und $b = \Phi(a) = 0$ annehmen, denn sonst betrachte man an Stelle von Φ die Abbildung $x \mapsto \Phi(x+a) - \Phi(a)$.

Eine weitere Reduktion des Problems erhalten wir durch folgende Überlegung. Die Abbildung $\Psi := (\mathrm{D}\Phi(0))^{-1} \circ \Phi$ ist stetig differenzierbar, injektiv und Ψ^{-1} ist stetig. Sie bildet U_1 auf eine offene (das Urbild der offenen Menge U_1 unter der stetigen Abbildung Ψ^{-1}) Teilmenge von V ab. Mit der Kettenregel erhalten wir $\mathrm{D}\Psi(0) = \mathrm{id}_V$. Die Ableitungen $\mathrm{D}\Psi(a)$ sind invertierbar, da nach Voraussetzung alle $\mathrm{D}\Phi(a)$ invertierbar sind. Hat man gezeigt, dass Ψ^{-1} in 0 differenzierbar ist, so ist auch Φ^{-1} in 0 differenzierbar wegen $\Phi^{-1} = \Psi^{-1} \circ (\mathrm{D}\Phi(0))^{-1}$.

Wir können also annehmen, dass $\Phi(0) = 0$ und $\mathrm{D}\Phi(0) = \mathrm{id}_V$ gilt. Dies bedeutet

$$\Phi(h) - \mathrm{id}_V\, h = R(h)\,, \qquad \text{wobei} \quad \lim_{h \to 0} \frac{R(h)}{\|h\|} = 0\,. \qquad (15.1)$$

Sei $k \in V$. Wir setzen $h = \Phi^{-1}(k)$ ein und erhalten

$$\Phi^{-1}(k) - k = -(\Phi(h) - h) = -R(\Phi^{-1}(k))\,. \qquad (15.2)$$

Wir zeigen, dass

$$\lim_{k \to 0} \frac{-R(\Phi^{-1}(k))}{\|k\|} = 0 \qquad (15.3)$$

gilt, was äquivalent zur Differenzierbarkeit von Φ^{-1} in 0 mit $\mathrm{D}\Phi^{-1}(0) = \mathrm{id}_V$ ist.

Da Φ^{-1} stetig ist, gibt es wegen (15.1) positive Zahlen r, δ mit $\|R(h)\| \leq \frac{1}{2}\|h\|$ für $\|h\| \leq r$ und $\|\Phi^{-1}(k)\| \leq r$ für $\|k\| < \delta$. Damit gilt $\|R(\Phi^{-1}(k))\| \leq \frac{1}{2}\|\Phi^{-1}(k)\|$ für $\|k\| < \delta$ und mit (15.2) erhalten wir

$$\|\Phi^{-1}(k) - k\| \leq \frac{1}{2}\|\Phi^{-1}(k)\| \qquad \text{für } \|k\| < \delta\,.$$

Folglich haben wir $\|\Phi^{-1}(k)\| \leq 2\|k\|$ für $\|k\| < \delta$ und deshalb

$$\frac{\|R(\Phi^{-1}(k))\|}{\|k\|} \leq \frac{2\|R(\Phi^{-1}(k))\|}{\|\Phi^{-1}(k)\|} \longrightarrow 0$$

mit $k \to 0$, da hiermit auch $h = \Phi^{-1}(k) \to 0$ gilt. Daraus folgt (15.3).

Zu zeigen bleibt die stetige Differenzierbarkeit, dass $D\Phi^{-1} : U_2 \to \mathscr{L}(W,V)$ eine stetige Abbildung ist.

Wie eben können wir $V = W$ annehmen. Sei $b \in U_2$, $b = \Phi(a)$. Aus der Kettenregel erhalten wir $D\Phi^{-1}(b) = (D\Phi(a))^{-1}$.

Wir betrachten eine Folge $(b_n)_{n\in\mathbb{N}}$ in U_2 mit $b_n \to b$. Für $a_n := \Phi^{-1}(b_n)$ gilt dann $a_n \to a$ in U_1 und, da Φ stetig differenzierbar ist, folgt $D\Phi(a_n) \to D\Phi(a)$ in $\mathscr{L}(V)$. Mit der Stetigkeit der Inversenbildung in $\mathscr{L}(V)$, Satz 15.1, folgt schließlich $(D\Phi(a_n))^{-1} \to (D\Phi(a))^{-1}$, also $D\Phi^{-1}(b_n) \to D\Phi^{-1}(b)$.

Damit ist die Stetigkeit von $b \mapsto D\Phi^{-1}(b)$ gezeigt.   □

Beispiel: Sei $f : \mathbb{R}^3 \to \mathbb{R}^3$,

$$f(x) := \begin{pmatrix} x_1 + e^{x_2} \\ x_2 + e^{x_3} \\ x_3 + e^{x_1} \end{pmatrix}.$$

Die Jacobimatrix von f lautet

$$Df(x) = \begin{pmatrix} 1 & e^{x_2} & 0 \\ 0 & 1 & e^{x_2} \\ e^{x_1} & 0 & 1 \end{pmatrix};$$

ihre Determinante hat den Wert $1 + e^{x_1}e^{x_2}e^{x_3}$, ist also stets $\neq 0$. Daher ist $Df(x)$ für alle $x \in \mathbb{R}^3$ invertierbar.

Seien $x,y \in \mathbb{R}^3$ mit $f(x) = f(y)$. Dann gilt

$$x_1 - y_1 = e^{y_2} - e^{x_2},$$
$$x_2 - y_2 = e^{y_3} - e^{x_3},$$
$$x_3 - y_3 = e^{y_1} - e^{x_1}.$$

Nehmen wir einmal an, es sei $x_1 > y_1$. Dann folgt aus der dritten Gleichung $x_3 < y_3$; daraus folgt mit der zweiten Gleichung nun $x_2 > y_2$ und, wenn wir nun die erste Gleichung heranziehen, folgt $x_1 < y_1$ im Widerspruch zur Annahme.

Mit der selben Argumentation, jeweils auch für das umgekehrte Vorzeichen, für alle drei Komponenten bleibt schließlich nur $x_1 = y_1$, $x_2 = y_2$ und auch $x_3 = y_3$. Folglich ist f injektiv.

Bezeichnet $U_1 := \mathbb{R}^3$ und $U_2 := f(\mathbb{R}^3)$, so ist $f : U_1 \to U_2$ bijektiv. Um nun mit Satz 15.3 zu folgern, dass f ein Diffeomorphismus ist, ist es nicht nötig, die Bildmenge U_2 oder die Umkehrabbildung f^{-1} explizit zu bestimmen. Es genügt zu wissen, dass f^{-1} stetig und U_2 offen ist. Dies ist in der Tat der Fall, wie wir noch sehen werden, vgl. die Bemerkung im Anschluss an Satz 15.5 und Aufgabe 6.

15.2 Lokale Invertierbarkeit

Zu Beginn dieses Abschnitts notieren wir einen wichtigen Fixpunktsatz. Dieser hat vielfältige Anwendungen; wir werden ihn benutzen als Hilfsmittel zum Beweis der Existenz von Umkehrabbildungen.

Seien (M,d) ein metrischer Raum und $\varphi : M \to M$ eine Abbildung. Man sagt, φ ist **kontrahierend**, wenn eine Zahl $q < 1$ existiert derart, dass

$$d(\varphi(x),\varphi(y)) \leq q\,d(x,y)$$

für alle $x,y \in M$ gilt.

Satz 15.4 (Fixpunktsatz von Banach). *Seien (M,d) ein vollständiger metrischer Raum und $\varphi : M \to M$ eine kontrahierende Abbildung.*

Dann besitzt φ genau einen Fixpunkt, d.h. es existiert genau ein Punkt $x^* \in M$ mit $\varphi(x^*) = x^*$.

Beweis. Wir beginnen mit einem beliebigen $y_0 \in M$ und setzen $y_n := \varphi(y_{n-1})$ für $n \in \mathbb{N}$. Es gilt $d(y_1,y_2) = d(\varphi(y_0),\varphi(y_1)) \leq q\,d(y_0,y_1) = q\,d(y_0,\varphi(y_0))$ und mit Induktion folgt $d(y_n,y_{n+1}) \leq q^n d(y_0,\varphi(y_0))$ für alle $n \in \mathbb{N}$. Für $n,k \in \mathbb{N}$ erhalten wir damit

$$d(y_n,y_{n+k}) \leq \sum_{j=n}^{n+k-1} d(y_j,y_{j+1}) \leq (q^n + q^{n+1} + \ldots + q^{n+k-1})\,d(y_0,\varphi(y_0))$$
$$\leq \frac{q^n}{1-q}\,d(y_0,\varphi(y_0))$$

(Abschätzung durch die Geometrische Reihe). Wegen $q < 1$ folgt daraus weiter, dass $(y_n)_{n\in\mathbb{N}}$ eine Cauchyfolge ist. Da (M,d) vollständig ist, ist diese Folge konvergent, also existiert $x^* := \lim_{n\to\infty} y_n$. Wir erhalten

$$x^* = \lim_{n\to\infty} y_n = \lim_{n\to\infty} y_{n+1} = \lim_{n\to\infty} \varphi(y_n) = \varphi(x^*)\,,$$

wobei wir benutzt haben, dass φ stetig ist (φ ist sogar Lipschitz-stetig).

Demnach ist x^* ein Fixpunkt.

Zu zeigen bleibt noch die Eindeutigkeit. Seien $x^*, y^* \in M$ mit $\varphi(x^*) = x^*$ und $\varphi(y^*) = y^*$. Dann folgt $d(x^*,y^*) = d(\varphi(x^*),\varphi(y^*)) \leq q\,d(x^*,y^*)$. Wegen $q < 1$ ist dies nur möglich, wenn $d(x^*,y^*) = 0$, also $x^* = y^*$, gilt.   □

Satz 15.5 (Satz von der lokalen Umkehrbarkeit). *Seien V und W endlich-dimensionale normierte $\mathbb{R}$-Vektorräume, $U \subseteq V$ offen, $f : U \to W$ stetig differenzierbar und $Df(a) \in \mathscr{L}(V,W)$ invertierbar für ein $a \in U$. Bezeichne $b := f(a)$.*

(a)   *Es existieren offene Mengen U_a in V und W_b in W mit $a \in U_a$, $b \in W_b$ derart, dass f die Menge U_a bijektiv auf die Menge W_b abbildet.*

(b)   *Ist $g : W_b \to U_a$ die inverse Abbildung von $f|U_a$, so ist g stetig differenzierbar.*

Beweis. Da $\mathrm{D}f(a)$ invertierbar vorausgesetzt ist, gilt $\dim V = \dim W$. Daher können wir $V = W = \mathbb{R}^n$ annehmen und dort die Norm $\|\cdot\|_2$ zu Grunde legen.

Wir schreiben $A := \mathrm{D}f(a)$ und setzen $\lambda := \frac{1}{2\|A^{-1}\|} > 0$.

Da $\mathrm{D}f(a)$ als lineare Abbildung stetig ist, existiert eine offene Kugel U_a um a mit $\|\mathrm{D}f(x) - A\| < \lambda$ für alle $x \in U_a$. Zu festem $y \in \mathbb{R}^n$ definieren wir

$$\varphi_y : U \to \mathbb{R}^n , \qquad \varphi_y(x) := x + A^{-1}(y - f(x)) .$$

Damit ist x ein Fixpunkt von φ_y genau dann, wenn $f(x) = y$ ist.

Nun gilt $\mathrm{D}\varphi_y(x) = \mathrm{id} - A^{-1}\mathrm{D}f(x) = A^{-1}(A - \mathrm{D}f(x))$, also

$$\|\mathrm{D}\varphi_y(x)\| \le \|A^{-1}\|\,\|A - \mathrm{D}f(x)\| < \frac{1}{2} \qquad \text{für alle } x \in U_a$$

und mit dem Schrankensatz (Korollar 13.14) erhalten wir

$$\|\varphi_y(x_1) - \varphi_y(x_2)\|_2 \le \frac{1}{2}\|x_1 - x_2\|_2 \qquad \text{für alle } x_1, x_2 \in U_a . \tag{15.4}$$

Folglich hat $\varphi_y|U_a$ höchstens einen Fixpunkt $x \in U_a$, denn aus $\varphi_y(x_1) = x_1$ und $\varphi_y(x_2) = x_2$ folgt $\|x_1 - x_2\|_2 \le \frac{1}{2}\|x_1 - x_2\|_2$. Somit existiert höchstens ein $x \in U_a$ mit $f(x) = y$. Insbesondere ist $f|U_a$ injektiv.

Setzt man $W_b := f(U_a)$, so ist $f|U_a : U_a \to W_b$ bijektiv.

Zu zeigen bleibt, dass W_b offen ist. Dazu halten wir $y_0 \in W_b$ fest. Es gibt genau ein $x_0 \in U_a$ mit $f(x_0) = y_0$. Weiter finden wir $r > 0$ mit $K_r(x_0) \subseteq U_a$. Wir wollen sehen, dass für $\|y - y_0\| < \lambda r$ stets $y \in W_b$ gilt. Daraus folgt dann, dass W_b offen ist.

Sei also $y \in U_{\lambda r}(y_0)$. Mit entsprechendem φ_y erhalten wir

$$\|\varphi_y(x_0) - x_0\|_2 \le \|A^{-1}(y - f(x_0))\|_2 \le \|A^{-1}\|\,\|y - y_0\|_2 < \frac{1}{2\lambda}\,\lambda r = \frac{r}{2} .$$

Für $x \in K_r(x_0)$ gilt mit (15.4) weiter

$$\|\varphi_y(x) - x_0\|_2 \le \|\varphi_y(x) - \varphi_y(x_0)\|_2 + \|\varphi_y(x_0) - x_0\|_2$$

$$\le \frac{1}{2}\|x - x_0\|_2 + \frac{r}{2} \le \frac{r}{2} + \frac{r}{2} = r ,$$

also $\varphi_y(x) \in K_r(x_0)$. Demnach ist $\varphi_y|K_r(x_0)$ eine Abbildung von $K_r(x_0)$ in $K_r(x_0)$ und wegen (15.4) ist φ_y kontrahierend. Als abgeschlossene Teilmenge eines Banachraumes ist $K_r(x_0)$ ein vollständiger metrischer Raum (siehe auch Kapitel 12.3, Aufgabe 9). Mit dem Fixpunktsatz von Banach (Satz 15.4) folgt schließlich, dass $\varphi_y|K_r(x_0)$ genau einen Fixpunkt $x \in K_r(x_0)$ hat. Für dieses x gilt $f(x) = y$, also $y \in W_b$ wie gewünscht.

Damit ist die Aussage *(a)* bewiesen.

Wir müssen noch nachweisen, dass $g := (f|U_a)^{-1}$ stetig differenzierbar ist. Um Satz 15.3 anzuwenden, haben wir zu zeigen, dass $g : W_b \to U_a$ stetig und $\mathrm{D}f(x)$ für alle $x \in U_a$ invertierbar ist.

Dazu seien $y_1, y_2 \in W_b$ und $x_1 := g(y_1)$ sowie $x_2 := g(y_2)$. Wir betrachten nun φ_0 zu $0 \in \mathbb{R}^n$ und erhalten

$$\varphi_0(x_2) - \varphi_0(x_1) = x_2 - x_1 - A^{-1}(f(x_2) - f(x_1)) = x_2 - x_1 - A^{-1}(y_2 - y_1) .$$

Mit (15.4) folgt

$$\|x_2 - x_1\|_2 \leq \|\varphi_0(x_2) - \varphi_0(x_1)\|_2 + \|A^{-1}(y_2 - y_1)\|_2$$

$$\leq \frac{1}{2}\|x_2 - x_1\|_2 + \|A^{-1}\| \, \|y_2 - y_1\|_2 .$$

Somit gilt $\|g(y_2) - g(y_1)\|_2 \|x_2 - x_1\|_2 \leq 2\|A^{-1}\| \, \|y_2 - y_1\|_2$.

Demnach ist g stetig.

Schließlich zeigen wir noch die Invertierbarkeit von $\mathrm{D}f(x)$ für alle $x \in U_a$. Es ist $\|\mathrm{D}f(x) - A\| < \lambda$ für alle $x \in U_a$; damit erhalten wir

$$\|\mathrm{D}f(x)v - Av\|_2 \leq \lambda \, \|v\|_2 \qquad \text{für alle } x \in U_a, v \in \mathbb{R}^n .$$

Wenn $\mathrm{D}f(x)v = 0$ für ein $x \in U_a$ und $v \in \mathbb{R}^n$ gilt, ergibt sich $\|Av\|_2 \leq \frac{1}{2\|A^{-1}\|} \|v\|_2$. Es folgt $\|v\|_2 = \|A^{-1}Av\|_2 \leq \|A^{-1}\| \, \|Av\|_2 \leq \frac{1}{2}\|v\|_2$ und damit dann $v = 0$.

Folglich ist $\mathrm{D}f(x)$ invertierbar. $\qquad\qquad\qquad\qquad\qquad\qquad\qquad\qquad\qquad\qquad\square$

Wir wollen die Aussage des Satzes 15.5 einer komponentenweisen Interpretation unterziehen. Hat man das System von n Gleichungen

$$y_1 = f(x_1, \ldots, x_n)$$
$$\vdots \qquad \vdots$$
$$y_n = f(x_1, \ldots, x_n)$$

mit $f \in C^1(U)$ und $\mathrm{D}f(a)$ invertierbar, so existieren Umgebungen U_a von a und W_b von $b = f(a)$, sodass man dieses Gleichungssystem nach $x_1, \ldots, x_n$ auflösen kann, wenn $x = (x_1, \ldots, x_n) \in U_a$ und $y = (y_1, \ldots, y_n) \in W_b$ gewählt werden. Man spricht von lokaler Invertierbarkeit.

Beispiel: Seien $V = W = \mathbb{R}^3$ und $f : \mathbb{R}^3 \to \mathbb{R}^3$,

$$f_1(x_1, x_2, x_3) := x_1 + x_2 + x_3 ,$$
$$f_2(x_1, x_2, x_3) := x_2 x_3 + x_3 x_1 + x_1 x_2 ,$$
$$f_3(x_1, x_2, x_3) := x_1 x_2 x_3 .$$

Damit ist

$$\mathrm{D}f(x) = \begin{pmatrix} 1 & 1 & 1 \\ x_3 + x_2 & x_3 + x_1 & x_2 + x_1 \\ x_2 x_3 & x_1 x_3 & x_1 x_2 \end{pmatrix}.$$

Man kann direkt nachrechnen, dass

$$\det \mathrm{D}f(x) = (x_1 - x_2)(x_1 - x_3)(x_2 - x_3)$$

gilt. Somit ist $\mathrm{D}f(a)$ invertierbar, falls $a = (a_1, a_2, a_3)$ paarweise verschiedene Komponenten besitzt. Also gibt es für solche a eine offene Umgebung U_a von a sowie eine offene Umgebung W_b von $b = f(a)$ derart, dass $f|U_a : U_a \to W_b$ invertierbar ist.

Bemerkung: Ist $f : U \to W$ stetig differenzierbar, $U \subseteq V$ offen, mit $\mathrm{D}f(x)$ invertierbar für alle $x \in U$, so ist $f(\widetilde{U})$ offen für alle offenen Teilmengen $\widetilde{U} \subseteq U$.

Man erhält dies direkt aus Satz 15.5, denn für jedes $x \in \widetilde{U}$ existieren offene Mengen $U_x \subseteq \widetilde{U}$ und $W_{f(x)}$, sodass $f|U_x : U_x \to W_{f(x)}$ bijektiv ist.

Insbesondere ist $f(\widetilde{U}) = \bigcup_{x \in \widetilde{U}} W_{f(x)}$ offen.

Außerdem ist f **lokal** injektiv, d.h. $f|U_x$ ist injektiv für alle $x \in U$. Das bedeutet allerdings nicht zwingend, dass auch f injektiv ist.

Beispiel: Wir betrachten die Funktion $f : \mathbb{R}^2 \to \mathbb{R}^2$, $f(x,y) := \begin{pmatrix} e^x \cos y \\ e^x \sin y \end{pmatrix}$.

Für alle $(x,y) \in \mathbb{R}^2$ ist die Jacobimatrix

$$\mathrm{D}f(x,y) = \begin{pmatrix} e^x \cos y & -e^x \sin y \\ e^x \sin y & e^x \cos y \end{pmatrix}$$

invertierbar, da ihre Determinante den Wert $e^{2x}(\cos^2 y + \sin^2 y) = e^{2x} \neq 0$ hat.

Weiter gilt $f(x, y + 2\pi) = f(x,y)$ für alle $(x,y) \in \mathbb{R}^2$, daher ist f nicht injektiv.

Wir merken noch an, dass f nichts anderes als die komplexe Exponentialfunktion ist, wenn man $\mathbb{R}^2$ mit $\mathbb{C}$ identifiziert.

Da f nicht injektiv ist, existiert zwar keine *globale* Umkehrabbildung, aber beispielsweise bildet f die Menge $U := \mathbb{R} \times \left] -\frac{\pi}{2}, \frac{\pi}{2} \right[$ bijektiv auf $W :=]0, \infty[\times \mathbb{R}$ ab. Hier können wir eine *lokale* Umkehrabbildung leicht angeben. Aus

$$\begin{pmatrix} e^x \cos y \\ e^x \sin y \end{pmatrix} = \begin{pmatrix} u \\ v \end{pmatrix} \in W$$

folgt einerseits $\sqrt{u^2 + v^2} = \sqrt{e^{2x}(\cos^2 y + \sin^2 y)} = e^x$, also $x = \frac{1}{2}\ln(u^2 + v^2)$ und andererseits

$$\frac{v}{u} = \frac{\sin y}{\cos y} = \tan y.$$

Es gibt zwar viele $y \in \mathbb{R}$ mit $\tan y = \frac{v}{u}$, allerdings liegt nur eines davon im Intervall $\left] -\frac{\pi}{2}, \frac{\pi}{2} \right[$, nämlich $y = \arctan\left(\frac{v}{u}\right)$.

Die gesuchte Umkehrabbildung $(f|U)^{-1} : W \to U$ ist folglich gegeben durch

$$(u,v) \mapsto \begin{pmatrix} \frac{1}{2}\ln(u^2 + v^2) \\ \arctan\left(\frac{v}{u}\right) \end{pmatrix},$$

vgl. auch Kapitel 14.5, Aufgabe 7. Insbesondere ist $f|U$ ein Diffeomorphismus.

Entsprechend kann man zu jedem $a \in \mathbb{R}^2$ eine offene Umgebung U_a finden, sodass $f|U_a$ ein Diffeomorphismus ist. Im vorliegenden Fall haben wir, wenn wir hier wieder $\mathbb{R}^2$ mit $\mathbb{C}$ identifizieren, lokale Umkehrungen der komplexen Exponentialfunktion gefunden. Man bezeichnet diese auch als die **Zweige** des (komplexen) Logarithmus.

15.3 Implizit definierte Funktionen

Wir beginnen mit einem einfachen Beispiel. Gegeben sei die Funktion $f : \mathbb{R}^2 \to \mathbb{R}$, $f(x,y) := x^2(1 - x^2) - y^2$. Weiter sei $M := \{(x,y) \in \mathbb{R}^2 : f(x,y) = 0\}$ die Menge der Nullstellen von f.

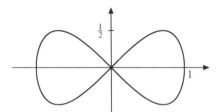

Die Abbildung zeigt die Nullstellenmenge M der Funktion f. Diese Menge ist nicht der Graph einer Funktion $\mathbb{R} \to \mathbb{R}$.

Schränken wir uns auf die Menge $U :=]0, \infty[\times]0, \infty[$ ein, so können wir die Gleichung $f(x,y) = 0$ nach y auflösen. Für $(x,y) \in U$ gilt

$$x^2(1 - x^2) - y^2 = 0 \iff y^2 = x^2(1 - x^2) \iff y = \sqrt{x^2(1 - x^2)}.$$

Setzen wir $g :]0, 1[\to \mathbb{R}$, $g(x) := \sqrt{x^2(1 - x^2)}$, so erhalten wir

$$M \cap U = \{(x,y) : y = g(x)\}.$$

In $V := \left\{(x,y) \in \mathbb{R}^2 : x > \sqrt{\frac{1}{2}}\right\}$ können wir nach x auflösen. Für $(x,y) \in V$ gilt

$$x^2(1 - x^2) - y^2 = 0 \iff x = \sqrt{\frac{1}{2} + \frac{1}{2}\sqrt{1 - 4y^2}}.$$

Mit $h : \left]-\frac{1}{2}, \frac{1}{2}\right[\to \mathbb{R}$, $h(y) := \sqrt{\frac{1}{2} + \frac{1}{2}\sqrt{1 - 4y^2}}$, gilt $M \cap V = \{(x,y) : x = h(y)\}$.

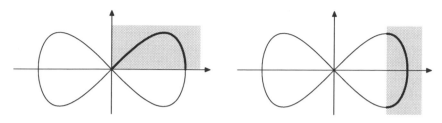

In U kann man die Gleichung $f(x,y) = 0$ nach y auflösen.

In V kann man die Gleichung $f(x,y) = 0$ nach x auflösen.

Wir halten noch fest, dass hier sowohl f als auch g und h stetig differenzierbar sind und, dass für $(x,y) \in U \cap M$ stets $\frac{\partial f}{\partial y}(x,y) \neq 0$, für $(x,y) \in V \cap M$ stets $\frac{\partial f}{\partial x}(x,y) \neq 0$ gilt. Es wird sich zeigen, dass diese Bedingungen an die partiellen Ableitungen eine wichtige Rolle hinsichtlich der Auflösbarkeit von Gleichungen spielen.

Bevor wir den Satz über implizite Funktionen allgemein formulieren, werden wir den linearen Fall untersuchen.

Sind $x = (x_1, \dots, x_n) \in \mathbb{R}^n$ und $y = (y_1, \dots, y_m) \in \mathbb{R}^m$, so schreiben wir nun $(x,y) = (x_1, \dots, x_n, y_1, \dots, y_m) \in \mathbb{R}^{n+m}$ und mit $(x,y) \in \mathbb{R}^{n+m}$ meinen wir stets $x \in \mathbb{R}^n$ und $y \in \mathbb{R}^m$.

Eine lineare Abbildung $A \in \mathscr{L}(\mathbb{R}^{n+m}, \mathbb{R}^n)$ können wir in zwei Abbildungen $A_x \in \mathscr{L}(\mathbb{R}^n, \mathbb{R}^n)$ und $A_y \in \mathscr{L}(\mathbb{R}^m, \mathbb{R}^n)$ zerlegen durch

$$A_x h := A(h,0) \qquad \text{mit } h \in \mathbb{R}^n, \ 0 \in \mathbb{R}^m \,,$$
$$A_y k := A(0,k) \qquad \text{mit } 0 \in \mathbb{R}^n, \ k \in \mathbb{R}^m \,.$$

Damit gilt $A(h,k) = A_x h + A_y k$.

Mit diesen Bezeichnungen ist die folgende lineare Version des Satzes über implizite Funktionen offensichtlich.

Satz 15.6. *Sei $A \in \mathscr{L}(\mathbb{R}^{n+m}, \mathbb{R}^n)$. Weiter sei A_x invertierbar.*

Dann gibt es zu jedem $k \in \mathbb{R}^m$ ein eindeutig bestimmtes $h \in \mathbb{R}^n$ derart, dass $A(h,k) = 0$ gilt. Man erhält dieses als

$$h = -(A_x)^{-1} A_y k \,.$$

Bemerkungen:

(1) Satz 15.6 besagt, das die Gleichung $A(h,k) = 0$ bei vorgegebenem k auf eindeutige Weise nach h aufgelöst werden kann, falls A_x invertierbar ist. Weiter ist h ist eine lineare Funktion von k.

(2) Selbstverständlich können $\mathbb{R}^n$ durch einen n-dimensionalen normierten Vektorraum V und $\mathbb{R}^m$ durch einen m-dimensionalen normierten Raum W sowie dann $\mathbb{R}^{n+m}$ durch $V \times W$ ersetzt werden.

Satz 15.7 (Satz über implizite Funktionen). *Seien V ein n-dimensionaler und W ein m-dimensionaler normierter Raum. Weiter seien $U \subseteq V \times W$ offen, $f : U \to V$ stetig differenzierbar und $(a,b) \in U$ ein Punkt, für den $f(a,b) = 0$ gilt. Bezeichne $A := \mathrm{D}f(a,b) \in \mathscr{L}(V \times W, V)$. Schließlich sei noch vorausgesetzt, dass die durch die Zerlegung $A(h,k) = A_x h + A_y k$ erklärte Abbildung $A_x \in \mathscr{L}(V)$ invertierbar ist.*

Dann gibt es eine offene Umgebung $U_{(a,b)}$ von (a,b) in $V \times W$ und eine offene Umgebung W_b von b in W mit den folgenden Eigenschaften:

Jedem $y \in W_b$ ist genau ein $x \in V$ zugeordnet, sodass $(x,y) \in U_{(a,b)}$ und $f(x,y) = 0$ gilt. Wird dieses x als $g(y)$ definiert, so ist $g : W_b \to V$ stetig differenzierbar mit $g(b) = a$ sowie

$$f(g(y),y) = 0 \qquad \textit{für alle } y \in W_b$$

und es gilt $\mathrm{D}g(b) = -(A_x)^{-1} A_y$.

Beweis. Wie in Satz 15.5 können wir wieder $V = \mathbb{R}^n$ und $W = \mathbb{R}^m$ mit der jeweiligen $\| \cdot \|_2$-Norm annehmen. Wir werden den Satz über die lokale Umkehrbarkeit auf folgende Funktion anwenden:

$$F : U \to \mathbb{R}^{n+m}, \qquad F(x,y) := (f(x,y),y) .$$

Diese ist stetig differenzierbar. Um zu sehen, dass $\mathrm{D}F(a,b) \in \mathscr{L}(\mathbb{R}^{n+m})$ invertierbar ist, müssen wir zeigen, dass $\mathrm{D}F(a,b)$ injektiv ist. Mit $f(a,b) = 0$ erhalten wir

$$f(a+h, b+k) = A(h,k) + R(h,k) ,$$

wobei $R(h,k)$ das Restglied gemäß Definition 14.1 zu $\mathrm{D}f(a,b)$ ist. Nun gilt

$$
\begin{aligned}
F(a+h, b+k) - F(a,b) &= (f(a+h,b+k), b+k) - (f(a,b),b) \\
&= (f(a+h,b+k),k) = (A(h,k),k) + (R(h,k),0) .
\end{aligned}
$$

Mit $h \to 0$, $k \to 0$ sieht man, dass $\mathrm{D}F(a,b) \in \mathscr{L}(\mathbb{R}^{n+m})$ nichts anderes als die lineare Abbildung $(h,k) \mapsto (A(h,k),k)$ ist.

Wäre nun $\mathrm{D}F(a,b)$ nicht injektiv, so gäbe es $(h,k) \neq (0,0)$ mit $(A(h,k),k) = (0,0)$. Daraus folgt aber $A(h,k) = 0$ und $k = 0$, also $A_x h = A(h,0) = 0$ und, da A_x invertierbar ist, müsste auch $h = 0$ sein. Folglich ist $\mathrm{D}F(a,b)$ injektiv.

Nun ist der Satz von der lokalen Umkehrbarkeit (Satz 15.5) auf F anwendbar. Wir erhalten damit offene Mengen $U_{(a,b)} \subseteq \mathbb{R}^{n+m}$ mit $(a,b) \in U_{(a,b)}$ und $W_{(0,b)}$ mit $(0,b) \in W_{(0,b)}$, sodass $F : U_{(a,b)} \to W_{(0,b)}$ bijektiv ist.

Weiter setzen wir $W_b := \{y \in \mathbb{R}^m : (0,y) \in W_{(0,b)}\}$. Die Menge W_b ist offen, da $W_{(0,b)}$ offen ist. Ist $y \in W_b$, so existiert genau ein $(x,y) \in U_{(a,b)}$ mit $F(x,y) = (0,y)$. Laut der Definition von F bedeutet dies, dass $f(x,y) = 0$ gilt.

Ist für das selbe y auch $f(\widetilde{x},y) = 0$, so gilt $F(\widetilde{x},y) = (f(\widetilde{x},y),y) = (0,y) = (f(x,y),y) = F(x,y)$ und mit der Injektivität von $F|U_{(a,b)}$ folgt $x = \widetilde{x}$. Somit ist auch die Eindeutigkeit des zugeordneten x bewiesen.

Bezeichne $g(y) = x$. Hiermit ist eine Funktion $g : W_b \to \mathbb{R}^n$ erklärt und es gilt $(g(y),y) \in U_{(a,b)}$ sowie $f(g(y),y) = 0$, also $F(g(y),y) = (0,y)$.

Mit $G := \left(F|U_{(a,b)}\right)^{-1}$ erhält man daraus $(g(y),y) = G(0,y)$ und, da G stetig differenzierbar ist, ist auch g stetig differenzierbar. Um schließlich $Dg(b)$ zu berechnen, betrachten wir $\varphi : W_b \to U_{(a,b)}$, $\varphi(y) := (g(y),y)$. Es gilt

$$D\varphi(y)\,k = (Dg(y)k,k) \qquad \text{für alle } y \in W_b,\ k \in \mathbb{R}^m \tag{15.5}$$

und wegen $f \circ \varphi(y) = 0$ folgt mit der Kettenregel

$$Df(\varphi(y))\,D\varphi(y) = 0\,. \tag{15.6}$$

Aus der Zerlegung $A(h,k) = A_x h + A_y k$ und den Gleichungen (15.5) sowie (15.6) folgt nun $A_x Dg(b)\,k + A_y k = A(Dg(b)k,k) = A\,D\varphi(b)\,k = 0$ für alle $k \in \mathbb{R}^m$. Dies bedeutet $A_x Dg(b) = -A_y$. □

Beispiel: Sei $f : \mathbb{R}^{2+3} \to \mathbb{R}^2$, $f = (f_1,f_2)$, mit

$$f_1(x_1,x_2,y_1,y_2,y_3) := 2e^{x_1} + x_2 y_1 - 4y_2 + 3\,,$$
$$f_2(x_1,x_2,y_1,y_2,y_3) := x_2 \cos x_1 - 6x_1 + 2y_1 - y_3\,.$$

Für $a := (0,1)$ und $b := (3,2,7)$ haben wir $f(a,b) = 0$. Die Ableitung hat bezüglich der Standardbasis die Darstellung

$$Df(x_1,x_2,y_1,y_2,y_3) = \begin{pmatrix} 2e^{x_1} & y_1 & x_2 & -4 & 0 \\ -x_2 \sin x_1 - 6 & \cos x_1 & 2 & 0 & -1 \end{pmatrix}.$$

Wir zerlegen $A := Df(a,b)$ in

$$A_x = \begin{pmatrix} 2 & 3 \\ -6 & 1 \end{pmatrix} \qquad \text{und} \qquad A_y = \begin{pmatrix} 1 & -4 & 0 \\ 2 & 0 & -1 \end{pmatrix}$$

und erkennen, dass A_x invertierbar ist. Laut Satz 15.7 existieren eine offene Umgebung W_b von $b = (3,2,7)$ und eine stetig differenzierbare Abbildung $g : W_b \to \mathbb{R}^2$ mit $f(g(y),y) = 0$ für alle $y \in W_b$. Um $Dg(3,2,7)$ zu bestimmen, benötigen wir A_x^{-1}. Es gilt

$$A_x^{-1} = \frac{1}{20} \begin{pmatrix} 1 & -3 \\ 6 & 2 \end{pmatrix},$$

also

$$Dg(3,2,7) = -\frac{1}{20} \begin{pmatrix} 1 & -3 \\ 6 & 2 \end{pmatrix} \begin{pmatrix} 1 & -4 & 0 \\ 2 & 0 & -1 \end{pmatrix} = \begin{pmatrix} \frac{1}{4} & \frac{1}{5} & -\frac{3}{20} \\ -\frac{1}{2} & \frac{6}{5} & \frac{1}{10} \end{pmatrix}.$$

15.4 Extrema unter Nebenbedingungen

Wir untersuchen Extremwertaufgaben für Funktionen $f : U \to \mathbb{R}$, wobei aber die Punkte $a \in U$, die für die Extremwertsuche zugelassen sind, die Nebenbedingung $g(a) = 0$ mit einer gegebenen Funktion $g : U \to \mathbb{R}$ erfüllen müssen ($U \subseteq \mathbb{R}^n$ offen).

Mit anderen Worten: Wir betrachten die Einschränkung von f auf die Nullstellenmenge $S := \{x \in U \,:\, g(x) = 0\}$ von g.

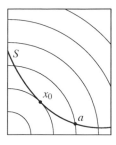

Ist $a \in U$ ein Punkt, an welchem die Nullstellenmenge S eine Niveaulinie von f schneidet, so gibt es in jeder Umgebung von a sowohl Punkte x_+ mit $f(x_+) > f(a)$ als auch x_- mit $f(x_-) < f(a)$.

Ein Extremum kann nur dort vorliegen, wo sich S und eine Niveaulinie von f tangential berühren.

Falls f und g stetig differenzierbar sind, bedeutet dies, dass an einer solchen Stelle x_0 dann $\operatorname{grad} f(x_0)$ und $\operatorname{grad} g(x_0)$ die gleiche Richtung haben.

Satz 15.8 (Multiplikatorregel von Lagrange). *Seien $U \subseteq \mathbb{R}^n$ offen, $f, g : U \to \mathbb{R}$ stetig differenzierbar und $a \in U$ mit $g(a) = 0$, $\operatorname{grad} g(a) \neq 0$. Weiter sei*

$$S := \{x \in U \,:\, g(x) = 0\} \,.$$

Hat $f|S$ im Punkt a ein lokales Extremum, dann gibt es eine reelle Zahl λ mit

$$\operatorname{grad} f(a) = \lambda \operatorname{grad} g(a) \,.$$

Beweis. Nach eventueller Umnummerierung können wir wegen $\operatorname{grad} g(a) \neq 0$ annehmen, dass $\frac{\partial g}{\partial x_n}(a) \neq 0$ ist.

Laut dem Satz über implizite Funktionen (Satz 15.7) ist in einer Umgebung von a eine Funktion h in $n-1$ Variablen $(x_1, \ldots, x_{n-1})$ erklärt, sodass $x_n = h(x_1, \ldots, x_{n-1})$ die Bedingung $g(x_1, \ldots, x_n) = 0$ erfüllt, und es gilt

$$\frac{\partial h}{\partial x_i}(a_1, \ldots, a_{n-1}) = -\frac{\partial g}{\partial x_i}(a) \Big/ \frac{\partial g}{\partial x_n}(a) \qquad \text{für } i = 1, \ldots, n-1 \,.$$

Die Voraussetzung, dass $f|S$ im Punkt a ein lokales Extremum hat, können wir wie folgt formulieren: Die Abbildung $(x_1, \ldots, x_{n-1}) \mapsto f(x_1, \ldots, x_{n-1}, h(x_1, \ldots, x_{n-1}))$ besitzt in $(a_1, \ldots, a_{n-1})$ ein lokales Extremum. Damit gilt notwendigerweise

$$0 = \frac{\partial f}{\partial x_i}(a) + \frac{\partial f}{\partial x_n}(a) \frac{\partial h}{\partial x_i}(a_1, \ldots, a_{n-1})$$

$$= \frac{\partial f}{\partial x_i}(a) - \frac{\partial f}{\partial x_n}(a) \frac{\partial g}{\partial x_i}(a) \Big/ \frac{\partial g}{\partial x_n}(a)$$

für $i = 1, \ldots, n-1$. Mit $\lambda := \frac{\partial f}{\partial x_n}(a) \big/ \frac{\partial g}{\partial x_n}(a)$ ist die Behauptung gezeigt. $\qquad\square$

Beispiel: Wir betrachten die Funktion $f : \mathbb{R}^2 \to \mathbb{R}$, $f(x,y) := x^3 - 3xy^2$. Seien $r > 0$ und $M_r := \{(x,y) \in \mathbb{R}^2 : x^2 + y^2 = r^2\}$. Mit Hilfe von Satz 15.8 wollen wir die Extrema von f auf M_r bestimmen.

Dazu setzen wir $g : \mathbb{R}^2 \to \mathbb{R}$, $g(x,y) := x^2 + y^2 - r^2$. Damit ist M_r genau die Menge der Nullstellen von g. Es gilt $\operatorname{grad} g(x,y) = (2x, 2y)$ und insbesondere $\operatorname{grad} g(x,y) \neq (0,0)$ für alle $(x,y) \in M_r$. Mögliche Extrema finden wir daher, indem wir Lösungen der Gleichung $\operatorname{grad} f(x,y) = \lambda \operatorname{grad} g(x,y)$ suchen. Weiter ist $\operatorname{grad} f(x,y) = (3x^2 - 3y^2, -6xy)$. Wir suchen also Lösungen des Gleichungssystems

$$3x^2 - 3y^2 = 2\lambda x\,,$$
$$-6xy = 2\lambda y\,,$$
$$x^2 + y^2 = r^2\,.$$

Aus der zweiten Gleichung folgt $y = 0$ oder $\lambda = -3x$.

Im Fall $y = 0$ erhalten wir aus der dritten Gleichung dann $x = \pm r$ und auch die erste Gleichung ist erfüllbar mit einem geeigneten λ. Der genaue Wert von λ spielt hier gar keine Rolle mehr; wichtig ist nur, dass es ein solches gibt.

Im Fall $y \neq 0$ folgt wie gesagt $\lambda = -3x$. Setzen wir dies in die erste Gleichung ein, so erhalten wir $3x^2 = y^2$ und mit der dritten Gleichung folgt $4x^2 = r^2$, also $x = \pm\frac{r}{2}$. Damit ergibt sich schließlich $y = \pm\frac{r\sqrt{3}}{2}$.

Wenn f also auf der Menge M_r ein Extremum annimmt, dann kommen nur die folgenden Stellen in Frage:

$$a_1 = \left(\frac{r}{2}, \frac{r\sqrt{3}}{2}\right)\,, \qquad a_2 = \left(-\frac{r}{2}, \frac{r\sqrt{3}}{2}\right)\,, \qquad a_3 = (-r, 0)\,,$$

$$a_4 = \left(-\frac{r}{2}, -\frac{r\sqrt{3}}{2}\right)\,, \qquad a_5 = \left(\frac{r}{2}, -\frac{r\sqrt{3}}{2}\right)\,, \qquad a_6 = (r, 0)\,.$$

Nun müssen wir noch überprüfen, ob es sich auch wirklich um Extrema handelt. Dazu stellen wir fest, dass die stetige Funktion f auf der kompakten Menge M_r Maximum und Minimum annimmt (vgl. Korollar 12.9), d.h. mindestens einer der eben bestimmten Punkte muss ein Maximum sein und mindestens einer muss ein Minimum sein.

Vergleichen wir die Funktionswerte an diesen Punkten, so erhalten wir

$$f(a_2) = f(a_4) = f(a_6) = r^3 \qquad \text{und} \qquad f(a_1) = f(a_3) = f(a_5) = -r^3\,,$$

also handelt es sich bei ersteren um Maxima, bei den anderen um Minima.

15.5 Aufgaben

1. Seien $U :=]0,\infty[\times]0,2\pi[$ und $f : U \to \mathbb{R}^2$, $f(u,v) := (u^2 \cos v, u^2 \sin v)$.

   a. Zeigen Sie, dass $Df(u,v)$ invertierbar ist für alle $(u,v) \in U$.

   b. Weiter sei $S := f(U)$. Zeigen Sie, dass $f : U \to S$ ein Diffeomorphismus ist und bestimmen Sie $D(f^{-1})$.

2. Sei $f : \mathbb{R}^2 \to \mathbb{R}^2$, $f(x,y) := (e^{x+y} \cos(x-y), e^{x+y} \sin(x-y))$.

   Zeigen Sie, dass f in allen Punkten $(x,y) \in \mathbb{R}^2$ eine lokale Umkehrfunktion besitzt.

3. Sei $f : \mathbb{R}^2 \to \mathbb{R}$, $f(x,y) := 3x^2 + xy^4 - ye^y$.

   Zeigen Sie, dass ein Intervall I mit $0 \in I$ sowie eine differenzierbare Funktion $g : I \to \mathbb{R}$ existieren mit

   $$f(x,g(x)) = 0 \qquad \text{für alle } x \in I$$

   und bestimmen Sie g'.

4. Zeigen Sie, dass das Gleichungssystem

   $$2e^{x_1} + x_2x_3 - 4x_4 = 3$$
   $$x_2 \cos x_1 - 6x_1 + 2x_3 - x_5 = 0$$

   in einer Umgebung des Punktes $(0,1,1,0,3)$ nach den Variablen x_1 und x_2 aufgelöst werden kann.

   Weiter seien $b := (1,0,3)$ und $g : W_b \to \mathbb{R}^2$ die durch obiges Gleichungssystem implizit erklärte Funktion (mit geeignetem $W_b \subseteq \mathbb{R}^3$). Begründen Sie, warum g stetig differenzierbar ist und bestimmen Sie $Dg(b)$.

5. Gegeben ist das Gleichungssystem

   $$x^2 + \sin(xy^2 - 2z) = 0 \,,$$
   $$x^2 + \sin(y + xz^2) = 0 \,.$$

   Zeigen Sie: Zu beliebigem $\varepsilon > 0$ existieren unendlich viele Lösungen (x,y,z) des Systems mit $\|(x,y,z)\| < \varepsilon$.

   Hinweis: Zeigen Sie, dass die Menge der Lösungen in einer offenen Umgebung des Nullpunkts der Graph einer Funktion ist (man kann nach x auflösen).

6. Seien V,W zwei endlich-dimensionale normierte $\mathbb{R}$-Vektorräume. Weiter seien $U \subseteq V$ offen und $f : U \to W$ stetig differenzierbar derart, dass $Df(a)$ für jedes $a \in U$ invertierbar ist. Zeigen Sie: Die Bildmenge $f(U)$ ist offen in W.

7. Seien $U :=]0, \infty[\times]0, \infty[$ und $f : U \to \mathbb{R}$, $f(x,y) := x + y$.

Bestimmen Sie alle lokalen Extrema von f auf der Menge

$$M := \left\{ (x,y) \in U : \frac{1}{x^2} + \frac{1}{y^2} = 1 \right\}.$$

8. Seien $K := \{ (x,y) \in \mathbb{R}^2 : x^2 + y^2 = 1 \}$ und $f : K \to \mathbb{R}$, $f(x,y) := \dfrac{x+y}{1-xy}$.

Bestimmen Sie alle lokalen Extrema von f.

Kapitel 16
Elementar lösbare Differentialgleichungen

Zahlreiche Phänomene werden mit gewöhnlichen Differentialgleichungen beschrieben. Differentialgleichungen sind daher Gegenstand vieler weiterführender Vorlesungen. Zu diesem Thema existiert auch ein umfangreiches Angebot an Literatur, wie z.B. Forst/Hoffmann [6]. Wir wollen hier lediglich einige elementare Beispiele betrachten und Aussagen zur Existenz und Eindeutigkeit von Lösungen herleiten.

Bevor wir uns Lösungsmethoden und Existenzaussagen zuwenden, wollen wir einige Situationen beschreiben, in denen Differentialgleichungen eine Rolle spielen.

(1) **Zerfalls- und Wachstumsprozesse**

$$x' = \alpha x, \qquad \alpha \in \mathbb{R} \qquad \text{(Wachstumsrate proportional zur Größe)}.$$

Dabei ist $x : I \to \mathbb{R}$ eine differenzierbare Funktion auf einem Intervall I. Der Wert $x(t)$ beschreibt dabei z.B. die Anzahl der zur Zeit t vorhandenen Atome (radioaktiver Zerfall), oder die Populationsgröße, etwa von Bakterien, zur Zeit t. Eine Lösung lautet

$$x(t) = x_0 e^{\alpha t}, \quad t \in \mathbb{R}, \qquad \text{mit } x_0 = x(0).$$

Ist $\alpha > 0$ so gilt $\lim\limits_{t \to \infty} x(t) = \infty$ (unrealistisch für Populationen).

(2) **Logistisches Wachstum** (Verhulst-Pearl-Gleichung)

$$x' = (a - bx)x, \qquad a, b > 0.$$

Wieder interpretiert man $x(t)$ als Populationsgröße zum Zeitpunkt t. Hier hängt die Rate $a - bx$ von der derzeitigen Größe der Population ab. Dabei beschreibt a die Wachstumsrate (bei unbegrenzten Ressourcen) und $-bx(t)$ die Wirkung begrenzter Ressourcen oder einer „Überbevölkerung". Eine Lösung lautet

$$x(t) = \frac{a}{b} \frac{1}{1 + e^{-at}\left(\frac{a}{bx_0} - 1\right)} \qquad \text{mit } x_0 = x(0).$$

R. Lasser, F. Hofmaier, *Analysis 1 + 2*, Springer-Lehrbuch,
DOI 10.1007/978-3-642-28644-5_16, © Springer-Verlag Berlin Heidelberg 2012

Man kann dies durch Einsetzen leicht nachprüfen, siehe auch Kapitel 16.4, Aufgabe 2.

Allerdings ist hier anzumerken, dass $x(t)$ nicht für alle $t \in \mathbb{R}$ definiert ist. Neben dem Problem, eine Lösung zu finden, stellt sich bei vielen Differentialgleichungen die Frage, ob überhaupt und auf welchem Definitionsbereich Lösungen existieren.

Das logistische Modell findet zahlreiche Anwendungen in der theoretischen Biologie, Demographie etc.

(3) **Newtons Gesetz**

$$mx''(t) = f(t, x(t), x'(t)) \, .$$

Hier beschreibt $x(t)$ die Position eines Teilchens, auf das eine Kraft f wirkt. Dabei ist f eine Funktion der Zeit t, der Lage $x(t)$ und der Geschwindigkeit $x'(t)$; m bezeichnet die Masse. Ist z.B. die Kraft die Gravitation, so gilt

$$mx''(t) = -mg$$

mit der Gravitationskonstanten g. Eine Lösung der letzteren Differentialgleichung lautet

$$x(t) = -\frac{1}{2}gt^2 + c_1 t + c_2 \qquad \text{mit } c_1, c_2 \in \mathbb{R} \, .$$

Um c_1 und c_2 zu bestimmen, muss man $x(t_0)$ und $x'(t_0)$ zu einem Zeitpunkt t_0 kennen. Ist speziell $x''(t) = -x(t)$ die (normierte) Gleichung des harmonischen Oszillators, so hat man Lösungen

$$x(t) = c_1 \sin t + c_2 \cos t \, , \qquad c_1, c_2 \in \mathbb{R} \, .$$

(4) **Räuber-Beute-Modell** (Lotka-Volterra).

In diesem Modell hat man eine Beute-Population $x(t)$ und eine Räuber-Population $y(t)$. Die Beute-Population hat unbegrenzte Ressourcen, wird aber durch die Räuber-Population in Abhängigkeit von Begegnungen mit $y(t)$ dezimiert:

$$x'(t) = (\alpha - \beta y(t)) \, x(t) = \alpha x(t) - \beta y(t) x(t) \qquad (\alpha > 0, \beta > 0) \, .$$

Die Räuber-Population wächst mit Anwesenheit von Beute und Begegnung mit ihr, und wird durch eine Sterberate dezimiert:

$$y'(t) = (\delta x(t) - \gamma) \, y(t) = \delta x(t) y(t) - \gamma y(t) \qquad (\gamma > 0, \delta > 0) \, .$$

Damit hat man eine 2-dimensionale Differentialgleichung

$$
\begin{aligned}
x' &= (\alpha - \beta y) \, x \, , \\
y' &= (\delta x - \gamma) \, y \, .
\end{aligned}
$$

Lösungen sind unter anderem die konstanten Funktionen $(x(t), y(t)) = (0,0)$ und $(x(t), y(t)) = \left(\frac{\gamma}{\delta}, \frac{\alpha}{\beta}\right)$.

Zwei weitere Lösungen sind leicht zu finden, etwa $(x(t), y(t)) = (0, e^{-\gamma t})$ und $(x(t), y(t)) = (e^{\alpha t}, 0)$. Letztere ist wegen $\lim\limits_{t \to \infty} e^{\alpha t} = \infty$ unrealistisch.

16.1 Der Satz von Picard-Lindelöf

Wir betrachten eine allgemeine Differentialgleichung, ein so genanntes **Anfangswertproblem** (kurz AWP), der Form

$$x'(t) = f(t, x(t)) \,, \qquad x(t_0) = x_0 \,,$$

wobei $f : D \to \mathbb{R}^d$ mit $D \subseteq \mathbb{R}^{d+1}$ und $(t_0, x_0) \in D$ sind. Wir beschränken uns auf $D = Z_{a,b}$ mit

$$Z_{a,b} := [t_0 - a, t_0 + a] \times K_b(x_0)$$

und $K_b(x_0) := \{x \in \mathbb{R}^d \,:\, \|x - x_0\|_2 \le b\}$.

Zunächst erweitern wir den Fixpunktsatz von Banach (Satz 15.4) ein wenig.

Satz 16.1 (Fixpunktsatz von Banach, Weissinger). *Sei (M,d) ein vollständiger metrischer Raum. Weiter seien $\sum\limits_{k=1}^{\infty} a_k$ eine konvergente Reihe mit $a_k > 0$ für alle k und $\varphi : M \to M$ eine Abbildung mit*

$$d(\varphi^k(x), \varphi^k(y)) \le a_k \, d(x,y) \tag{16.1}$$

für alle $x, y \in M$ und $k \in \mathbb{N}$. Dabei bezeichne $\varphi^k = \varphi \circ \varphi^{k-1}$ und $\varphi^1 = \varphi$.

Die Abbildung φ besitzt genau einen Fixpunkt, d.h. es gibt genau ein $x^* \in M$ mit $\varphi(x^*) = x^*$. Dieser Fixpunkt ist Grenzwert der Iterationsfolge $(\varphi^k(x_0))_{k \in \mathbb{N}}$ bei beliebigem Startwert $x_0 \in M$ und es gilt die Fehlerabschätzung

$$d(x^*, \varphi^n(x_0)) \le \left(\sum_{k=n}^{\infty} a_k\right) d(\varphi(x_0), x_0) \,. \tag{16.2}$$

Beweis. Aus (16.1) erhalten wir $d(\varphi^{n+1}(x_0), \varphi^n(x_0)) = d(\varphi^n(\varphi(x_0)), \varphi^n(x_0)) \le a_n \, d(\varphi(x_0), x_0)$ für $n \in \mathbb{N}$. Damit folgt

$$d(\varphi^{n+k}(x_0), \varphi^n(x_0)) \le d(\varphi^{n+k}(x_0), \varphi^{n+k-1}(x_0)) + \ldots + d(\varphi^{n+1}(x_0), \varphi^n(x_0))$$

$$\le (a_{n+k-1} + \ldots + a_n) \, d(\varphi(x_0), x_0) \,. \tag{16.3}$$

Daher ist $(\varphi^n(x_0))_{n \in \mathbb{N}}$ eine Cauchyfolge in (M,d) und wegen der Vollständigkeit existiert $x^* := \lim\limits_{n \to \infty} \varphi^n(x_0)$. Weiter gilt auch $\varphi(x^*) = \lim\limits_{n \to \infty} \varphi^{n+1}(x_0) = x^*$.

Ist y ein weiterer Fixpunkt, so gilt $d(x^*,y) = d(\varphi^n(x^*),\varphi^n(y)) \leq a_n d(x^*,y)$. für alle $n \in \mathbb{N}$. Wegen $a_n \to 0$ mit $n \to \infty$ folgt schließlich $x^* = y$.

Die Fehlerabschätzung (16.2) folgt aus (16.3) mit $k \to \infty$.   □

Wir werden diesen Satz anwenden auf Anfangswertprobleme, bei denen f die folgende Bedingung erfüllt.

Definition 16.2. Seien $a,b > 0$ und $f : Z_{a,b} \to \mathbb{R}^d$ stetig. Man sagt, dass f eine **Lipschitzbedingung bezüglich** x erfüllt, falls $L \geq 0$ existiert mit

$$\|f(t,x) - f(t,y)\|_2 \leq L\|x - y\|_2$$

für alle $(t,x),(t,y) \in Z_{a,b}$, und bezeichnet L dann als **Lipschitz-Konstante**.

Ist J ein Intervall, so bezeichnet man mit $C(J,\mathbb{R}^d)$ den Vektorraum aller stetigen Funktionen $\lambda : J \to \mathbb{R}^d$.

Wenn J kompakt ist, so liefert Korollar 9.3 angewendet auf jede Komponentenfunktion, dass $C(J,\mathbb{R}^d)$ mit $\|\lambda\|_\infty := \sup_{t \in J}\|\lambda(t)\|_2$ ein Banachraum ist.

Satz 16.3 (Picard-Lindelöf). *Erfüllt die Funktion $f : Z_{a,b} \to \mathbb{R}^d$ eine Lipschitzbedingung bzgl. x mit der Lipschitz-Konstanten L, so hat das Anfangswertproblem*

$$x' = f(t,x), \qquad x(t_0) = x_0$$

genau eine Lösung auf dem Intervall $J = [t_0 - \alpha, t_0 + \alpha]$, wobei $\alpha := \min\{a,b/m\}$ mit $m = \|f\|_\infty = \sup\limits_{(t,x) \in Z_{a,b}} \|f(t,x)\|_2$ ist.

Die Lösung λ erhält man, indem man eine beliebige Funktion

$$\lambda_0 \in M := \{\lambda \in C(J,\mathbb{R}^d) : \|\lambda(t) - x_0\|_2 \leq b \text{ für alle } t \in J\}$$

wählt und

$$\lambda_n(t) := x_0 + \int_{t_0}^t f(s,\lambda_{n-1}(s))\,ds$$

für $n \in \mathbb{N}$, $t \in J$ setzt.

Mit $n \to \infty$ konvergiert λ_n gleichmäßig auf J gegen die Lösung und für alle $t \in J$ gilt die Fehlerabschätzung

$$\|\lambda(t) - \lambda_n(t)\|_2 \leq \left(\sum_{k=n}^\infty \frac{(\alpha L)^k}{k!}\right) \max_{t \in J} \|\lambda_1(t) - \lambda_0(t)\|_2$$

oder gröber

$$\|\lambda(t) - \lambda_n(t)\|_2 \leq \frac{(\alpha L)^n}{n!}\, e^{\alpha L} \max_{t \in J} \|\lambda_1(t) - \lambda_0(t)\|_2.$$

Beweis. Nach Konstruktion ist M eine abgeschlossene Teilmenge von $C(J, \mathbb{R}^d)$ und folglich mit der von der Norm erzeugten Metrik,

$$d(\lambda_1, \lambda_2) = \sup_{t \in J} \|\lambda_1(t) - \lambda_2(t)\|_2 \,,$$

ein vollständiger metrischer Raum (vgl. auch Kapitel 12.3, Aufgabe 9).

Nun definieren wir $\varphi : M \to M$ mittels

$$\varphi(\lambda)(t) = x_0 + \int_{t_0}^{t} f(s, \lambda(s)) \, ds \qquad \text{für } t \in J \,.$$

Wir müssen noch verifizieren, dass $\varphi(\lambda) \in M$ für alle $\lambda \in M$ gilt. Wegen

$$\|\varphi(\lambda)(t) - x_0\|_2 = \left\| \int_{t_0}^{t} f(s, \lambda(s)) \, ds \right\|_2 \leq m|t - t_0| \leq m\alpha \leq b$$

für alle $t \in J$ ist dies der Fall.

Für alle $t \in J$ gilt weiter

$$\|\varphi(\lambda)(t) - \varphi(\mu)(t)\|_2 = \left\| \int_{t_0}^{t} (f(s, \lambda(s)) - f(s, \mu(s))) \, ds \right\|_2$$

$$\leq L|t - t_0| \sup_{s \in J} \|\lambda(s) - \mu(s)\|_2 \leq \alpha L \|\lambda - \mu\|_\infty \,.$$

Induktiv erhalten wir $\|\varphi^n(\lambda)(t) - \varphi^n(\mu)(t)\|_2 \leq \frac{(\alpha L)^n}{n!} \|\lambda - \mu\|_\infty$ für alle $t \in J$ und $n \in \mathbb{N}$, also

$$\|\varphi^n(\lambda) - \varphi^n(\mu)\|_\infty \leq \frac{(\alpha L)^n}{n!} \|\lambda - \mu\|_\infty \,.$$

Mit Satz 16.1 folgt die Existenz und Eindeutigkeit einer Funktion $\lambda^* : J \to \mathbb{R}^d$ mit $\varphi(\lambda^*) = \lambda^*$, d.h.

$$\lambda^*(t) = x_0 + \int_{t_0}^{t} f(s, \lambda^*(s)) \, ds \,.$$

Durch Einsetzen erkennt man, dass λ^* eine Lösung des Anfangswertproblems ist.

Satz 16.1 liefert auch die behauptete Fehlerabschätzung, welche insbesondere die gleichmäßige Konvergenz $\lambda_n \to \lambda^*$ zur Folge hat. □

Beispiel: Wir suchen eine Lösung des Anfangswertproblems

$$x' = -2tx \,, \qquad x(0) = 1 \,.$$

Dazu setzen wir $f(t, x) := -2xt$ und beginnen etwa mit der konstanten Funktion $\lambda_0(t) := 1$.

Wir berechnen $\lambda_1(t) = 1 - \int_0^t 2s \, ds = 1 - t^2$ und weiter

$$\lambda_2(x) = 1 - \int_0^t 2s\lambda_1(s)\,ds = 1 - \int_0^t (2s - 2s^3)\,ds = 1 - t^2 + \frac{1}{2}t^4\,,$$

$$\lambda_3(x) = 1 - \int_0^t 2s\lambda_2(s)\,ds = 1 - \int_0^t (2s - 2s^3 + s^5)\,ds = 1 - t^2 + \frac{1}{2}t^4 - \frac{1}{6}t^6\,.$$

Dies gibt Anlass zur Vermutung, dass $\lambda_n(t) = \sum\limits_{k=0}^{n} \frac{(-1)^k}{k!} t^{2k}$ für alle $n \in \mathbb{N}$ gilt.

Damit wäre dann $\lambda^*(t) = \sum\limits_{k=0}^{\infty} \frac{(-1)^k}{k!} t^{2k} = \exp(-t^2)$.

In der Tat kann man durch Einsetzen sofort nachprüfen, dass $x(t) = \exp(-t^2)$ die gesuchte Lösung ist.

Die gefundene Lösung ist hier sogar auf ganz $\mathbb{R}$ definiert.

Es stellt sich die Frage, ob man allgemein für die gefundene Lösung das vorliegende Lösungsintervall vergrößern kann. Mit dem Satz von Picard-Lindelöf erhalten wir für das Anfangswertproblem $x' = f(t,x)$, $x(t_0) = x_0$ eine Lösung λ, die zunächst auf einem Intervall $[t_0 - \alpha, t_0 + \alpha]$ definiert ist.

Wir können nun zwei weitere Anfangswertprobleme betrachten mit Anfangsbedingungen an den Stellen $t = t_0 - \alpha$ oder $t = t_0 + \alpha$. Man betrachtet also $x' = f(t,x)$, $x(t_0 + \alpha) = \lambda(t_0 + \alpha)$ und wendet Satz 16.3 erneut an, falls f in einem geeigneten Intervall um $t_0 + \alpha$ ebenfalls eine Lipschitzbedingung erfüllt. Auf diese Weise erhält man eine Lösungsfortsetzung von λ.

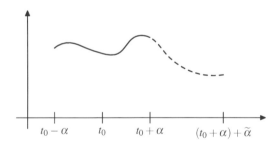

Hat man eine Lösung im Intervall $[t_0 - \alpha, t_0 + \alpha]$ gefunden, so kann man, falls f auch in einer Umgebung von $t_0 + \alpha$ eine Lipschitzbedingung erfüllt, erneut das Verfahren von Picard-Lindelöf anwenden, um eine Fortsetzung der Lösung auf ein größeres Intervall zu erhalten.

Folgendes Beispiel zeigt, dass man allgemein jedoch nicht erwarten kann, eine Lösung zu finden, die auf ganz $\mathbb{R}$ erklärt ist:

Die Differentialgleichung $x' = x^2 t$ besitzt die Lösungen $\lambda_\gamma(t) = \frac{2\gamma}{2 - \gamma t^2}$ mit $\gamma \in \mathbb{R}$.

Betrachtet man das Anfangswertproblem $x' = x^2 t$, $x(0) = 1$, so erhält man als eindeutige Lösung

$$\lambda_1(t) = \frac{2}{2 - t^2}$$

zunächst auf einem Intervall $[-\alpha, \alpha]$. Da λ_1 in den Punkten $t = \pm\sqrt{2}$ gar nicht definiert ist, wird auch die durch obiges Vorgehen konstruierte Fortsetzung innerhalb $]-\sqrt{2}, \sqrt{2}[$ bleiben.

In Definition 16.2 haben wir eine Lipschitzbedingung auf Mengen $Z_{a,b}$ erklärt. Wir erweitern diesen Begriff noch ein wenig.

Definition 16.4. Seien $D \subseteq \mathbb{R}^{d+1}$ und $f : D \to \mathbb{R}^d$ eine stetige Funktion. Wenn wir $(t,x) \in D$ schreiben, ist stets $t \in \mathbb{R}$, $x \in \mathbb{R}^d$ gemeint.

Falls eine Konstante $L \geq 0$ existiert mit

$$\|f(t,x) - f(t,y)\|_2 \leq L\|x - y\|_2 \qquad \text{für alle } (t,x), (t,y) \in D,$$

so sagt man, dass f auf D eine **globale Lipschitzbedingung** bezüglich x erfüllt mit der **Lipschitz-Konstanten** L.

Gibt es zu jedem Punkt in D eine Umgebung U, sodass $f|U \cap D$ einer Lipschitz-Bedingung bzgl. x genügt, so heißt f **Lipschitz-stetig** bezüglich x in D.

Korollar 16.5. *Seien $D \subseteq \mathbb{R}^{d+1}$ offen und $f : D \to \mathbb{R}^d$ stetig. Weiter sei f Lipschitz-stetig bezüglich x.*

Dann besitzt das Anfangswertproblem

$$x' = f(t,x), \qquad x(t_0) = x_0, \qquad (t_0,x_0) \in D,$$

eine eindeutig bestimmte Lösung λ, definiert auf einem Intervall $[t_0 - \beta, t_0 + \beta]$ mit einem (von (t_0,x_0) abhängigen) $\beta > 0$.

Beweis. Zu $(t_0,x_0) \in D$ gibt es eine Umgebung U derart, dass $f|U \cap D$ einer Lipschitz-Bedingung genügt. Da D offen ist, können wir $U \subseteq D$ annehmen. Weiter gibt es eine Menge der Form $Z_{a,b}$ mit $(t_0,x_0) \in Z_{a,b} \subseteq U$ und Satz 16.3 liefert die Behauptung. $\qquad\qquad \square$

Korollar 16.6. *Seien $D \subseteq \mathbb{R}^{d+1}$ offen und $f : D \to \mathbb{R}^d$ stetig. Weiter seien f Lipschitz-stetig bezüglich x und I_1, I_2 zwei Intervalle derart, dass $\lambda_1 : I_1 \to \mathbb{R}^d$ sowie $\lambda_2 : I_2 \to \mathbb{R}^d$ Lösungen von $x' = f(t,x)$ sind.*

Wenn ein $t_* \in I_1 \cap I_2$ existiert mit $\lambda_1(t_*) = \lambda_2(t_*)$, dann folgt $\lambda_1(t) = \lambda_2(t)$ für alle $t \in I_1 \cap I_2$.

Beweis. Da λ_1 und λ_2 stetig sind, ist auch $s : I_1 \cap I_2 \to \mathbb{R}$, $s(t) := \|\lambda_1(t) - \lambda_2(t)\|_2$, eine stetige Funktion.

Wir nehmen an, es gibt $t_1 \in I_1 \cap I_2$ mit $\lambda_1(t_1) \neq \lambda_2(t_1)$, also $s(t_1) > 0$. Dabei können wir $t_1 < t_*$ voraussetzen (den Fall $t_1 > t_*$ behandelt man ganz analog). Als Urbild einer abgeschlossenen Menge unter einer stetigen Abbildung ist $s^{-1}(\{0\})$ abgeschlossen (vgl. Satz 12.4). Daher existiert $t_0 := \min\{t \in [t_1, t_*] : s(t) = 0\}$. Das Anfangswertproblem

$$x' = f(t,x), \qquad x(t_0) = \lambda_1(t_0) = \lambda_2(t_0)$$

hat laut Korollar 16.5 eine eindeutige Lösung auf einem Intervall $[t_0 - \beta, t_0 + \beta]$. Dies steht im Widerspruch dazu, dass λ_1 und λ_2 verschiedene Lösungen sind. $\qquad \square$

In anderen Worten lässt sich die Aussage von Korollar 16.6 wie folgt formulieren: Unter den gegebenen Voraussetzungen können sich verschiedene Lösungskurven von $x' = f(t,x)$ niemals schneiden.

Satz 16.7 (Globaler Existenz- und Eindeutigkeitssatz). *Seien $D \subseteq \mathbb{R}^{d+1}$ offen und $f : D \to \mathbb{R}^d$ stetig. Weiter sei f Lipschitz-stetig bezüglich x.*

Zu jedem $(t_0, x_0) \in D$ gibt es dann ein eindeutig bestimmtes offenes Intervall I mit $t_0 \in I$, sodass gilt:

(i)   *Das Anfangswertproblem $x' = f(t,x)$, $x(t_0) = x_0$, besitzt genau eine Lösung $\lambda : I \to \mathbb{R}^d$.*

(ii)   *Sind J ein Intervall und $\mu : J \to \mathbb{R}^d$ eine weitere Lösung dieses Anfangswertproblems, so folgt $J \subseteq I$ und $\lambda \,|J = \mu$.*

Beweis. Bezeichne

$$t^+ := \sup\{\beta \in \mathbb{R} \;:\; \text{AWP besitzt Lösung auf } [t_0, \beta]\} \qquad \text{und}$$

$$t^- := \inf\{\gamma \in \mathbb{R} \;:\; \text{AWP besitzt Lösung auf } [\gamma, t_0]\}\,,$$

wobei auch $t^+ = \infty$ und $t^- = -\infty$ möglich sind (die Mengen, deren Supremum bzw. Infimum hier betrachtet wird, sind nicht leer laut Korollar 16.5).

Wir setzen $I := \,]t^-, t^+[$ und

$$t_n^- := \begin{cases} t^- + \frac{1}{n}\,, & \text{falls } t^- \neq -\infty\,, \\ -n\,, & \text{falls } t^- = -\infty\,, \end{cases}$$

$$t_n^+ := \begin{cases} t^+ - \frac{1}{n}\,, & \text{falls } t^+ \neq \infty\,, \\ n\,, & \text{falls } t^+ = \infty\,, \end{cases}$$

für $n \in \mathbb{N}$. Ohne Einschränkung können wir annehmen, dass n groß genug ist, sodass $t_n^- \leq t_n^+$ gilt. Schließlich sei $I_n := [t_n^-, t_n^+]$.

Auf jedem I_n existiert eine Lösung λ_n des Anfangwertproblems. Für $t \in I$ setzen wir nun $\lambda(t) := \lambda_n(t)$, wobei n so gewählt ist, dass $t \in I_n$ gilt. Wegen Korollar 16.6 ist $\lambda(t)$ wohldefiniert und λ die einzige auf ganz I definierte Lösung.

Für jede auf einem Intervall J definierte Lösung μ des Anfangswertproblems gilt nach Konstruktion $J \subseteq I$ sowie, wiederum laut Korollar 16.6, $\mu = \lambda \,|J$.   □

Bemerkung: Das maximale Intervall I, auf welchem die Lösung des Anfangswertproblems definiert ist, hängt von den gegebenen Anfangswerten (t_0, x_0) ab. Es ist möglich, dass man für gewisse Anfangswerte eine Lösung erhält, die auf ganz $\mathbb{R}$ definiert ist, während man bei der Wahl anderer Anfangswerte in der selben Differentialgleichung ein beschränktes Intervall als maximalen Definitionsbereich der Lösung bekommt. Wir werden am Ende des nächsten Abschnitts noch ein Beispiel diskutieren.

16.2 Differentialgleichungen mit getrennten Variablen

Wir wollen Anfangswertprobleme der Form

$$x'(t) = f(t)g(x(t)) , \qquad x(t_0) = x_0$$

betrachten, wobei $f : I \to \mathbb{R}$ und $g : J \to \mathbb{R}$ stetige Funktionen auf Intervallen I bzw. J sind und $(t_0, x_0) \in I \times J$ gilt. Für die Vorgehensweise zum Bestimmen einer Lösung kann folgende Merkregel dienen: „Wir schreiben

$$\frac{\mathrm{d}x}{\mathrm{d}t} = f(t)g(x) \quad \Rightarrow \quad \frac{1}{g(x)}\,\mathrm{d}x = f(t)\,\mathrm{d}t$$

und integrieren."

Wir wollen hier nicht weiter darauf eingehen, inwiefern obige Schreibweise sinnvoll ist. Allerdings gilt der folgende Satz.

Satz 16.8. *Seien I, J zwei offene Intervalle, $f : I \to \mathbb{R}$ und $g : J \to \mathbb{R}$ stetige Funktionen mit $g(x) \neq 0$ für alle $x \in J$. Weiter seien $t_0 \in I$ und $x_0 \in J$.*

Dann existiert ein offenes Intervall I_0 mit $t_0 \in I_0$ derart, dass das Anfangswertproblem

$$x' = f(t)\,g(x) , \qquad x(t_0) = x_0$$

eine Lösung $x : I_0 \to J$ besitzt.

Man erhält eine Lösung, indem man die Gleichung

$$\int_{x_0}^{x} \frac{1}{g(\xi)}\,\mathrm{d}\xi = \int_{t_0}^{t} f(s)\,\mathrm{d}s$$

nach x auflöst.

Beweis. Da g stetig und nullstellenfrei ist, gilt entweder $g(\xi) > 0$ für alle $\xi \in J$ oder $g(\xi) < 0$ für alle $\xi \in J$. Weiter ist $\frac{1}{g}$ auf $[x_0, x]$ integrierbar. Damit ist

$$G : J \to \mathbb{R} , \qquad G(x) := \int_{x_0}^{x} \frac{1}{g(\xi)}\,\mathrm{d}\xi$$

streng monoton und laut dem Hauptsatz der Differential- und Integralrechnung (Satz 8.7) differenzierbar mit $G'(x) = \frac{1}{g(x)}$.

Die Funktion G bildet J bijektiv auf ein Intervall J' ab; nach Satz 7.17 ist die Umkehrfunktion $H := G^{-1}$ differenzierbar mit $H'(x) = \frac{1}{G'(H(x))} = g(H(x))$.

Wegen $G(x_0) = 0$ ist $0 \in J'$. Als Urbild des offenen Intervalls J unter der stetigen Abbildung H ist auch J' offen, vgl. Satz 12.4. Daher gibt es ein $\varepsilon > 0$ derart, dass $]-\varepsilon, \varepsilon[\subseteq J'$ gilt. Da

$$F : I \to \mathbb{R} , \qquad F(t) := \int_{t_0}^{t} f(s)\,\mathrm{d}s$$

als Stammfunktion einer stetigen Funktion ebenfalls stetig ist, gibt es ein $\delta > 0$, sodass $|F(t)| = |F(t) - F(t_0)| < \varepsilon$ für alle $t \in I$ mit $|t - t_0| < \delta$ gilt. Das Intervall $I_0 :=]t_0 - \delta, t_0 + \delta[\cap I$ ist offen und nach Konstruktion gilt $F(t) \in]-\varepsilon, \varepsilon[\subseteq J'$ für alle $t \in I_0$.

Demnach ist die Funktion $\lambda : I_0 \to \mathbb{R}$, $\lambda(t) := H(F(t))$, wohldefiniert und differenzierbar. Mit der Kettenregel erhalten wir

$$\lambda'(t) = H'(F(t))\, F'(t) = \frac{1}{G'(H(F(t)))}\, f(t) = f(t)\, g(\lambda(t))\,,$$

also löst λ das Anfangswertproblem. Für $x \in I_0$ gilt mit $H = G^{-1}$ schließlich

$$x = H(F(t)) \iff G(x) = F(t)\,;$$

folglich erhält man diese Lösung, indem man die Gleichung $G(x) = F(t)$ nach x auflöst.   □

Beispiel: Wir wollen das Anfangswertproblem

$$x' = x^2 t\,, \qquad x(t_0) = x_0$$

mit $(t_0, x_0) \in \mathbb{R}^2$ lösen.

Dazu halten wir zunächst fest, dass im Fall $x_0 = 0$ die Konstante $\lambda(t) = 0\,\forall\, t \in \mathbb{R}$ das Anfangswertproblem löst.

Ist $x_0 \neq 0$, so gibt es ein Intervall J mit $g(x) := x^2 \neq 0$ für $x \in J$ und es gilt

$$\int_{x_0}^{x} \frac{1}{g(\xi)}\, \mathrm{d}\xi = \int_{x_0}^{x} \frac{1}{\xi^2}\, \mathrm{d}\xi = \frac{1}{x_0} - \frac{1}{x}\,.$$

Mit $f(t) := t$ haben wir $\displaystyle\int_{t_0}^{t} f(s)\, \mathrm{d}s = \frac{1}{2}(t^2 - t_0^2)$. Wir müssen also die Gleichung

$$\frac{1}{x_0} - \frac{1}{x} = \frac{1}{2}(t^2 - t_0^2)$$

nach x auflösen und erhalten $x = \dfrac{2x_0}{2 + x_0(t_0^2 - t^2)}$.

Als Lösung des Anfangswertproblems haben wir also

$$\lambda(t) = \frac{2x_0}{2 + x_0(t_0^2 - t^2)} = \frac{2}{\frac{2}{x_0} + t_0^2 - t^2}\,,$$

zunächst auf einem Intervall I_0 mit $t_0 \in I_0$.

Wir wollen noch anmerken, dass die Funktion $(t, x) \mapsto x^2 t$ Lipschitz-stetig im Sinne von Definition 16.4 ist. Daher ist die gefundene Lösung des Anfangswertproblems eindeutig. Ihr maximales Definitionsintervall $I_{\max}(t_0, x_0) =]t^-, t^+[$, siehe

Satz 16.7, hängt von der Lage der Anfangswerte ab. Entscheidend ist, wo die Nullstellen des Nenners in obiger Darstellung von λ liegen.

Für $x_0 < 0$ und $t_0^2 < -\frac{2}{x_0}$ ist $\lambda(t)$ für alle $t \in \mathbb{R}$ erklärt, also ist $I_{\max} = \mathbb{R}$.

Ebenso haben wir $I_{\max} = \mathbb{R}$ auch im Fall $x_0 = 0$, da hier die Nullfunktion die Lösung des Anfangswertproblems ist.

Zu Anfangswerten $t_0^2 > -\frac{2}{x_0}$ erhalten wir schließlich

$$I_{\max} = \left] \sqrt{t_0^2 + \frac{2}{x_0}}, \infty \right[\qquad \text{für } t_0 > 0 \text{ und } x_0 < 0,$$

$$I_{\max} = \left] -\infty, -\sqrt{t_0^2 + \frac{2}{x_0}} \right[\qquad \text{für } t_0 < 0 \text{ und } x_0 < 0,$$

$$I_{\max} = \left] -\sqrt{t_0^2 + \frac{2}{x_0}}, \sqrt{t_0^2 + \frac{2}{x_0}} \right[\qquad \text{für } t_0 > 0 \text{ und } x_0 > 0.$$

16.3 Lineare Systeme von Differentialgleichungen

In diesem Abschnitt wollen wir zunächst Anfangswertprobleme der Form

$$x' = Ax, \qquad x(t_0) = x_0 \in \mathbb{R}^d$$

betrachten, wobei A eine $(d \times d)$-Matrix ist.

Für $x, y \in \mathbb{R}^d$ gilt $\|Ax - Ay\|_2 = \|A(x-y)\|_2 \leq \|A\| \|x-y\|_2$ mit der zur Euklidischen Norm gehörenden Operatornorm. Demnach ist die Abbildung $(t, x) \mapsto Ax$ Lipschitz-stetig bezüglich x im Sinne von Definition 16.4. Folglich besitzt obiges Anfangswertproblem laut Korollar 16.5 für jedes $(t_0, x_0) \in \mathbb{R}^{d+1}$ eine eindeutig bestimmte Lösung.

Eine Methode, diese Lösung zu bestimmen, führt über die Exponentialfunktion. Sei A eine $(d \times d)$-Matrix. Wegen

$$\sum_{k=0}^{n} \frac{\|A^k\|}{k!} \leq \sum_{k=0}^{n} \frac{\|A\|^k}{k!} \leq \sum_{k=0}^{\infty} \frac{\|A\|^k}{k!} = \exp(\|A\|)$$

folgt mit dem Majorantenkriterium (Satz 5.6) die Existenz von

$$\exp(A) := \sum_{k=0}^{\infty} \frac{A^k}{k!},$$

wobei die Konvergenz der Reihe hier im Banachraum $\mathscr{L}(\mathbb{R}^d)$, ausgestattet mit der Operatornorm, zu verstehen ist.

Gelegentlich schreibt man auch e^A an Stelle von $\exp(A)$.

Wir beginnen mit einigen Beispielen im Fall $d = 2$.

Beispiele:

(1)   Sei $A = \begin{pmatrix} \lambda & 0 \\ 0 & \mu \end{pmatrix}$ mit $\lambda, \mu \in \mathbb{R}$. Für $k \in \mathbb{N}_0$ ist dann $A^k = \begin{pmatrix} \lambda^k & 0 \\ 0 & \mu^k \end{pmatrix}$, also

$$\exp(A) = \begin{pmatrix} e^\lambda & 0 \\ 0 & e^\mu \end{pmatrix}.$$

(2)   Sei nun $A = \begin{pmatrix} 0 & \beta \\ -\beta & 0 \end{pmatrix}$ mit $\beta \in \mathbb{R}$.

Hier haben wir $A^0 = \mathrm{id}$, $A^2 = -\beta^2 \mathrm{id}$, $A^3 = -\beta^3 \begin{pmatrix} 0 & 1 \\ -1 & 0 \end{pmatrix}$, $A^4 = \beta^4 \mathrm{id}$,

$$A^5 = \beta^5 \begin{pmatrix} 0 & 1 \\ -1 & 0 \end{pmatrix}$$

usw. Damit erhalten wir

$$\exp(A) = \begin{pmatrix} \sum_{k=0}^{\infty} (-1)^k \frac{\beta^{2k}}{(2k)!} & \sum_{k=0}^{\infty} (-1)^k \frac{\beta^{2k+1}}{(2k+1)!} \\ -\sum_{k=0}^{\infty} (-1)^k \frac{\beta^{2k+1}}{(2k+1)!} & \sum_{k=0}^{\infty} (-1)^k \frac{\beta^{2k}}{(2k)!} \end{pmatrix} = \begin{pmatrix} \cos\beta & \sin\beta \\ -\sin\beta & \cos\beta \end{pmatrix}.$$

(3)   Zu $A = \begin{pmatrix} \lambda & 1 \\ 0 & \lambda \end{pmatrix}$ mit $\lambda \neq 0$ wollen wir $\exp(tA)$, $t \in \mathbb{R}$, bestimmen.

Eine einfache Rechnung liefert $(tA)^k = \begin{pmatrix} (t\lambda)^k & kt^k \lambda^{k-1} \\ 0 & (t\lambda)^k \end{pmatrix}$ für $k \in \mathbb{N}$ und

$$\exp(tA) = \begin{pmatrix} \sum_{k=0}^{\infty} \frac{(t\lambda)^k}{k!} & t\sum_{k=0}^{\infty} \frac{(t\lambda)^k}{k!} \\ 0 & \sum_{k=0}^{\infty} \frac{(t\lambda)^k}{k!} \end{pmatrix} = \begin{pmatrix} e^{t\lambda} & te^{t\lambda} \\ 0 & e^{t\lambda} \end{pmatrix}.$$

Um einige wichtige Eigenschaften der matrix-wertigen Exponentialfunktion zeigen zu können, notieren wir folgende Hilfsaussage.

Lemma 16.9. *Seien A und B zwei $(d \times d)$-Matrizen. Es gilt*

$$\left(\sum_{n=0}^{\infty} \frac{A^n}{n!} \right) \left(\sum_{n=0}^{\infty} \frac{B^n}{n!} \right) = \sum_{n=0}^{\infty} \sum_{k=0}^{n} \frac{A^k B^{n-k}}{k!\,(n-k)!}.$$

Beweis. Man kann den Beweis von Satz 5.17 wörtlich übernehmen. An die Stelle des Absolutbetrags tritt hier die Operatornorm.   □

Satz 16.10. *Seien A und B zwei beliebige $(d \times d)$-Matrizen sowie T eine weitere invertierbare $(d \times d)$-Matrix.*

(a) *Ist $B = T^{-1}AT$, so gilt $\exp(B) = T^{-1}\exp(A)\,T$.*

(b) *Wenn $AB = BA$ gilt, dann ist $\exp(A + B) = \exp(A)\exp(B)$.*

(c) *Es gilt $\exp(-A) = (\exp(A))^{-1}$; insbesondere ist also $\exp(A)$ invertierbar.*

Beweis. *(a)* Aus $(T^{-1}AT)^k = T^{-1}A^kT$ erhalten wir

$$T^{-1}\left(\sum_{k=0}^{n}\frac{A^k}{k!}\right)T = \sum_{k=0}^{n}\frac{(T^{-1}AT)^k}{k!} \qquad \text{für alle } n \in \mathbb{N}$$

und mit $n \to \infty$ dann die Behauptung.

(b) Wegen $AB = BA$ ergibt sich mit der Binomialformel

$$(A + B)^n = \sum_{k=0}^{n}\binom{n}{k}A^nB^{n-k} = n!\sum_{k=0}^{n}\frac{A^nB^{n-k}}{k!\,(n-k)!}.$$

Nun folgt mit Lemma 16.9 die Behauptung.

(c) Die Aussage folgt nun unmittelbar, wenn wir $B = -A$ einsetzen. $\qquad\square$

Bemerkungen:

(1) Die Gleichung $\exp(A + B) = \exp(A)\exp(B)$ gilt im Allgemeinen nicht!

Ein Gegenbeispiel erhalten wir mit $A = \begin{pmatrix} 0 & 1 \\ 0 & 0 \end{pmatrix}$, $B = \begin{pmatrix} 0 & 0 \\ 1 & 0 \end{pmatrix}$. Hier ist

$$A^2 = \begin{pmatrix} 0 & 0 \\ 0 & 0 \end{pmatrix} = B^2,$$

also $\exp(A) = \mathrm{id} + A$, $\exp(B) = \mathrm{id} + B$ und weiter $\exp(A)\exp(B) = \begin{pmatrix} 2 & 1 \\ 1 & 1 \end{pmatrix}$.

Andererseits ist $(A+B)^2 = \mathrm{id}$. Für alle $k \in \mathbb{N}_0$ haben wir damit $(A+B)^{2k} = \mathrm{id}$ sowie $(A+B)^{2k+1} = A + B$. Daher gilt

$$\exp(A + B) = \begin{pmatrix} \sum\limits_{k=0}^{\infty}\frac{1}{(2k)!} & \sum\limits_{k=0}^{\infty}\frac{1}{(2k+1)!} \\ \sum\limits_{k=0}^{\infty}\frac{1}{(2k+1)!} & \sum\limits_{k=0}^{\infty}\frac{1}{(2k)!} \end{pmatrix} \neq \begin{pmatrix} 2 & 1 \\ 1 & 1 \end{pmatrix}.$$

(2) Wenn $v \in \mathbb{R}^d$ ein Eigenvektor von A zum Eigenwert λ ist, dann folgt

$$\exp(A)\,v = \lim_{n\to\infty}\sum_{k=0}^{n}\frac{A^k v}{k!} = \lim_{n\to\infty}\left(\sum_{k=0}^{n}\frac{\lambda^k}{k!}\right)v = e^\lambda v.$$

Also ist v ein Eigenvektor auch von $\exp(A)$, ebenfalls zum Eigenwert λ.

Satz 16.11. *Sei A eine (d × d)-Matrix.*

Die Funktion $t \mapsto \exp(tA)$ ist differenzierbar, d.h. der Grenzwert

$$\lim_{h \to 0} \frac{\exp((t+h)A) - \exp(tA)}{h} = \frac{d}{dt}\exp(tA)$$

existiert (im Banachraum $\mathscr{L}(\mathbb{R}^d)$ mit der Operatornorm). Weiter gilt

$$\frac{d}{dt}\exp(tA) = A\exp(tA) = \exp(tA)A .$$

Beweis. Mit Satz 16.10(*b*) erhalten wir

$$\frac{\exp(hA) - \mathrm{id}}{h}\exp(tA) = \frac{\exp((t+h)A) - \exp(tA)}{h} = \exp(tA)\frac{\exp(hA) - \mathrm{id}}{h}$$

und wegen

$$\left\| \frac{\exp(hA) - \mathrm{id}}{h} - A \right\| = \left\| \frac{\exp(hA) - \mathrm{id} - hA}{h} \right\| = \left\| \sum_{k=2}^{\infty} \frac{h^{k-1}A^k}{k!} \right\| = \left\| \sum_{k=1}^{\infty} \frac{h^k A^{k+1}}{(k+1)!} \right\|$$

$$\leq \|A\| \sum_{k=1}^{\infty} \frac{\|hA\|^k}{k!} = \|A\| \left(e^{\|hA\|} - 1 \right) \to 0 \qquad \text{mit } h \to 0$$

gilt $\quad \lim\limits_{h \to 0} \dfrac{\exp(hA) - \mathrm{id}}{h} = A.$ □

Satz 16.12. *Sei A eine (d × d)-Matrix. Das Anfangswertproblem*

$$x' = Ax , \qquad x(t_0) = x_0$$

besitzt eine eindeutige Lösung $y : \mathbb{R} \to \mathbb{R}^d$. Diese ist gegeben durch

$$y(t) = \exp((t - t_0)A)x_0 .$$

Beweis. Mit Hilfe von Satz 16.10 und Satz 16.11 erhalten wir

$$y'(t) = \frac{d}{dt}(\exp(-t_0 A)\exp(tA)x_0) = \exp(-t_0 A)\left(\frac{d}{dt}\exp(tA) \right)x_0$$

$$= \exp(-t_0 A)A\exp(tA)x_0 = A\exp((t - t_0)A)x_0 = Ay(t) .$$

Die Anfangsbedingung $y(t_0) = x_0$ ist offensichtlich.

Die Eindeutigkeit der Lösung folgt mit Korollar 16.5, da die Abbildung $(t,x) \mapsto Ax$ Lipschitz-stetig bezüglich x ist mit Lipschitz-Konstante $L = \|A\|$, wie wir ganz zu Beginn dieses Abschnitts schon festgestellt haben.   □

Um die Lösung des Anfangswertproblems zu finden, muss man $\exp(tA)$ gar nicht explizit bestimmen, wenn man weitere Kenntnisse aus der Linearen Algebra hinzuzieht. Ist etwa J eine *Jordan-Normalform* von A, so gibt es eine invertierbare Matrix S mit $A = S^{-1}JS$, also $tA = S^{-1}(tJ)S$, und laut Satz 16.10(a) brauchen wir nur $\exp(tJ)$ zu bestimmen. Wenn A diagonalisierbar ist, d.h. wenn J Diagonalgestalt hat, dann fällt dies besonders leicht:

Sei A eine $(d \times d)$-Matrix, die d linear unabhängige Eigenvektoren $v_1, \ldots, v_d$ besitzt. Bezeichne $\lambda_1, \ldots, \lambda_d$ die zugehörigen Eigenwerte. Dann kann man

$$J = \begin{pmatrix} \lambda_1 & & \\ & \ddots & \\ & & \lambda_d \end{pmatrix} \quad \text{und} \quad S^{-1} = (v_1, \ldots, v_d)$$

wählen, also $S^{-1}\exp(tJ) = \left(e^{\lambda_1 t}v_1, \ldots, e^{\lambda_d t}v_t\right)$ und mit $S\exp(-t_0 A)x_0 =: c \in \mathbb{R}^d$ erhalten wir

$$y(t) = \exp((t - t_0)A)x_0 = \exp(tA)\exp(-t_0 A)x_0 = S^{-1}\exp(tJ)\, S\exp(-t_0 A)x_0$$
$$= \sum_{k=1}^{d} c_k\, e^{\lambda_k t}\, v_k$$

als Lösung des Anfangswertproblems.

Beispiel: Das Anfangswertproblem $x' = Ax$, $x(0) = \begin{pmatrix} 1 \\ 2 \\ 3 \end{pmatrix}$ mit $A = \begin{pmatrix} 0 & 0 & 1 \\ 0 & -2 & 0 \\ 1 & 0 & 0 \end{pmatrix}$.

Wegen $\det(A - \lambda\,\mathrm{id}) = \lambda^2(-2 - \lambda) - (-2 - \lambda) = -(\lambda^2 - 1)(\lambda + 2)$ hat A die Eigenwerte $\lambda_1 = 1$, $\lambda_2 = -1$ und $\lambda_3 = -2$. Zugehörige Eigenvektoren können wir auch leicht bestimmen, etwa

$$v_1 = \begin{pmatrix} 1 \\ 0 \\ 1 \end{pmatrix}, \quad v_2 = \begin{pmatrix} 1 \\ 0 \\ -1 \end{pmatrix} \quad \text{und} \quad v_3 = \begin{pmatrix} 0 \\ 1 \\ 0 \end{pmatrix}.$$

Damit hat die Lösung y die Form $y(t) = c_1 e^t v_1 + c_2 e^{-t} v_2 + c_3 e^{-2t} v_3$ und mit der Anfangsbedingung erhalten wir $c_1 = 2$, $c_2 = -1$ sowie $c_3 = 2$.

16.4 Aufgaben

1. Sei $f : [0, \infty[\, \to \mathbb{R}$ stetig. Wir betrachten das Anfangswertproblem

$$x' = f(t)\,, \qquad x(0) = x_0$$

mit $x_0 \in \mathbb{R}$, d.h. die rechte Seite der Differentialgleichung hängt nur von t ab. Zeigen Sie, dass das Verfahren von Picard-Lindelöf (Satz 16.3) in diesem Fall bereits im ersten Schritt die Lösung liefert.

2. Bestimmen Sie die Lösungen folgender Anfangswertprobleme mit dem Verfahren aus Satz 16.8.

    a. $x' = (a - bx)x$, $x(0) = x_0 > 0$ $(a, b > 0)$

    b. $x' = ax + b$, $x(0) = x_0$ $(a, b \in \mathbb{R})$

    c. $x' = \cos^2 x$, $x(0) = x_0$

    d. $x' = x^2 - 1$, $x(0) = x_0$

    e. $x' = \dfrac{2t}{t^2 + 1} x$, $x(0) = x_0$

3. Lösen Sie das Anfangswertproblem

$$x' = (t + x)^2, \qquad x(0) = \frac{\pi}{4}.$$

Hinweis: Betrachten Sie $z(t) := x(t) + t$.

4. Gegeben ist das Anfangswertproblem

$$t\,x'(t) = 2x(t), \qquad x(t_0) = x_0.$$

    a. Bestimmen Sie im Fall $t_0 \neq 0$ eine Lösung mit dem Verfahren aus Satz 16.8.

    b. Zeigen Sie, dass das Anfangswertproblem auch für $t_0 = 0$ und $x_0 = 0$ Lösungen besitzt.

    c. Was können Sie über die lokale Eindeutigkeit der Lösungen aussagen ?

5. Bestimmen Sie die Lösung des Anfangswertproblems

$$x' = e^x \sin t, \qquad x(t_0) = x_0$$

in Abhängigkeit der Anfangswerte $(x_0, t_0) \in \mathbb{R}^2$ sowie jeweils das zugehörige maximale Definitionsintervall.

6. Bestimmen Sie die Lösungen der Anfangswertprobleme $x' = Ax$, $x(0) = x_0$ mit

    a. $A = \begin{pmatrix} 1 & 2 \\ 2 & 1 \end{pmatrix}$, $x_0 = \begin{pmatrix} 3 \\ 0 \end{pmatrix}$

    b. $A = \begin{pmatrix} 0 & \beta \\ -\beta & 0 \end{pmatrix}$, $x_0 = \begin{pmatrix} 1 \\ 0 \end{pmatrix}$, $\beta \in \mathbb{R}$,   vgl. Kapitel 16.3, Beispiel (2)

    c. $A = \begin{pmatrix} \lambda & 1 \\ 0 & \lambda \end{pmatrix}$, $x_0 = \begin{pmatrix} 1 \\ 1 \end{pmatrix}$, $\lambda \neq 0$,   vgl. Kapitel 16.3, Beispiel (3)

7. Bestimmen Sie Lösungen der Differentialgleichung

$$mx'' + dx' + kx = 0 \qquad (16.4)$$

mit $m > 0$, $d^2 - 4mk = 0$. Gehen Sie dabei wie folgt vor.

  a. Nehmen Sie an, es existieren zwei Lösungen x_1 und x_2. Setzen Sie

$$W := x_1 x_2' - x_1' x_2$$

   und zeigen Sie $W' = -\frac{d}{m} W$.

  b. Sei $\lambda := -\frac{d}{2m}$. Folgern Sie, dass $W(t) = ce^{2\lambda t}$ gilt mit einem $c \in \mathbb{R}$.

  c. Verifizieren Sie, dass $x_1(t) := e^{\lambda t}$ eine Lösung von (16.4) ist.

  d. Setzen Sie $y(t) := e^{-\lambda t} x_2(t)$. Zeigen Sie, dass $y'(t) = c$ gilt und bestimmen Sie damit x_2.

8. *Allgemeine Differentialgleichung höherer Ordnung.*

   Gegeben ist die Differentialgleichung

$$y^{(d)} + a_{d-1} y^{(d-1)} + \ldots + a_1 y' + a_0 y = 0 \qquad (16.5)$$

mit $a_0, \ldots, a_{d-1} \in \mathbb{R}$.

  a. Schreiben Sie die Gleichung (16.5) als eine Differentialgleichung der Form $x' = Ax$ mit einer reellen $(d \times d)$-Matrix A und

$$x := \begin{pmatrix} y \\ y' \\ y'' \\ \vdots \\ y^{(d-1)} \end{pmatrix}.$$

  b. Zeigen Sie, dass eine Zahl $\lambda \in \mathbb{C}$ genau dann Eigenwert von A ist, wenn λ eine Lösung der so genannten charakteristischen Gleichung

$$\lambda^d + a_{d-1} \lambda^{d-1} + \ldots + a_0 = 0$$

   zu (16.5) ist.

   Hinweis: Entwickeln Sie $\det(A - \lambda\,\mathrm{id})$ nach der letzten Zeile.

  c. Bestimmen Sie für jeden Eigenwert λ von A einen zugehörigen Eigenvektor von A.

Literaturverzeichnis

[1]   H.W. Alt, *Lineare Funktionalanalysis*, 5. Auflage (Springer, Berlin Heidelberg, 2006)

[2]   R. Beals, *Analysis, An Introduction* (Cambridge University Press, 2004)

[3]   O. Deiser, *Reelle Zahlen*, 2. Auflage (Springer, Berlin Heidelberg, 2008)

[4]   J. Dieudonné, *Foundations of Modern Analysis* (Academinc Press, New York, 1960)

[5]   G. Fischer, *Lineare Algebra*, 17. Auflage (Vieweg+Teubner, Wiesbaden, 2010)

[6]   W. Forst, D. Hoffmann, *Gewöhnliche Differentialgleichungen, Theorie und Praxis* (Springer, Berlin Heidelberg, 2005)

[7]   O. Forster, *Analysis 1*, 10. Auflage (Vieweg+Teubner, Wiesbaden, 2011)

[8]   O. Forster, *Analysis 2*, 9. Auflage (Vieweg+Teubner, Wiesbaden, 2011)

[9]   H. Heuser, *Lehrbuch der Analysis*, Band 1 (Teubner, Stuttgart, 1980)

[10] K. Jänich, *Topologie*, 8. Auflage (Springer, Berlin Heidelberg, 2005)

[11] C. Karpfinger, K. Meyberg, *Algebra* (Spektrum Akademischer Verlag, Heidelberg, 2009)

[12] H. Koch, *Einführung in die Mathematik* (Springer, Berlin Heidelberg, 2002)

[13] K. Königsberger, *Analysis 1*, 6. Auflage (Springer, Berlin Heidelberg, 2003)

[14] K. Königsberger, *Analysis 2*, 5. Auflage (Springer, Berlin Heidelberg, 2003)

[15] J. Matoušek, J. Nešetřil, *Diskrete Mathematik*, 2. Auflage (Springer, Berlin Heidelberg, 2007)

[16] A.M. Ostrowski, *Vorlesungen über Differential- und Integralrechnung*, Band 1 (Birkhäuser, Basel, 1945)

[17] R. Remmert, G. Schumacher, *Funktionentheorie 1*, 5. Auflage (Springer, Berlin Heidelberg, 2002)

[18] B. von Querenburg, *Mengentheoretische Topologie*, 3. Auflage (Springer, Berlin Heidelberg, 2001)

[19] W. Rudin, *Principles of Mathemtical Analysis*, 3rd edition (McGraw Hill, London et.al., 1976)

[20] A. Taraz, *Diskrete Mathematik* (Birkhäuser, Basel, 2010)

[21] D. Werner, *Einführung in die höhere Analysis* (Springer, Berlin Heidelberg, 2006)

[22] D. Werner, *Funktionalanalysis*, 5. Auflage (Springer, Berlin Heidelberg, 2005)

Sachverzeichnis

Bezeichnungen und Symbole